国际工程科技战略高端论坛

精准作业装备技术文集

JINGZHUN ZUOYE ZHUANGBEI JISHU WENJI

赵春江　杜小鸿　主编

中国农业出版社
北　京

内容提要

Abstract

智慧农业已成为世界农业的发展方向，精准作业装备和农业智能化信息技术是支撑智慧农业的关键技术。2019年在北京举办了“国际工程科技战略高端论坛——精准作业装备技术”，与会嘉宾分别来自中国、美国、加拿大、澳大利亚、比利时、德国、法国、英国、丹麦、以色列、希腊、西班牙12个国家，与会专家围绕“加强合作交流，促进创新发展”的主题分别进行了主题报告和学术讨论。全书涵盖了精准农业与农业机器人、农业人工智能、农业物联网与动植物表型、大数据与农业信息服务等主题的学术论文及院士专家报告。

本书是中国工程院国际工程科技发展战略高端论坛系列丛书之一，是一本有重要参考价值的论著，可供智慧农业及相关领域的专家学者参阅。

编 辑 委 员 会

编　　委

Tomas Joseph Norton　比利时鲁汶大学主任
Uri Yermiyahu　以色列农业研究组织 Gilat 中心教授
Yanbo Huang　美国农业部农业科学研究署作物生产系统研究组教授

中方专家（按姓氏拼音排序）

曹福亮　南京林业大学教授，中国工程院院士
陈剑平　宁波大学教授，中国工程院院士
陈立平　国家农业智能装备技术研究中心主任
陈学庚　石河子大学教授，中国工程院院士
樊邦奎　中国工程院院士
高中琪　中国工程院二局局长
黄海涛　中国工程院农业学部办公室主任
李成贵　北京市农林科学院院长
李德毅　中国人工智能学会理事长，中国工程院院士
李天来　沈阳农业大学教授，中国工程院院士
罗锡文　华南农业大学教授，中国工程院院士
全　力　江苏大学副校长
唐华俊　中国农业科学院院长、研究员，中国工程院院士
温小波　华南农业大学副校长
吴孔明　中国农业科学院副院长、研究员，中国工程院院士
张福锁　中国农业大学教授，中国工程院院士
张洪程　扬州大学教授，中国工程院院士

前言 FOREWORD

2019年10月19日，由中国工程院主办，北京市农林科学院、华南农业大学、中国农业大学、江苏大学共同承办的“国际工程科技战略高端论坛——精准作业装备技术”在北京召开，同期举办“2019年智能农业国际学术会议”。中国工程院院士罗锡文、赵春江担任本次大会主席，大会主题是“加强合作交流，促进创新发展”。共有来自中国、美国、加拿大、澳大利亚、比利时、德国、法国、英国、丹麦、以色列、希腊、西班牙12个国家的专家学者近300人参加会议，特邀报告专家50位。

论坛邀请樊邦奎院士做了《无人机对农业的影响》的大会报告、罗锡文院士做了《对科技创新的思考》的大会报告、李德毅院士做了《智慧农场的自动驾驶和智能网联》的大会报告、陈学庚院士做了《北斗导航技术在现代农业中的应用》的大会报告、张福锁院士做了《农业绿色发展面临的挑战和机遇》的大会报告、赵春江院士做了《现代农业的机器智能》的大会报告。

大会围绕4个模块内容做了讨论，模块一，精准农业与农业机器人：主要包括农业遥感与先进传感、农机导航与智能测控、农业航空技术与应用、精准农业作业技术与装备、农产品无损检测与智能包装、农业机器人等技术；模块二，农业人工智能：主要包括农业人工智能基础方法、分析工具，智能图像识别、智能语音交互、无人自主作业、开放协同决策、复杂场景感知与动植物特征识别、农业自然语言理解、知识云图与大数据决策等在农业应用与实践；模块三，农业物联网与动植物表型：主要包括农业传感器与无线传感网、智能控制、农业物联网系统集成、综合服务平台、农业生命信息感知与传感器、表型信息高通量获取技术与平台、表型信息解析与分析、表型组学应用实践等技术；模块四，大数据与农业信息服务：主要包括农业大数据分析方法、数据工程、决策工具、大数据云平台、移动互联网与定向服务、区块链、农业虚拟现实与交互式培训、农产品供应链质量安全管控与溯源、农业信息服务与决策支持系统等技术内容，共进行专题报告45个。

进入21世纪，世界科技革命方兴未艾，并向更高的阶段迈进，对世界的发展和人类文明进步将产生更加巨大而深远的影响，精准作业装备技术也将为我国和世界的现代农业建设发挥更大的作用。

自2011年起，中国工程院开始举办一系列“国际工程科技战略高端论坛”，旨在为相关领域的中外顶级专家搭建高水平高层次的国际交流平台，通过开展宏观性、战略性、前瞻性的研究，进一步认识和把握工程科技发展的客观规律，从而更好地引领未来工程科技的发展。

大会主席　赵春江

2020年12月

目 录 CONTENTS

无人机对农业的影响

樊邦奎　张瑞雨

（中国工程院，北京）

报告主要从三个方面阐述无人机对农业产生的影响。第一，无人机发展的技术特征是什么？第二，无人机在三农领域能解决什么样的痛点问题？第三，农业无人机未来发展之路在何方？

1. 无人机发展的技术特征

未来无人机发展的本质特征，就是网络环境下数据驱动的空中移动智能体，它将智能感知、智能认知和智能行动融为一体。具体来讲，无人机将朝着测控网络化、飞行数字化、任务智能化方向发展，这将对军事和社会经济发展产生重要影响。

(1) 网络化　未来无人机在使用时，并非如现在这样一机一站，或者一站多机方式，而是工作时先进入网络环境，再进行下一步工作，如遥控、遥测、跟踪、定位、信息传输，这些步骤都需在网络环境下进行；此外对空域的管理，包括提供各种管理服务也要在网络环境下完成，工作结束后离网。在农业领域的应用方面，未来 5G 和低轨小卫星发射成功后，低空网络将非常发达，无人机在农业中使用过程中的网络限制问题将迎刃而解。但是这是一个前提，具体来讲，它的架构未来如图 1 所示，基于互联网或移动网络以及低轨卫星等低空网络，用于监测各种环境和农用信息，中间是一个共用的信息服务平台，即云平台，最后面向各个用户进行应用。因此无人机产业呼唤一个新型低空网络的出现，并且要从系统容量、覆盖范围、智能控制、安全管理、业务类型等方面全面创新。

(2) 数字化　所有无人机飞行的运行流程都是数字化的，那么飞行空间也要数字化，把无人机飞行空间分成若干小块，将每一块进行编码，无人机在空间飞行时，好比汽车在修建好的公路上行驶，以此将物理空间数字化，相当于为无人机规划了多条航线。简单举例来说，采用编码的方式，将有物体的地方编码为 1，没有物体的地方编码为 0，以此类推将整体空间都进行编码，当无人机飞行时，沿着编码号为 0 的路线行驶，这样就可以准确地避开障碍物。这是最简单的飞行空间数字化，也是无人机未来发展的一个重要

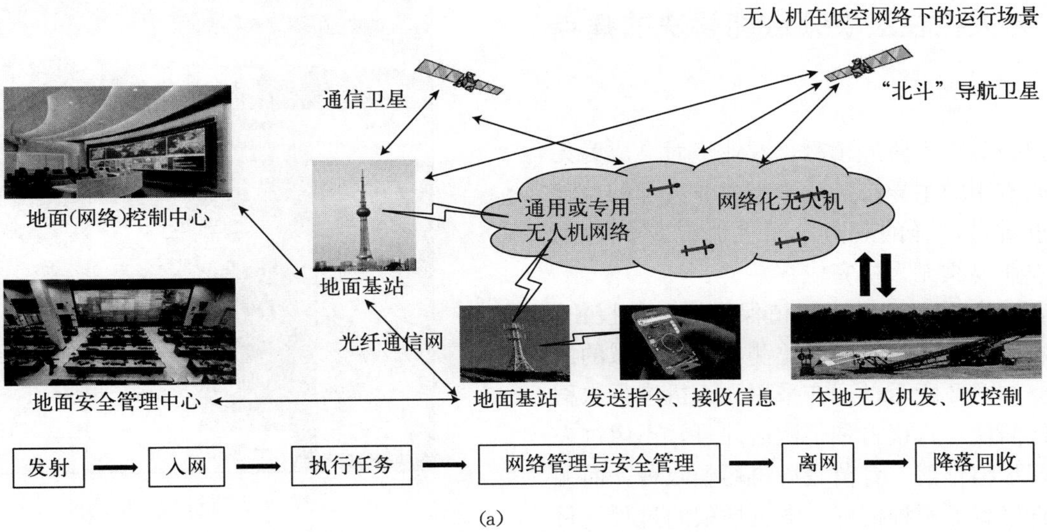

无人机在低空网络下的运行场景

通信卫星　“北斗”导航卫星　地面(网络)控制中心　地面基站　通用或专用无人机网络　网络化无人机　地面安全管理中心　光纤通信网　地面基站　发送指令、接收信息　本地无人机发、收控制

发射 → 入网 → 执行任务 → 网络管理与安全管理 → 离网 → 降落回收

(a)

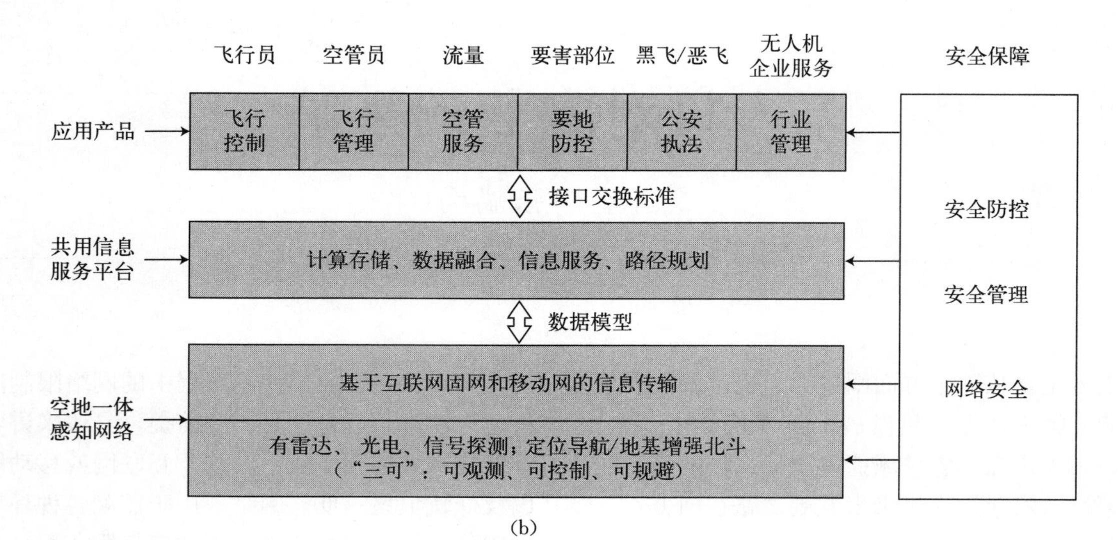

(b)

图 1　无人机的网络化技术特征

方面，但是空间数据体到网格的关联仍存在着很多的关键技术需要突破，还需要做大量的工作。

（3）智能化　首先是单机的飞行智能化，面对高动态、实时、不透明的任务环境，无人机应能感知周边环境并规避障碍物、机动灵活并容错飞行，按照任务要求自主规划飞行路径、自主识别目标属性，并可用自然语言与人交流等。未来无人机与人共处时，能够理解人的语言，无人机发出的指令也可转变为语音，让人们听得懂，最终实现人机交互。所谓的智能化，不仅体现在飞行平台的智能，也体现在网络环境下，利用后台云计算、大数据平台和边缘计算等信息技术来支撑飞行器自身的智能。

2. 无人机在三农领域能解决的痛点问题

美国一些专家曾经预测，农业绝对会成为无人机行业应用的主导市场，华南农业大学的兰玉彬教授也讲过这样的观点，而且他说 80%以上的精准农业要靠无人机完成。

笔者认为无人机可用于植保、播种、授粉、估产、农田保护、河流污染监测等农业领域的诸多方面。如图 2 所示，现在采用无人机进行水稻播种取代插秧，直接将种子撒播即可，不像过去需先进行水稻育苗，育苗之后再逐颗栽种，而无人机是直接就把稻种播好，省去插秧的过程，目

图 2　无人机进行水稻播种

前无人机播种技术已经比较成熟，在广东做试点还是很受欢迎的。

无人机农业作业具有效率高、成本低的优点，节省了育秧、移栽等环节，效率比传统的机插秧和人工插秧提高很多。

其一，无人机在助力农业安全生产中，还解决了精准农业的部分问题。传统的农业生产中，植保、施肥、喷药、灌溉等作物管理环节都不是精准的，而无人机能够很好地解决这个问题。国家统计局统计数据显示，我国农药和化肥使用量巨大，比如化肥达到约 5 653 万 t，但是它的利用率不到 38%，农药的利用率不足 39%，利用率均不到 40%，造成极大浪费。

精准农业的基本思路如图 3 所示，传感器自动采集作物和环境数据，经过农田专家系统、决策生成系统和决策执行系统，最后通过智能农机系统具体实施，在此过程中无人机具有得天独厚的条件。

例如无人机施药方面，在喷洒农药时，基于无人机影像获取作物病虫害发生情况，以此构建施药处方，预算出施药量、施药区域和施药路径，最后通过植保无人机实现精准喷施；无人机施肥方面，利用无人机遥感技术反演作物、土地的氮磷钾含量，然后根据作物在不同生长阶段的需求量，进行精准供给，这样就可以解决了化肥农药大量浪费的问题。

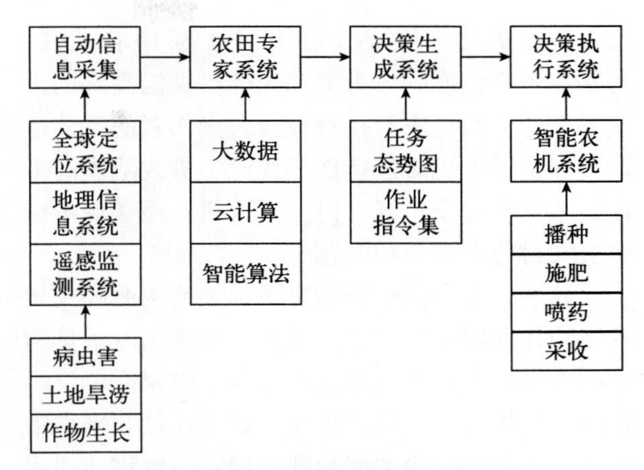

图 3　精准农业典型系统的基本思路

其二，无人机可有效减缓农村劳动力短缺的问题。在美国，农业人口数量只占全国总人口的 2%，日本农业人口占比不足 6%，以色列更厉害了，一个农民能解决 400 个人的农产品供应。那么，中国现在也面临这个问题。如图 4 所示，农村人口每年大约减少 1 200 万～1 400 万，减少的主体都是青壮年，这就造成了农村的劳动力急剧下降。怎么解决这个问题？无人机可以提高劳动生产率，也就解决了我国在城镇化过程中，农村劳动力短缺的问题。以棉花种植为例，劳动力成本主要在生产管理环节，占比 60%以上，包括水稻和其他大田作物，大量的管理工作可以通过无人机来完成。笔者曾做过无人机和人工喷洒农药的调研，一架无人机每天可作业 16 hm^2（240 亩），

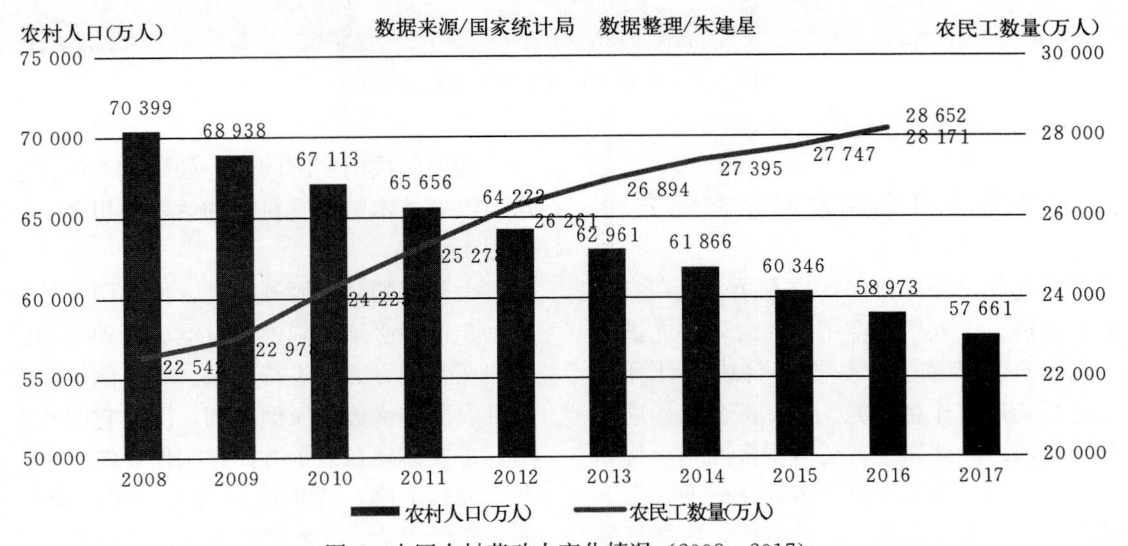

图 4　中国农村劳动力变化情况（2008—2017）

而人工一天最多完成 0.67 hm^2（约 10 亩）。施药是一个高强度的体力劳动，都是高温高湿的天气下作业，而且农药接触也会对操作者的身体造成损伤。无人机可进行连续作业，极大地提高工作效率，从这个角度上讲，无人机在该领域可以解决农村劳动力短缺问题。

其三，无人机可以解决我国土地资源碎片化的集约作业问题。如表 1 所示，在我国除了集约式的农场，农村土地都比较分散，以家庭单位经营的小地块居多，难以将土地成片连接起来集中作业，不利于作物生产管理，导致闲置耕地和闲置农户问题出现。这个矛盾可以通过无人机来解决。

我国土地目前主要实行家庭联产承包责任制，形成所有权、承包权、经营权三元结构，土地条块分割，此外一些地域为丘陵和山地，地面机械化作业困难。如图 5 所示，可通过无人机空中飞行作业整合地面条块分割，并且无压苗损失。对于丘陵和山地地区的作物管理，传统的地面机械有一定的限制，而无人机将会发挥很重要的作用。

表 1　中国闲置耕地与闲置农户比例变化

区域	省市	闲置面积比例（%）		闲置农户比例（%）	
		2002	2013	2002	2013
东部	辽宁	0.01	0.62	0.46	2.09
	北京	0.47	4.24	1.39	8.94
	山东	0.22	0.43	2.19	2.02
	江苏	0.09	1.23	0.71	4.35
	广东	0.21	14.5	2.51	32.19
中部	山西	0	18.76	0	24.09
	河南	0.33	1.2	0.44	1.48
	安徽	0.15	3.91	2.31	20.35
	湖北	0.09	4.6	0.58	18.13
	湖南	0.26	6.1	1.34	19.27
西部	云南	1.73	4.29	8.59	12.44
	甘肃	0.24	6.45	0.98	14.53
	重庆	0.49	24.08	4.08	37.41
	四川	0.14	7.54	1.24	22.5
平均		0.32	5.72	1.64	15.5

图 5　无人机的土地资源碎片化集约作业

3. 农业无人机未来发展路在何方？

笔者的建议是要深耕需求攻克无人机在农业应用的技术群。无人机在空中作业时，将光谱信息通过网络环境传输至大数据平台或云计算平台，以此精确反演作物的氮、磷、钾含量，这个技术链要打通。除此以外，还有很多问题，比如光谱的标定问题。因为光谱一定要在标准状态下才能精确反演，而无人机飞行过程中，所处气候和环境条件不一，那么定标问题怎么解决？这是一个需要解决的实际问题。如果没有深耕这个需求，没有技术链给它打通的话，要想真正应用难度很大。

大数据的公用服务平台，低空网络数字化空间，定位场必须精确，还有空域管理等问题，都需要在基础方面来进行解决。举个例子，无人机喷洒农药的优势是压倒性的，因为它的效率太高了，主要体现在三个方面：①作业效率高；②用药量大幅下降，与传统施药方式相比降低 30%的农药使用量；③农药喷施的间隔周期长，一般人工喷洒间隔 10～15 d，采用无人机喷洒可间隔

20 d，效率非常高。但现在出现什么问题了？生产商、服务商和农药企业，出现了三国演义的局面。这就需要政府引导，健全管理链。行业的健康有序发展需要标准先行，比如大家都知道的极飞和大疆两家公司，在农业植保无人机领域市场占有率最高，他们的进入推动了行业发展。这是个新兴的产业，笔者建议把农用无人机作为重点的农机来进行扶持，现在做无人机的生产企业有100多家，从国家的层面怎样给他们多一些扶持，还要落实一些政府补贴。

樊邦奎 安徽省滁州市人，无人机（UAV）技术专家。1997年毕业于北京理工大学信号与信息处理专业，获工学博士学位。清华大学、中国科学院大学、北京航空航天大学、北京理工大学等多所院校兼职教授、博导。

我国无人机侦察技术领域学术带头人之一，多年来在科研一线承担无人机侦察技术攻关工作，先后完成十多项国家、军队重大装备工程科研项目，主持研制的装备参加国庆60周年阅兵和抗日战争胜利70周年阅兵。

先后荣获国家科技进步特等奖、一等奖各1项；国家科技进步二等奖5项、省部级科技进步一等奖8项；并获授权专利20余项，出版专著5部。

2015年当选为中国工程院院士。

Bangkui Fan is an UAV reconnaissance technology expert from Zhangzhou City, Anhui Province. In 1997, he graduated from Beijing Institute of Technology majoring in signal and information processing and received a doctorate in engineering. He is a member of China Engineering Academy. He once served as the director of a research institute of the General Staff, a part-time member of the Science and Technology Committee of the General Armament Department of the People's Liberation Army, the head of the optoelectronic technology professional group of the General Armament Department of the People's Liberation Army, the leader of the national "973" project expert group, and the member of the national "863" program theme expert group.

He is one of the academic leaders in the UAV reconnaissance technology field. He has presided over the development of multi-type UAV reconnaissance equipment, and has overcome many key technologies such as UAV reconnaissance system modeling and target real-time positioning. The research results participated in 60th Anniversary of the National Day and the 70th anniversary of the victory of the Anti-Japanese War. He was awarded the first prize of the National Science and Technology Progress Award, The second prize of the National Science and Technology Progress Award, and the first prize of the Provincial Science and Technology Progress Award. He has been cited for the first-class and second-class meritorious service; being authorized 20 invention patents; published 5 monographs and more than 20 papers. He also led his team to receive the First Class Award and the Army Science and Technology Innovation Group Award.

对农机科技创新的思考

罗锡文

（华南农业大学，广东广州）

对我国农机科技创新的思考，本文重点从以下三个方面来谈：第一我国农业机械化的主要成就；第二存在的差距和问题；第三对我国农业经济发展的思考。讲到我国的农业机械化，2004年是具有里程碑意义的一年。这一年有两件大事：一是全国人大颁布实施的农业信息化促进法；二是从这一年开始实施了购机补贴政策。

在农业信息化促进法和购机补贴的推动下，我国的农业机械化取得了长足进步。具体表现在4个方面。一是农机总动力大幅度增加，如图1所示，到2017年农机总动力达到了10亿kW，比2004年增长了54%，农机产品向大功率、多功能和高性能方面发展。二是农业机械化水平大幅度提高，到2018年全国主要农作物耕种收综合机械化水平超过了69%，水稻、小麦、玉米的机械化水平都超过了74%。从2000年开始，我国的农业机械化水平以每年两个百分点的速度增长，对中国这么一个大农业大国来说，这是非常不容易的。特别是在2004年这一个拐点之后增长速度明显加快。三是农机社会化服务组织同步发展。大家经常在思考，我国的农业机械化应该走什么样的道路？可以向美国和日本学习，但是不能照搬。这些年总结出来我国的农业信息化道路，就是共同利用社会化服务组织，即农机合作社，其农机作业面积超过了全国农机总作业面积的2/3。四是农机工业总产值大幅增加。从2004年的854个亿增加到2017年4 291个亿，世界第一。我国可以说是世界第一农机制造大国和农机使用大国，当然还不是农机强国。尽管我国的农业计划取得了很大的成就。

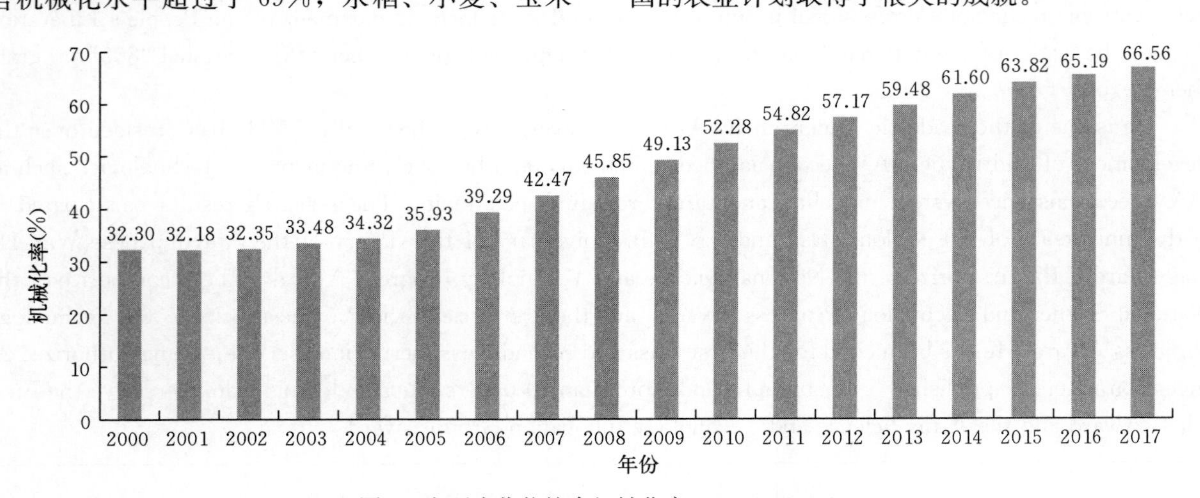

图1 主要农作物综合机械化率（2009—2017）

与发达国家相比，我国还存在着很大的差距。第一，农业机械化水平。2016年我国耕种收农业机械化总水平达到了62%，而发达国家的情况，美国1954年就实现了全面机械化，加拿大是20世纪60年代，德国是20世纪60年代，英国是20世纪70年代，和我国国情相似的日本是1982年，韩国是1996年，总体上来说，我国的农业机械化水平与世界上发达国家相比大概相差30年以上。第二，拖拉机和收割机是最能体现农机制造水平的两种农机具。1970年美国就有了动力换挡的拖拉机，我国是在2014年；1961年美国就有闭心式液压系统，我国是在

2010年才有；美国1976年就有了纵向谷物收割机，我国是在2011年才有；美国1979年就有了幅宽6 m、动力169.05 kW的收割机，我国2013年才有幅宽5.3 m、动力161.70 kW的收割机。农机机械设计和制造方面来说，我国和发达国家总体上也是相差30年以上，而可靠性是我国农机制造的一个软肋。20世纪80年代，意大利菲亚特公司，他们的平均无故障时间是350 h，我国一个最大的农机企业2017年才达到330 h，因此提高可靠性是我国将来农机发展的主要方向。第三，效率。我国平均每666.67 m^2 土地用的动力大概是美国的5.8～6.8倍，也就是说我国每666.67 m^2 土地比美国多用了6倍的动力，说明我国的机械化水平还很低，使用效率不高。还有一个数据，国外发达国家一台拖拉机，后面带3～6台机，我国只有1.6台，所以拖拉机和收割机的效率没有充分发挥作用，这就是我国与发达国家一些主要差异。

我国农业机械化刚才讲差距是与发达国家比，从自身内部找还有哪些问题呢？第一，我国一些农机的基础数据比较少。农业机械与土壤、作物相互作用的机理不清楚，缺乏一些现代农机设计的技术和机理，特别是缺乏原始创新。第二发展路线不明确。主要表现在实验不同土壤的工作方式应该不同，比如东北的黑土地和南方的黏土，怎么来更好地建立这个路线不清楚，不同地区的整治土壤的方式不清楚，还有丘陵山区发展路径不明确，缺乏科学依据。第三，农机和农业结合不紧密。使用机械化作业的品种，栽培模式需要进一步与机械化和规模化相结合，不同规模的机械化方面还需要加强。第四，技术体系是不完善的，缺乏对整个农业机械化系统的全面的研究，对这些模式和系统需要进一步深化。所以这种节省劳动力、节省时间的机具，还要大力研究。还有一个是标准，农机化的作业标准，还需要认真研究。

根据我国农业机械化与发达国家的差距以及自身存在的问题，我们提出来我国的农业机械化和农业创新要有按照“3-2-3”的发展思路。第一个“3”是明确三步走的战略。“2”是坚持两项化的发展原则。第二个“3”是突破三大重点任务。

“3”，三步走，提出到2025、2035、2050年三个阶段的发展目标。到2025年，基本实现农业机械化，这个难度很大，今年是2019年距这个目标还有6年。要实现我国的农业机械化，这个任务非常繁重。到2035年，要在我国实现全面机械化，什么叫全面机械化？就是今天美国的农业机械化的样子，就是欧洲、日本的农业机械化的样子，到2035年，希望能够实现全面机械化。到2050年，希望我国的农业机械化向更高的水平发展，即自动化、智能化的“互联网＋”农机。

“2”，两项化。第一步全程全面机械化同步推进，第二步是农机1.0到农机4.0并行发展。全程全面机械化概念，是我国农业农村部部长韩长赋同志，2014年11月3号，在检验农业机械化筹建10周年、农业机械化法实施10周年座谈会上提出的。他说我国的农业机械化的发展要坚持全程、全面、高质、高效的发展。这是我国农业机械化今后一段时间应该坚持的原则和方向。什么叫全程？如图2所示，应该包括植物生产和动物生产的产前、产中和产后，比如说产前的育种和种子加工，产中的耕整种和种植田间管理、收获干燥和秸秆处理，产后加工和储藏。全面机械化应当包括三个层面，一个是作物全面，一个是产业全面，一个是区域全面。作物全面，过去主要是粮食作物，今后要向园艺作物和经济作物拓展；产业全面，过去主要是种植业，今后要向养殖业和加工业发展；区域全面，要从平原地区向丘陵地区发展，由东部地区向西部地区发展，从发达地区向欠发达地区发展。

农机1.0和智能农机4.0并行发展。农机1.0要实现从无到有，农机2.0实现从有到全，农机3.0实现从全到好，农机4.0实现从好到强。

这里的农机1.0，如图3所示，就是用机器来代替畜力和人力的作业，来实现从无到有；

农机2.0，如图4所示，指的是产前、产中、产后全程全面机械化，作物产业区域都要实现机械化；

农机3.0，如图5所示，要用信息化来提高农业机械化水平。例如无人驾驶的拖拉机，无人导航收割机、无人驾驶的插秧机、无人驾驶船、无人驾驶飞机，无人采摘机械手等，称之为“陆海空三军”都来为农业服务。

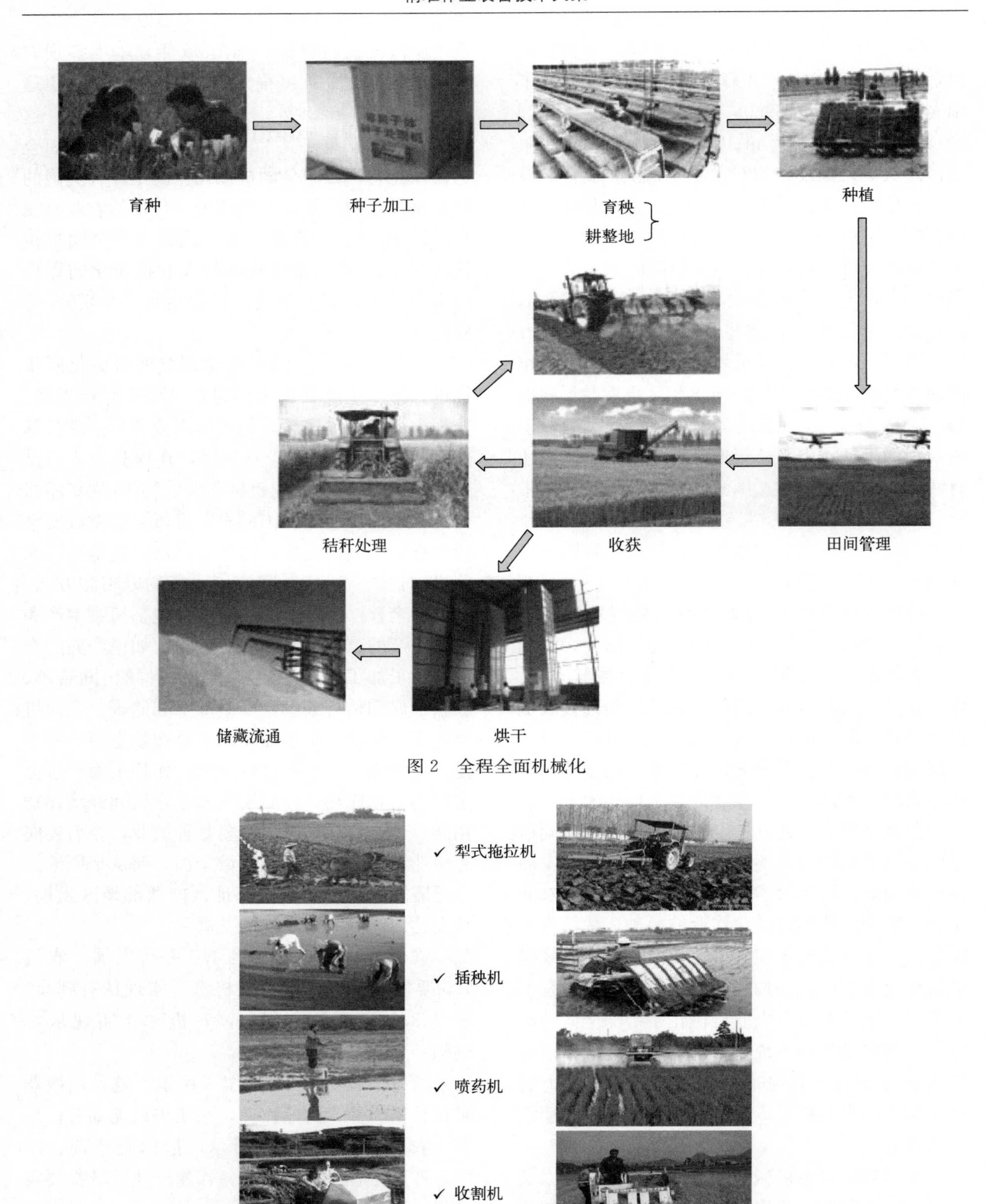

图 2　全程全面机械化

图 3　农机 1.0：用机器（右）代替畜力和人力（左）

图 4　农机 2.0：全程全面机械化

图 5　农机 3.0：通过信息技术提高农业机械化

农机4.0，如图6所示，要实现自动化、智能化，实现互联网，达到更高的水平。

“3”，三项重点任务。第一是补短板，我国的农业机械化还有很多薄弱环节。第二是更核心，我国的农业机械缺乏关键核心技术，受制于人，落后于国外，所以要更核心。第三是同时拓展“农业机械＋互联网”思维，用信息化、智能化来提高我国的农业机械化水平。

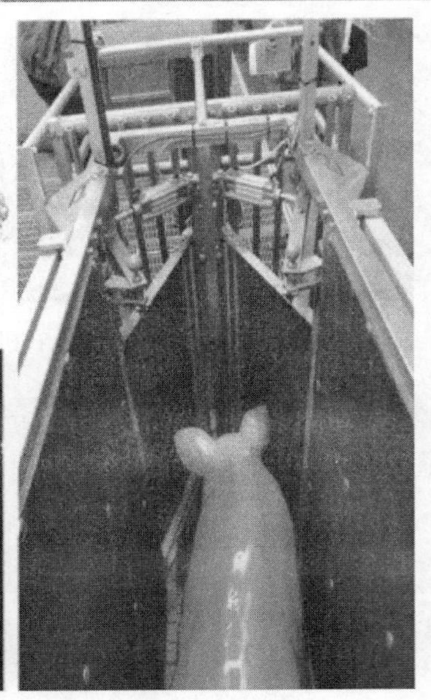

图6　农机4.0：提升农业机械的信息化、智能化水平

第一补短板是重中之重，包括几个方面：首先是基础研究，刚才讲我国的农业机械化还有很多薄弱环节，我们没有自己的数据，只好抄人家的，抄人家东西是做不出好机器的；其次是要加强粮食作物；第三是加强园艺和蔬菜作物；第四是健康养殖；第五是要做一些区域规划；第六要在园艺、蔬菜、水果作物方面加强示范；特别是第七，新农村建设的提出，新农村建设里面还有很多需要农业机械化做的事情，如工程技术、重大装备、基础材料、制造水平等。

第二核心技术，目前我国农业机械的动力换挡，基本上是采用德国博世的技术，高压共轨基本上都是采用德国的产品，我们动力换挡刚刚起步还有很大的差距。还有大功率的重大装备，2017年我国进口609台拖拉机，其中600台以上都是132.3 kW的，做这个基础零部件方面也有很大差距。目前在我国农业机械里面的摩擦片，几乎都是用国外的，必须自己解决。

第三材料和制造水平，比如齿轮钢、离合片等方面，都有很大的差距。再讲强智能是建立在基础的研究上，包括几个方面，首先是传感器，我国不仅仅是农业机械，在其他机械技术装备方面与国外的差距最大的是传感器吧？所以我们要在传感器方面下大功夫，力争取得突破。其次是导航和精准作业，这方面已经取得了一定的进展，但是与国外相比还有一定的差距，特别是导航这一块，目前地基差分我们已经差不多了，星基差分还有很大的差距。第三是精准作业，包括精准播种、精准施肥、精准喷药、精准收获等。第四是运维管理，比如说农机远程管理，今天我的拖拉机在什么地方，总结效果怎么样，我在办公室就应该能够全面进行管控，运维管理目前我们已经取得了一定进展。

农业的根本出路在于机械化，农业机械化在推进我国的农业建设，提高劳动生产率、土地产权的合作方面发挥了重大的作用。但是我们也清晰地看到，我国的农业机械化与国外还有很大的差距，不论是在机械化水平或者是装备制造水平方面，都有30～40年差距。面对差距，迎接挑战，这是作为中国的农机人，也是我们今天精准装备技术要做的事情。

罗锡文　湖南株洲人，中共党员，农业机械化工程专家。1970年华中工学院无线电技术专业本科毕业后在贵州省铜仁县农机厂工作9年，1982年在华南农学院获农业机械化专业硕士学位，80年代后期在美国进修2年。现任华南农业大学教授、南方农业机械与装备关键技术教育部重点实验室主任，兼任中国农业机械学会理事长和中国农业工程学会名誉理事长。

长期从事水稻生产机械化和农业机械与装备机电一体化技术研究。首创同步开沟起垄施肥水稻精量穴播技术体系，创新研制成功水稻精量穴播机和水田激光平地机；突破了农业机械导航与自动作业系统关键技术，在国内首次研制成功无人驾驶拖拉机、水稻种植机械和棉花播种机械。曾获国家技术发明奖二等奖1项，省部级科技奖励15项，主编专著教材6部，发表学术论文350余篇，SCI/EI收录100余篇，获授权发明专利70余项。指导的研究生1人获全国百篇优秀博士学位论文奖，1人获提名奖。被评为全国教育系统劳动模范、国家级教学名师。

2009年当选为中国工程院院士。

Xiwen Luo, born in Hunan Zhuzhou, member of the Communist Party of China, is an expert in agricultural mechanization engineering. After graduating from the Huazhong Institute of Technology in 1970, he worked in the Agricultural Machinery Factory of Tongren County, Guizhou Province for 9 years. In 1982, he obtained a master's degree in agricultural mechanization from South China Agricultural College. In the late 1980s, he studied in the United States for 2 years. He is currently the professor of South China Agricultural University, the director of the key laboratory of the Ministry of Education of the Ministry of Education of Southern Agricultural Machinery and Equipment. The chairman of the China Agricultural Machinery Society and the honorary chairman of the China Agricultural Engineering Society.

He has been engaged in the research of mechanization of rice production and electromechanical integration of agricultural machinery and equipment. He first invented and developed the synchronous ditching and ridge fertilization of rice precision hole sowing technology, and the rice precision drilling machine and paddy field leveling machine were successfully developed. Under his leadership, the key technologies of agricultural machinery navigation and automatic operation system were broken, and the first unmanned tractor, rice planting machinery and cotton seeding machinery were successfully developed in China. He has won the second prize of National Technology Invention Award, 15 provincial and ministerial science and technology awards, and published 6 editorial monographs, more than 350 academic papers, more than 100 SCI/EI papers, and more than 70 invention patents. One of his graduate students was awarded the National Outstanding Doctoral Dissertation Award and one was nominated for the award. He was rated as a model worker of the national education system, a national-level teaching teacher.

In 2009, he was elected as an academician of the Chinese Academy of Engineering.

智慧农场的自动驾驶与智能网联

李德毅

（中国人工智能学会，北京）

智能农机怎么落地？痛点在哪里？这是我们时时刻刻在想的事情。今天已经进入了智能时代，但是我们对怎样走向智能时代还是有些不太清晰。习近平总主席在视察建三江七星农场的时候讲到“农业的根本出路在于机械化、智能化。”

什么是无人农场？如图1所示，无人机在植保的时候、无人拖拉机在作业的时候看不到人，真是这样吗？拖拉机无人驾驶，那么驾驶员哪儿去了？农机手的智能代理在哪里？整个农场这么多活，谁来干？总得有人干！一个400人的农场，怎么样把它变成200人？200人怎么变成100人？100人怎么变成10个人？而现在就是3个人！美国的农业人口为什么是2%？为什么一家能管上百上千公顷土地？那3个人很重要，不是没有人，这个人他拿了个iPad，或者在家里，或者在农场，在集中的调度系统里面，即便在旅游的时候他还可以控制的。这里有一样东西（4G、5G），很重要！5G来了，其实对农场来说，4G用好了也不错。

图1　无人农场

动力工具要改造，原来传统的模拟拖拉机，要改造成数字拖拉机，难度很大。比如洛阳拖拉机厂，跟约翰迪尔比差距就很大，差在机械化水平不高，没有变成线控的底盘，怎么去控制它？农机手的智能代理上不去，所以不但要特装，而且要前装才能量产。这里最主要的是农场主，他要做两件事情，一个是指挥一个是控制。不是说无人，因为动力配上后面的座椅，完全没有人是很难的。这里需要做3件事，第一件事情叫临时规划，或者叫作业规划，或者叫任务规划。判断作业的是植保车还是运输车，哪几个车干什么事，哪个农机配哪个车、配哪个拖拉机等，这个作业规划是需要人做的，所有的机械都要服从人的管理。第二件事情叫做一次规划，农机怎么到农田去干活，每天去干活走哪条路，还没出发之前你要给它做个路径规划。第三件事情叫做走之前实施路径规划，就是在具体实施的时候前面发生了什么事情需要绕个弯，所以3个规划就是少数农机手在做的。

我国30%的劳动力在做农业，美国是2%，日本是6%，所以空间很大。作为研究无人驾驶的科技工作者做了10多年的研究，我觉得我们有一个毛病就是过分的看重了汽车，忽略了我们作为农业大国的最基本的农机这一块，尤其是工程部门，应该大力扶持农机的无人驾驶，人工智能实际上是人类智能的体外延伸。目前所有的机器人都不会有意识，人工智能怎么影响到人类的饭碗？先把它变成一个智能的工具，来代替人类的体力劳动和智力劳动。如图2所示，以后的智慧农场是一个农场主，加上智能网联，加上会学习的机器人组。在我眼里拖拉机都不是拖拉机，汽车都不是汽车，而是会学习的农业机器人。智能农机要落地怎么办？现在最大的痛点，在于成本降不下来。我看那些农业报告，发现农村的钱太难挣了，667 m^2 土地要一百块钱或者几十块钱来算，农民不考虑你的技术先进不先进，只要你成本降下来我就干，所以这时候跟他讲无人驾驶，人家不感兴趣，要降成本才行。怎么降？降到最后，人们发现全中国全世界讲无人驾驶的，现在又进入了第二个寒冬，因为投资商遇到人工智能纷纷逃离而去。到现在为止，美国最好的无人驾驶汽车，车子里面还有一个安全员，你还没做到全无人，所以我着什么急？这就是我们高风险价值值得深思的问题了。为什么我们当初想得那么好，为什么人家不干？所以说我国的乘用车30万、50万一台，老百姓已经很满意了，你要把它改成100万一台卖给老百姓是不可能的，怎么办？多搞商用车，多搞农机。农业的痛点是减少作业人员，提高作业质量，提升作业效率，降低生产成本。在智慧农场落地应用场景中，拖拉机是最主要的动力机械。

图2　智慧农场≠无人农场

我们团队有一个专门做农业的，我们给它起了个名字叫原动力公司，成立的原因，就是想抓住农机里最大的动力拖拉机这一块，让它配以工作机具，可以进行耕整地、补种、植保、机械收获、农田基本建设、运输等一系列的移动作业。利用拖拉机自动驾驶、自动操控农机具和农机智能网联的优势，进行大田种植，尤其是旱田种植，有望迅速创造出崭新的需求，尤其是小麦和玉米，是个巨大的产业，需要一个全新的产业生态。

据2017年数据统计，在我国新疆、内蒙古、东北、山东等地，有大中功率拖拉机670万辆。如图3所示，如果能把这些东西做出来就好了，新概念产品，希望中国能够出一个国产的、294.0 kW的、有数字控制的拖拉机。现在中国的拖拉机，它不像汽车量产那么多，五花八门，如果要进口一个美国的拖拉机，价格昂贵买不起。

原动力公司经过了一年的筹备，大概目前能做到这个样子：通过iPad从家里能看到田地，拖拉机在地里怎么有效作业，把地种完的时候怎么回到农机库，全程都不需要人，还可以通过连接iPad做一点控制和干预。这里面有几个规划，

图 3　我国需要大功率数控拖拉机

一个是临时规划、作业规划、路径规划、二次规划，精细的实时路径规划。

讨论拖拉机的自动驾驶，一定不要忘记它离不开汽车自动驾驶的大环境，汽车自动驾驶从L0到L5大家耳熟能详。我们做了一个比较细致的分析，认为科研探索期的无人驾驶基本完成。在2019年期间，主要处在社会接受期、市场创新期、产品孵化期，这一段太难了。到了规模化发展期，解决10的n次方的量产问题大概在什么时候？我们认为在2025年左右，无论是老拖拉机改造，还是新拖拉机样机的量产，或者是国际合作，都应该在这个阶段来完成。我们算了一下，全世界的汽车大概是20亿辆，假如到未来无人驾驶，大概变成18亿辆。在2035年的时候，当年生产的汽车全部是无人驾驶。到2045年，全世界生产的汽车，全部是无人驾驶。当然所有这些无人驾驶也都可以人工驾驶的，专家算过，按照这个规律，到2035年，中国的拖拉机可以实现全部的量产而且是无人驾驶的拖拉机。

农机的自动驾驶落地，一般会比汽车自动驾驶要快半个节拍而不是慢半个节拍。一个最大的原因是拖拉机开得慢了，慢下来，它的动力学性能就好办了，但是我觉得需要对农机自动操控给出一个安全等级标准。如图4所示，如果农业不给这个标准，拖拉机就不能合法化的经营。这个标准怎么给呢？我认为在大田里作业，如果人工干预次数少于10^{-2}，是不是就允许了？因为农田实际上是个半封闭的作业场所，没有那么多的随机干扰，1%就是开100次只有一次人工干预，或者开100公里只有1公里人工干预，都可以定义。那么到了农场1/1 000行不行？精准农业1/10 000，行不行？如果是运输，因为要上高速公路，可以定义$1/10^5$的误差。这个标准如果没有，是不行的。所以以农场特定地区自动驾驶和操控可靠性为导向的安全等级划分标准要出台，否则就拿不到量产证。我个人认为操控自动程度的等级1/1 000，安全等级1/1 000，可以作为一个起始标准，这两个1/1 000聚焦农机生产已成定局，我迫切希望工业和信息化部能出台这样的标准。

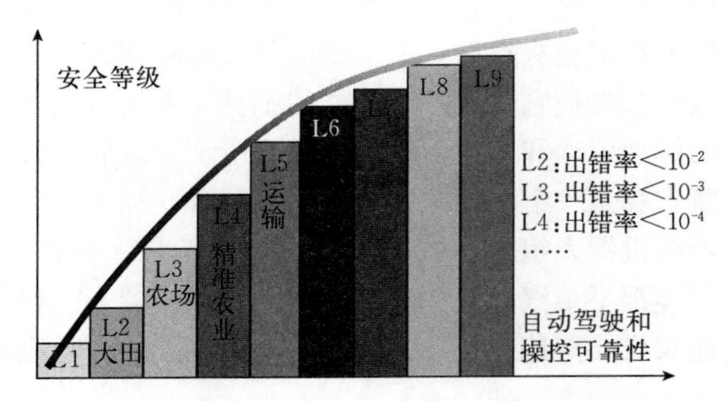

图 4　以农场特定地区自动驾驶和操控可靠性为导向的安全等级划分标准

农场无人驾驶的解决方案，包括无人操控、有效的农机具，大概是这几条路：一是结构化道路，确定性窗口，软件定义的机器和人车路联网的协同，5G更好，其实在农村的农场4G就很好。自动驾驶和操控加上智能网联，就可以在局部地区实现单车智能和智能网联。汽车的自动化已经做到极致，拖拉机亦然，全世界都在做，因为它的底盘工程是一样的，测量动力学是一样的，但是无需驾驶员的自动驾驶和操控，如果不能像人一样具备学习能力，仅仅是自动化，那是远远不够的。因为它不能应对各种边缘情况，不能应对各种作业的机具操控，即使在农场长年累月的作业也很难完全代替人工劳动。所以我们做人工智能认为自动化遇到了天花板，人工智能才来了。比如说自主驾驶和操控，怎样符合常识？什么叫常识？是不言而喻的共识。人工智能要攻关的下一个窗口，我们把它叫做知识工程。

其实在人工智能的三次浪潮中，用知识工程的方法有很多。农机自动驾驶产业链当中有三个重要环节，一个是自动驾驶地图，一个是机器驾驶脑，一个就是拖拉机的线控底盘。先讲讲第一个作业地区的地图怎么做。任何一个作业区，都可以把它看成是 2.5 维的全面，因为拖拉机跟踪在这 2.5 维的全面上，要用几个点才能把它的定位点算出来。可以把它看成一个多边形，如果在作业区里面，自动驾驶地图把定位问题解决了，这辆拖拉机或者收割机在什么地方就能确定了，这个比公共道路的驾驶地图要容易得多。农场作业自动驾驶地图的生产和管理，是物联网时代的新生事物，和当前的导航地图、服务对象、服务形式有很大的不同。现在最头疼的是拖拉机厂，拖拉机厂有几个人是做 IT 的？更少有人做人工智能，他们最早想做线控都很难，拖拉机厂要自己生产代替驾驶员认知的驾驶脑，并自动操控各类机具，如同钢琴厂要培养出钢琴家朗朗一样，很难！所以我觉得应该加大人工智能的赋能作用，共同研究加深这个领域的关键技术。

再说说量产线控底盘，它是自动驾驶的基础，是数字拖拉机的基石，包括动力、转向、制动、换档、换向、农机具提升、液压输出和灯光等，涉及许多拖拉机一级供应商。对传统拖拉机厂而言，既是守家的护城河，也是转型的鬼门关。拖拉机线控底盘的量产，比汽车来得慢，比想象的来得快。怎么改善？我觉得 4G 就可以改善，有 5G 更好。智慧农场远程监控中心，可以实现大田种植拖拉机群的自动驾驶与机具操控的作业管理和远程干预。罗院士演示的小麦联合收割机和运粮车的机器编组，如果在整个农场有几十台拖拉机和几十台收割机一起编组，装备还是很壮观的。而且编组的误差，我们目前可以做到 20 cm，定位误差可以做到 10 cm。建立 4G 农业移动互联网可解决智能网联，是当务之急。而 5G 现在难在哪里？缺少应用场景。为什么不在农场找一个点？因为农场是有限的环境，尤其在农业示范区，比如在赵院士的信息中心小汤山基地能不能应用超高宽带、超低延时、超大连接能力、建立垂直系统的农业物联网，让他的边缘发出信号来？大家知道你要定位的收割机、拖拉机在什么地方得找三个点，让那三个地标发出一个信号来，车载的传感器接收到信号就能算出在哪里了，如果你觉得曲线界面很多那就定标六个点就行了。所以要在农场建立一些微地标，通过智能网联实现微地标的位置播报，如果经度、纬度、高度三个点都告诉我，我就能算出车子在哪里了，这三个点不就是三颗卫星吗？要丰富驾驶脑的听觉传感器和临场认知，完成移动作业中拖拉机群的同步定位和协同作业，拖拉机自动驾驶和农机作业的操控要实现一体化，也有助于自动操控机具作业的评估。如果 5G 上来了，拖拉机已经不是一台互联网，拖拉机的内部要素都可以联网，包括它的转向系统、制动系统、动力系统，甚至在行进过程中可以对拖拉机进行干预。车辆驾驶脑系统中的主参数，100 台拖拉机都在无人驾驶，它的每一个转向轮转多少角度我都可以知道，甚至会出现云上的驾驶超脑和边缘驾驶脑的更多交互。

我在做十几年的无人驾驶的研究过程中，申请了两个商标，一个叫驾驶脑，一个叫驾驶超脑，驾驶脑是边缘计算，驾驶超脑是云计算。我觉得政府应该给出优先发展拖拉机自动驾驶的政策，要提高为农场提供农区的自动驾驶地图服务，微地标这个要怎么建？按照法规需要对自动驾驶拖拉机发放驾照，因为拖拉机是不让上路的，尤其在农村的开放道路。我国农村劳动力急剧降低，农民进城铁牛耕地，智慧农场迫在眉睫。中国人工智能要在 2030 年占领世界高地，智能农机举足轻重。要勇闯大田种植拖拉机自动驾驶和自动操控的无人区这一最主要的环节，颁布拖拉机安全标准，抓好产业链关键环节，开放部分私营农场，加速我国的农业转型升级。在机械化升级的同时，不要忘记自动化、网络化、智能化。随着自动驾驶和自动操控规模化的普及，无论是旱田、水田、还是农场、林场，海植场、果园等，作业方式真的变了。无人机如果配上无人拖拉机，叫机载无人机，对农民来说可好了，因为拖拉机上可以给无人机供电和充电，所以我觉得农业的机械化和智能化，应该大有作为。

李德毅 江苏省泰县人，指挥自动化和人工智能专家。1967年毕业于南京工学院，1983年获英国爱丁堡海里奥特·瓦特大学博士学位。现任总参第61研究所研究员、副所长，中国电子学会和中国人工智能学会副理事长。参加了多项电子信息系统重大工程的研制和开发。最早提出控制流——数据流图对理论和一整套用逻辑语言实现的方法。证明了关系数据库模式和一阶谓词逻辑的对等性，提出云模型和发现状态空间，用于不确定性知识表示和数据控制，在智能控制“三级倒立摆动平衡”实验中取得显著成效。获国家和省部级二等奖以上奖励9项，发表论文130多篇，出版中文著作5本、英文专著2本。

1999年当选为中国工程院院士。2004年当选为国际欧亚科学院院士。

Deyi Li, born in Tai County, Jiangsu Province, is an expert in command automation and artificial intelligence. He graduated from Nanjing Institute of Technology in 1967 and received his PhD from Herriot Watt University in Edinburgh, England in 1983. He is currently a researcher and deputy director of the 61st Research Institute of the General Staff, and vice chairman of the Chinese Institute of Electronics and the Chinese Society of Artificial Intelligence. He has participated in the research and development of a number of major projects in electronic information systems. He was the first one who put forward the theory of the control flow-data flow diagram and a set of methods implemented in logical language. The equivalence between relational database schema and first-order predicate logic is proved by him. The cloud model and discovery state space are proposed for uncertainty knowledge representation and data control. It has achieved remarkable results in the intelligent control “three-stage inverted swing balance” experiment. He has received 9 awards at the national and provincial level. He has published more than 130 papers, 5 works in Chinese and 2 monographs in English.

In 1999, he was elected as an academician of the Chinese Academy of Engineering. In 2004, he was elected as an academician of the International Eurasian Academy of Sciences.

北斗导航技术在现代农业中的应用

陈学庚

（石河子大学，新疆石河子）

北斗导航技术在现代农业中的应用，从以下几个方面进行讲述。首先要说的是2018年12月27日，中国北斗3号基本系统建成，即提供全球服务的新闻发布会召开，宣告北斗系统迈入了全球时代。随着北斗系统的建设和服务能力的发展，相关产品已在逐步渗透到人类社会生产和人们生活的方方面面，为全球的经济和社会发展，注入了新的活力。信息化是农业现代化的制高点，是攻关的主要目标。总书记在全国网络安全和信息化工作会议上强调，信息化为中华民族带来了千载难逢的机遇。因此必须敏锐地抓住信息化发展的历史机遇，加快信息化发展。

以北斗系统为主体的中国卫星导航是新一代信息技术和智能信息产业核心要素和公用的基础，也是发展智慧农业的重要抓手和倍增器。北斗卫星导航技术是现代智慧农业的一项重要支柱技术，特别是在新疆兵团现代农业生产中广泛应用。北斗卫星导航与位置服务平台，基地地基增强系统，为各地的农机管理部门、采棉机公司和农机合作组织提供作业农机设施的信息服务，准确获取当前作业机制的实施位置，跟踪显示当前农机的作业状况，准确获取农机作业的相关数据，监控作业质量，提高作业效率，降低服务成本。

首先我介绍一下，新疆兵团现代农业的发展情况。现代农业是以实现优质高效为目标的现代农业生产规模的模式和技术体系，由全球定位系统、农田信息采集系统、智能化农机系统等10个系统组成。20世纪末，精准农业技术已经逐步在新疆兵团进行试验示范，目前部分成果，如水肥管理技术、GIS技术支持下的精耕细作技术，在新疆兵团有较大面积的推广应用。新疆兵团是以机械化为主要手段、规模经营为基础的大农业生产方式，是我国最大的农业高校建设示范区。棉花的精良播种、水肥一体化管理、全程机械化技术体系基本建成，卫星导航、精准农业技术开始应用，粮食、棉花、番茄、油料等主要作物已实现了全程机械化的生产，兵团成立伊始就为全面实现农业机械化奠定了基础。目前农田土地平整，集中连片，设施完备，农电配套，抗灾能力强，农机作业达到了高效率、高标准的要求，正逐步向智能化、服务一体化方向发展。

新疆兵团为稳步推进精准农业的发展，以农业机械化和节水灌溉为突破口，加快农业结构优化升级，是中国最大的节水灌溉基地和重要的商品棉基地。2018年新疆农业综合机械化率就超过了93%，棉花生产全程机械化率，北疆区达到80%，南疆区达到20%。2018年新疆高效节水灌溉面积达到了3.43×10^6 hm^2，其中兵团达到1.32×10^6 hm^2，以滴灌技术为主。新疆兵团坚持以设施精准选种、精准播种、精准施肥、精准灌溉、精准田间生态监测、精准收获为六大主体技术的精准农业。精准选种是机械自动化识别选种，大幅提高了种子的出苗率；如图1所示，精准播种为了解决地膜覆盖栽培，精量播种问题，将气吸精量取种技术与鸭嘴滚筒式穴播技术结合，攻克了众多的精量穴播技术难题，实现了按需精量播种的要求，棉花、玉米、番茄、甜菜、瓜类基本上实现了精量播种；精准施肥已经开始大面积示范，精准对行分层施肥技术，肥料的利用率大幅提高，节约了成本，监测了化学的污染；如图2所示，滴灌节水攻克了低成本的器材和装备的研究开发难题，形成服务体系大面积用于大田作物，应用的规模达到了世界第一，逐步向智能化、水肥一体化、远程操作监控方向发展，节水的效果很明显。

北斗卫星导航系统是继美国和俄罗斯之后，中国自行研制的全球卫星定位通信系统，具有速

棉花精量播种超窄行种植出苗效果

铺膜铺管及出苗效果

玉米精量播种的出苗效果

水稻定量穴播的出苗效果

图 1　精量播种

图 2　滴灌节水

度快、精度高、成本低、操作简便等特点。在现代农业中，北斗卫星导航技术主要应用于以下三个方面：一是智能化农业技术的控制；二是病虫害精准防治和灌溉；三是农田资源的普查和规划。

第一智能化农业技术的控制。卫星导航定位技术在农业机械控制中，最主要应用在以下三个方面：一是变量施肥播种的控制，这一块已经在试验示范；二是联合体的控制，利用定位系统和地理信息系统收集数据，绘制农作物产量的分布图，根据产量控制联合收割机的收割速度、脱粒喂入量达到最佳的效果；三是拖拉机自动驾驶，这是目前使用比较广泛的一种技术。如图 3 所示，拖拉机自动驾驶是由固定操作站控制的自动驾驶农业机械，在卫星全球定位系统或在田间附近地面系统的导航下工作，具有性价比高，可实现 24 h 内连续精确作业，延长农机作业时间的同时提高农业机械，提高了机组作业质量和效率，在新疆兵团得到广泛地推广应用。

第二病虫害精准防治和灌溉。卫星导航定位系统在精准防治病虫害及灌溉中作用明显，精准喷药有效监控病虫草害，准确获取病虫草害发生状态位置，引导喷药机在计算好的航线和高度飞行喷洒药物。精准灌溉，准确获取土壤墒情信息，满足作物生长对水分的要求，准确调整农业用水管理措施，提高农水利用效率。

第三农田资源的普查和规划。在精准农业中

图3　拖拉机自动驾驶

能够快速、高效、准确地获得各项农田信息，并转化成相应的图形，同田间的各种信息结合，形成反映该信息的专题图和处方图，用于农作物科学施肥、病虫害防治和估产等。

接下来谈谈现代农业中的北斗导航技术、自动驾驶技术，实现田间作业的精准控制。如图4所示，制定精准控制系统，实现了农业种植的整体规划；智能灌溉控制系统，实现了喷滴灌智能控制，提高了农业的节水效率；智能测产系统为变量施肥，播种的精细农业管理提供了依据；农机作业可视化管理系统，解决了农机生产流程的控制问题。卫星导航技术已在兵团精准农业中得到了广泛的推广和应用，各司、局先后建成了农机远程监控调度系统并投入了运行，通过该系统可以准确获取当前作业机具的实时位置，跟踪显示当前农机作业的状况，准确地获取作业面积、油耗等相关数据，实时监控作业质量，提高农机作业的效率，降低作业的成本。北斗导航拖拉机自动驾驶系统，是利用北斗卫星的定位信号来设计车辆的行驶轨迹，在车辆作业过程中综合车辆的位置信息、姿态信息、航向角信息、传感器信息，通过控制液压系统，最终实现拖拉机的转向按照设计路径行驶。北斗导航自动驾驶系统具有以下特点：为农用机具提供实时位置信息，提高行走精度，有效监测农作物产量分布、土壤成分和性质分布，做到合理施肥、播种和喷洒农药，降低成本，提高效益。同时适应能力强，不受时间和气候的限制，不必日出而作，日落而息。传统的农机作业质量主要依靠驾驶员的操作技能和责任心来保障，难以全面达到精细作业的要求，北斗卫星导航自动驾驶依托智能技术保障作业质量、提高作业效率，作业后的条田接行准确，播行端直，劳动强度大幅下降，实现了舒适化操作。新疆兵团农机推广部门2012年就开展了卫星导航自动驾驶技术试验示范，将该技术产品应用在棉花播种作业中。

新疆兵团卫星导航拖拉机自动驾驶技术，已经逐步从小面积试验向大面积示范迈进，其作业精度、操作方便性、使用可靠性、性价比逐步得到了认可。首先是播行笔直、接行准确提高了采棉机的采净率，接行不准，误差超过5 cm，就会对采净率产生影响。整地前喷洒除草剂作业，可确保接行准确，不重不漏。在卫星导航拖拉机自动驾驶系统出现前，少数认真的单位，在整地前喷洒除草剂，要求机车组规划作业区，保证打药喷雾机行走位置准确，作业机组要多配2个人，增加了作业成本。拖拉机安装了自动驾驶系统，路线根据作业幅宽设定，实现自动驾驶，避免漏喷和重喷，作业效果大幅提升，减少农药投入，节约成本，降低污染。拖拉机上安装了自动驾驶系统，路线根据作业的幅宽设定，实现自动驾驶，避免了漏喷和重喷，作业效果大幅提升，减少了农业的投入，节约成本，降低污染。苗期

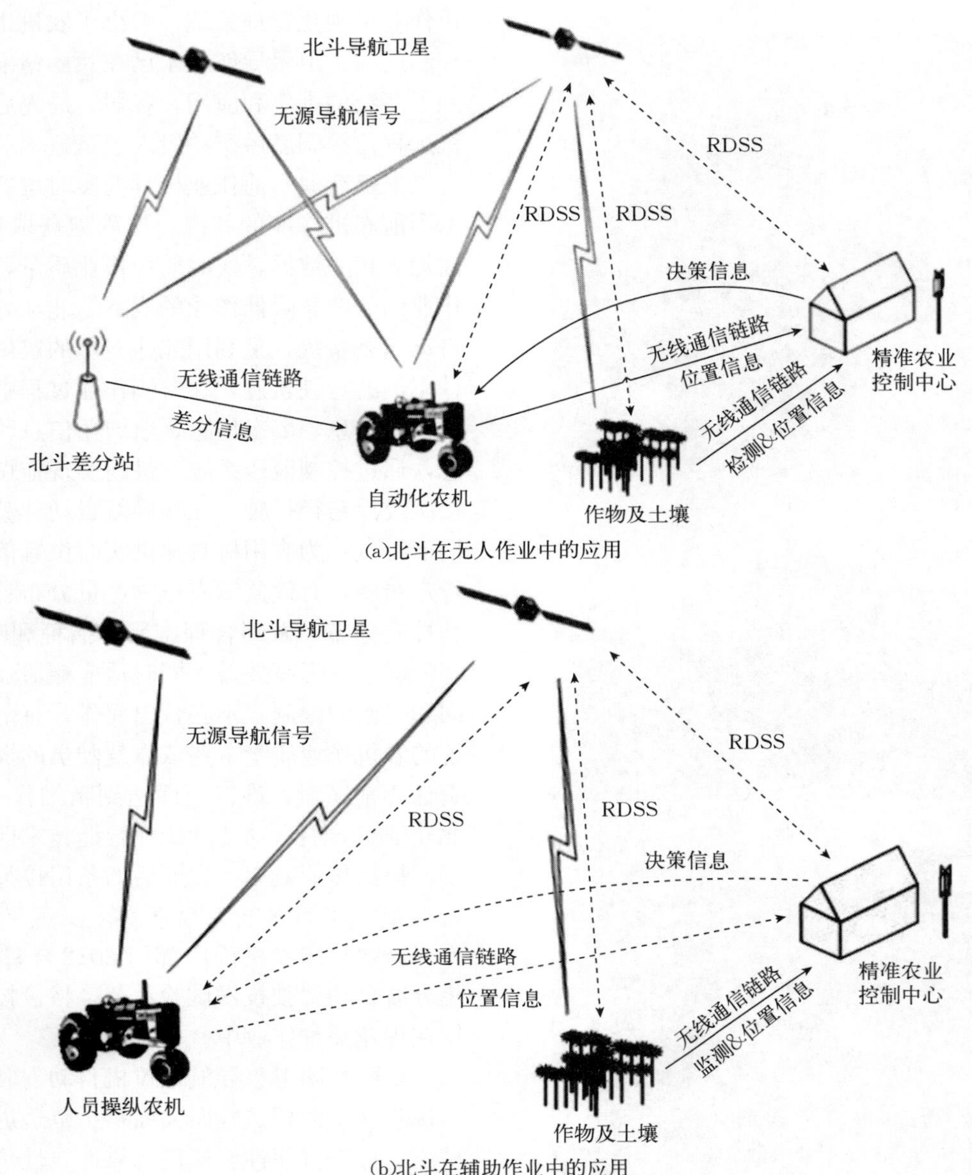

(a)北斗在无人作业中的应用

(b)北斗在辅助作业中的应用

图 4　北斗导航卫星在农业中的应用

化控和植保作业，对行施药，药液利用率高。采用具有拖拉机自动驾驶系统播种的田块，行距分布均匀、准确，喷雾机喷头可直接对行施药，农药利用率高，不污染环境；拖拉机未安装自动驾驶系统播种的田块，行距累积误差大，作业效果差，只有采用全面喷洒来解决问题。机械采收前喷施脱叶催熟剂作业，通过顺畅，喷施效果好。采用具有拖拉机自动驾驶系统播种的田块，由于行距分布均匀，吊杆可精确走在宽行中间，很少对棉花茎叶产生碰擦，通过顺畅，喷施效果好。未安装自动驾驶系统播种的田块，喷雾机工作幅宽越宽，喷雾吊杆被架起的现象越严重。运用卫星导航技术对受灾的棉田重新播种，接行误差可以小于 2～3 cm，保证后续棉花季节收获正常进行。在残膜回收作业中，自动导航技术可使拖拉机沿设定轨迹行走，残膜回收机的起膜边装置精确对准膜边，将膜边完全挖起，简化机具结构，提高残膜回收率。在宽行的作物，比如棉花、番茄、玉米，提高肥料利用率作用尤其显著。

卫星导航拖拉机自动驾驶系统用于改变棉花、玉米、番茄等宽行距作物传统施基肥的方式，如图 5 所示，采用精准对行分层施肥技术，可以大幅提升肥料利用率，减少宽行距作物的化肥投入，减轻肥料对环境的污染。传统的全耕层施肥技术，

图 5　精准对行分层施肥技术

比如棉花田的施肥，由撒肥机撒到地表，然后进行翻地，颗粒状肥料流动性好，大部分肥料在土垡翻转过程中流入犁沟底部造成施肥太深。另外，宽行中间深施肥料很难被吸收，肥料浪费环境污染。对行施肥，这个优势在于肥料位于种子的正下方，有利于作物根系的吸收，大大提升了肥料利用率。也就是说作物生长过程中，根系就可以直接扎到肥料周围。在操作过程中，施肥开沟起到松土作用，利于保墒和作物根系扩散生长。施肥和播种是分开进行的。历经了冬天雪水的冻融和春天的整地，施肥沟不影响播种作业。以前进行全耕层施肥，肥料撒到地表，通过翻地翻到全干层的土壤中，对不对呢？也是非常对的，因为以前的装备不行，没有目前的卫星导航自动驾驶系统，所以对行分层施肥就干不成。但是现在有了这套系统，行走的轨迹和记忆可重复，这样施肥大量的推广以后，作物的生长节肥效果非常明显。这项技术已经在新疆兵团、新疆自治区、河北南宫、山东无棣等地示范推广应用，效果理想，应用的作物主要是棉花、玉米和番茄。棉花施肥行距达到 76 cm，施肥深度浅层是 12 cm，深层是 20 cm，施肥量同比减少 15%～20%。这样的话，分层施肥单产也有一定的增产效果，在同比肥量减少 15%～20%的状态下，增产的也达到了 3%以上，青贮玉米，增产的幅度接近 10%。在滴灌节水精准控制中，新疆是微灌系统应用最广泛的地区。2018 年应用面积达到了 3.43×10^6 hm^2，新疆耕地是多少呢？也就是 5.33×10^6～6.00×10^6 hm^2。这样的话多数的田块都是滴灌节水的。目前每 667 m^2 灌溉用水已经由 2000 年的 800 m^3 下降到 2017 年的 570 m^3。滴灌系统平台作用越来越凸显，智能化施肥，智能化植保施药，前景广阔，已经在新疆大面积的进行了示范。图 2 中兵团自行研发的田间滴灌管网系统，已大面积田间示范，灌水质量得到质的飞跃。应用北斗卫星导航技术，依托智能化滴灌系统平台，智能化施肥、智能化植保施药前景广阔，已在新疆较大面积示范。特别是施肥，管理 6.67×10^4 hm^2 的施肥公司已经出现了。

下面再说说新疆兵团发展北斗导航技术应用的具体情况。2016 年新疆石河子垦区统一建成覆盖石河子垦区的北斗集中站，如图 6 所示，构建了区域性北斗基地增强系统，实现了米级、分米级和厘米级的实时精密定位增强服务，可以满足 1 500 台套北斗导航终端的并发接入，实现了建、管、运行的分离，统一了信号源。2018 年春播工作前兵团石河子垦区安装北斗自动驾驶系统，终端达到了 2 200 多套，垦区的 20 万 hm^2 棉花，6.67 万 hm^2 玉米、番茄等中耕作物，几乎全部由安装北斗自动驾驶系统终端的拖拉机来完成播种作业。如图 6 所示的效果图，实现连接行的精确对接，误差不超过 3 cm。

远程调度手机 APP，在兵团石河子垦区开展了应用示范，可以准确识别拖拉机（采棉机）、农机具、机手等生产要素，回传位置信息，实现了农机远程作业精确监测、作业质量追踪和作业面积统计等功能。研发推广的采棉机远程监控与调度管理信息化管理系统，仅石河子垦区累计安装 461 台。自投入使用以来，北斗远程定位终端、管理平台及手机 APP 客户端均运行良好，实现了采棉机作业监控、轨迹管理、车辆档案管理、报表系统管理、车辆巡检等功能（图 7）。

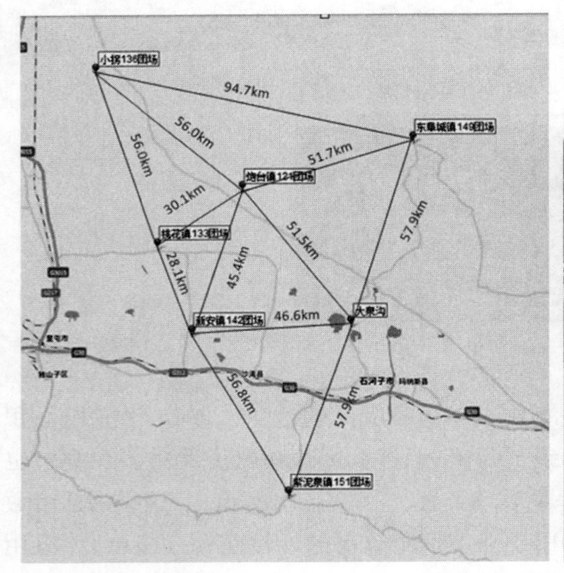

图 6　石河子垦区北斗导航技术的应用

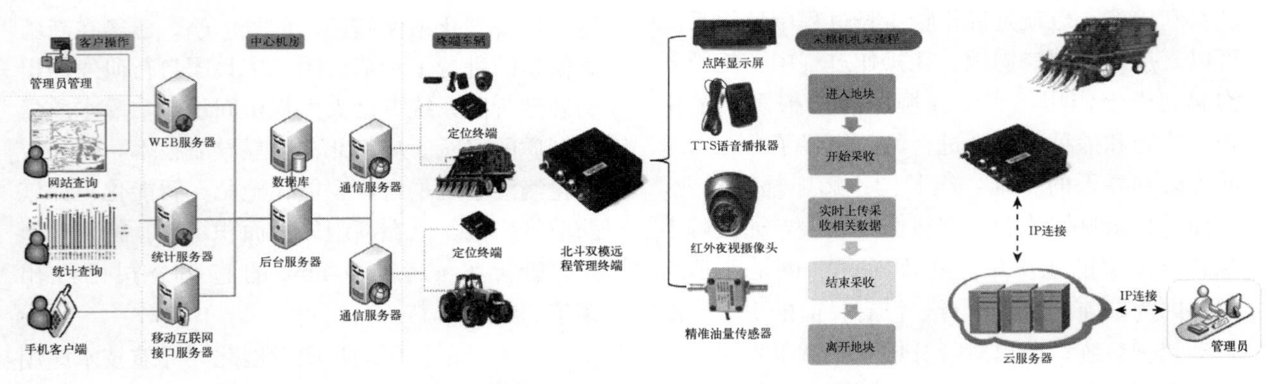

图 7　采棉机远程监控与调度管理信息化系统

为什么北斗导航拖拉机自动驾驶在新疆兵团推广得很快？关键因素是性价比高，经济效益显著。第一，北斗导航自动驾驶系统，每一个春播可以节省聘请优秀机手的薪酬支出 50%～80%；第二，作业时间不受白天黑夜的限制，提高了基层出勤率和时间的利用率，缩短了播种期，单机单季的工作量提高了 30%～50%；第三，大幅度提高交接行的精准度和播行的直线度，土地利用率提高 0.5%，增加作物产量；第四，中耕施肥作业，保护带宽度缩小，不伤苗、不漏耕，增产 2%～3%；第五，自动导航进行播种和采收，采净率可增加 2%～3%，每公顷增收 450～750 元；第六，远程调度系统提高管理精确程度，降低油耗及设备浪费，减少了机手储备、零配件库存和调度成本，单机单季节本增效1 500元。另外社会效益更是比较突出，促进了新疆兵团现代农业技术的发展，提升了农业综合生产能力，加快了北斗卫星导航产业化进程。

陈学庚 江苏省泰兴市人，农业机械设计制造专家，中共党员。1968年毕业于新疆兵团奎屯农校。曾任新疆农垦科学院农机研究所所长，现任石河子大学终身教授，博士生导师，中国农业机械学会副理事长。

扎根边疆基层一线连续从事农业机械研究推广工作51年，突破了地膜植棉机械化技术关键，攻克了滴灌技术大规模应用农机装备难题，研发了多项棉花生产机械化关键技术与装备，为促成新疆棉花生产两次飞跃提供了有力的农机装备支撑，为新疆棉花生产全程机械化技术研究和大面积推广应用做出了重大贡献。获省、部科技进步奖24项，其中：1995年作为第2完成人获“国家科技进步一等奖”1项，2008年、2016年作为第1完成人获“国家科技进步二等奖”2项，1992年作为第3完成人获“国家星火二等奖”1项，作为第1完成人获省、部级科技进步一等奖5项。获国家专利80余项，专利实施后形成的新产品中有9项获“国家重点新产品”。在《农业机械学报》等国内学术刊物发表论文40余篇。

2013年当选为中国工程院院士。

Xuegeng Chen, born in Taixing City, Jiangsu Province, is an agricultural machinery design and manufacturing expert, member of the Communist Party of China. In 1968, he was graduated from the Kuitun Agricultural School of Xinjiang Corps, China. He used to be the director of the Agricultural Machinery Research Institute of the Xinjiang Academy of Agricultural Sciences. He is currently a tenured professor at Shihezi University, a doctoral tutor, and a vice-chairman of the China Agricultural Machinery Society.

He has been engaged in the research and promotion of agricultural machinery for 51 years. Due to his efforts, the key to mechanization technology of plastic film mulching has been broke through, and the problem of large-scale application of agricultural machinery and equipment for drip irrigation technology was overcome. In addition, in order to promote Xinjiang cotton, he has developed a number of key technologies and equipments for mechanization of cotton production. The two leaps in production provided strong support for agricultural machinery and equipment, and made significant contributions to the whole process of mechanized technology research and large-scale promotion and application of cotton production in Xinjiang. He has received 24 provincial and ministerial scientific and technological progress awards, including the “First Prize of National Science and Technology Progress Award” as the second person in 1995, and the “Second Prize National Science and Technology Progress” as the first person in 2008 and 2016. In 1992, he won the “Second Prize National Spark Fire” as the third person, and won 5 first prizes for provincial and ministerial scientific and technological progress as the first person. He has obtained more than 80 national patents, and 9 of the new products formed after the implementation of the patent have been awarded “National Key New Products”. He has published more than 40 papers in domestic academic journals such as the *Journal of Agricultural Machinery*.

In 2013, he was elected as an academician of the Chinese Academy of Engineering.

农业绿色发展的挑战和机遇

张福锁

（中国农业大学，北京）

关于农业绿色发展的挑战与机遇，今天先谈一下为什么要绿色发展？第二怎么进行绿色发展？第三我们未来还面临着什么样的挑战？大家知道我国能够养活这么多人，在粮食生产上做了很大的贡献。但是中国粮食安全的问题不仅仅是中国的问题，因为 14 亿人口如果没粮吃，这将是个全球性的问题，所以粮食安全一直是国内也是国际被广泛关注的重大问题。解决粮食安全最好的一个办法就是控制施肥，今天好几个院士都谈到肥料的问题，我是做肥料的，如果不施肥肯定养活不了这么多人，施肥能大幅度增产，只是我们的化肥老百姓太喜欢了，用得太多了。如图 1 所示，可以看到粮食产量没增加多少，但是化肥的用量增加的幅度非常大。其实不只是化肥，其他的农业投入也是一样的，农药、农膜、水等，这样的农业它是不可持续的。

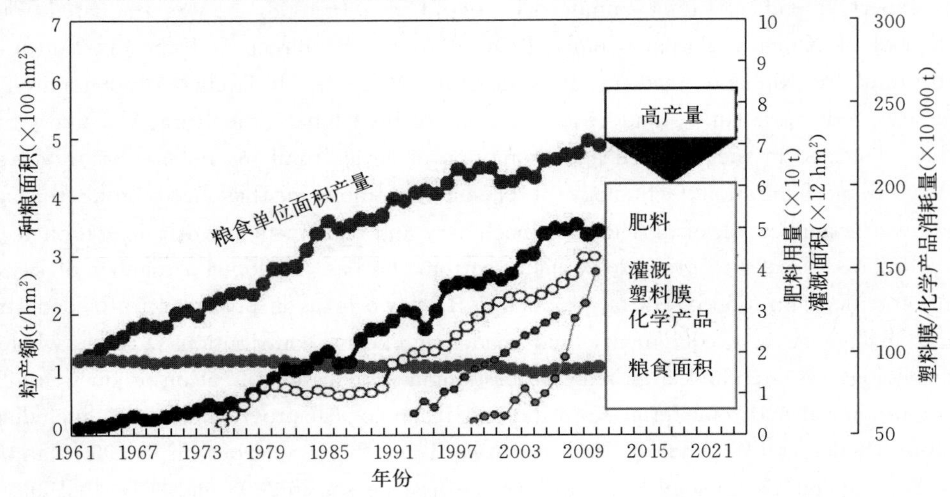

图 1　粮食产量与农业投入的对比

2009 年，我们将美国密西西比河流域的玉米生产与我国华北平原以及肯尼亚做了对比，发现我国和美国的产量差不多，都比肯尼亚要高很多，但是我们的农业投入非常高，到最后收获以后，土壤里面肥料的盈余非常多，这样就会造成环境问题。所以到底全世界的农业走哪条路确实值得大家思考。

2010 年我们也报道了，全国大量的氮肥使用造成了土壤酸化。这一篇文章在发表的时候我们根本不知道酸化将给我们带来多少问题，后来发现不仅仅作物长得很差，而且品质下降很多，甚至湖南的镉米镉污染，也是土壤酸化做的最大贡献。2013 年，我们报道了空气里面的氮含量很高，在改革开放以后二三十年里增加了 60%，当时我们还不知道它将对雾霾有什么贡献，如今雾霾带来的污染、疾病已经成为我们的头等大事。如图 2 所示，我国农业必须转型，从过去高投入、高产出、高环境代价的农业转变为绿色农业，我们希望能够持续增产，但是同时能减少投入、提高效率、大幅度的减少污染，这就是绿色农业的发展。

绿色发展需要两个条件，第一个必须要有技术，第二个技术要给老百姓用，能真正的改变我们的现状。在过去的 20 年里，我们发展了所谓的养分综合管理技术，就是把大气、水、土壤里

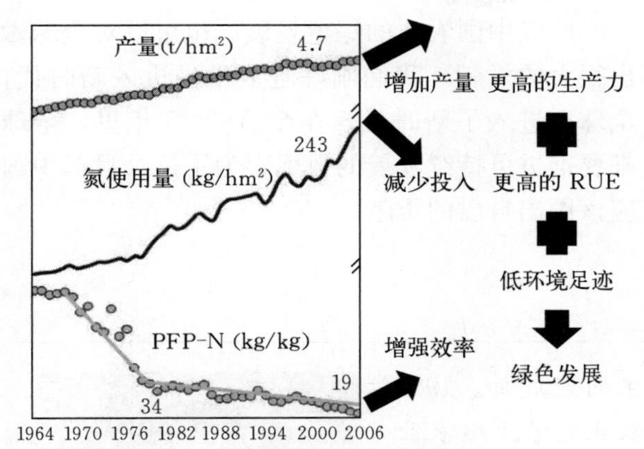

图 2　中国急需转型发展绿色农业

面那些多余的养分用起来，把化肥量减下来，通过养分综合管理技术能够减下来多少呢？答案是30%以上。我们和南京土壤研究所的两位主导院士，在长江流域和华北平原做的研究结果证明，我们可以把氮肥减少 30%～50%，同时不减产。那么减的是什么呢？减的是向大气和水里排放的污染物。我们和很多栽培专家、团队一起合作，建立了土壤作物综合管理体系。我们第 1 次报道是在 2011 年，在玉米作物上可以做到不增加施肥而把产量、效率翻一番。我们和栽培学家一起合作了 5 年，在小麦、玉米、水稻三大作物上，平均能够把产量提高 30%，把肥料使用量减少 50%，这篇文章也发表在媒体上。我们把这样的技术推广到农村让大量的农民使用，刚开始农民技术应用率只有 18%，我们住在村里和他们一起干了 5 年，他们的技术使用率才能达到 53%，连 80%都达不到。但是即便这样，作物的产量已经大幅度增长，化肥使用量降低、灌水用量降低、施药量降低，最后实现了投入减少、产量增加的效果。我们在过去 10 年里和全国 6 万多农技推广人员，13 万企业服务人员，2 000 万农民一起在3 733万 hm² 土地上，用这样的技术实现了增产 10% 以上，减肥 15% 以上，效率提高30%以上。也就是说我们不仅仅在中国可以应用新技术来解决问题，也可以和农民在比较大的范围内应用这些技术来实现绿色发展。在国家政策、企业的技术和产品以及科技人员与农民的共同努力下，过去这些年小麦、玉米、水稻的产量在增加，氮肥的用量在下降，肥料的效率在回升，为我国的可持续发展做出了很好的贡献。

未来我们还面临着更多的挑战，在这一次全球可持续发展议程里，提出来产量提高 30%，效率提高 30%，环境污染降低 30%，也就是说到 2030 年，三个三年计划是根据我国的经验给联合国提出了要求。我们面临的最大的挑战是持续增产的同时还要大幅度提高效率，那么机械化、信息化、智能化就要发挥很重要的作用。我们现在有了非常好的施肥技术，但是老百姓仍然以撒肥为主，我们和罗老师在“农业部 98 项”里引进了很多设备，也做了很多创新，如果这些技术让老百姓真正用到地里，至少可以减少20%的浪费，可以大幅度的提高效率，这就是今天这个会议对肥料产业和肥料使用方面具有的重要意义。如果我们的产量能提高 30%，污染能减少 50%，实际上我们完全可以为全球做出很大的贡献。如图 3 所示，我们做了一个简单的分

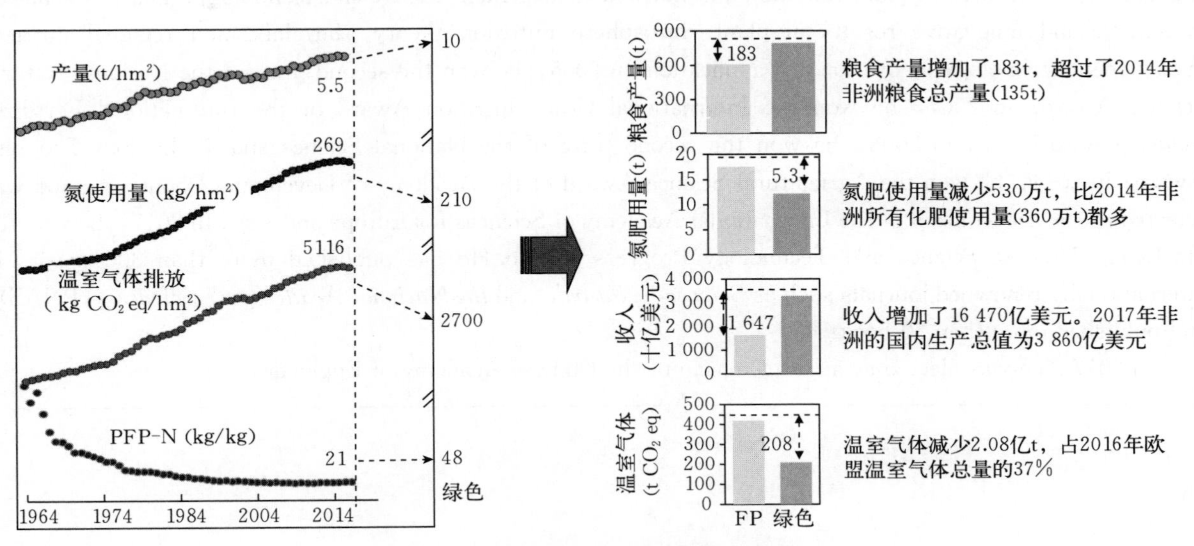

图 3　中国绿色发展对全球的潜在贡献

析，产量增加30%，在我们国家现有耕地上增加的产量，相当于整个非洲大陆一年生产的粮食总量还要多，我们增产量超过整个非洲大陆的总量。如果我们减排50%，意味着欧洲大陆氮的污染可以减排37%，温室气体可以减排37%，这个贡献也是非常大的。

所以中国农业的绿色发展，也可以对全球做出很大的贡献。我们刚好赶上中国进入新时代，全球也进入了新时代，在今后的15年里，全球都要推进可持续发展的目标，为了这个目标中国应该做出自己的贡献。

张福锁 陕西省凤翔县人，植物营养学家，民主同盟成员。1982年毕业于西北农学院土壤农业化学系，1985年北京农业大学土壤农业化学系硕士毕业，1989年毕业于德国Hohenheim大学，获博士学位。现任中国农业大学教授、博士生导师、资源环境与粮食安全研究中心主任、农业农村部科学施肥技术专家组组长。

一直从事植物营养与养分管理理论与技术研究工作，在植物根际营养理论、农田和区域养分管理技术创新与应用方面取得了系统的创新性成果。2005年获国家自然科学奖二等奖；2007年获国际肥料工业协会国际作物营养奖；2008年获国家科技进步奖二等奖；2014年获发展中国家科学院农业科学奖，同年被选为欧亚科学院院士，2017年获何梁何利科学与技术进步奖。在Science、Nature、美国科学院院报（PNAS）等国际著名刊物上发表论文300余篇，出版著作30余部。

2017年当选中国工程院院士。

Fusuo Zhang, born in Fengxiang County, Shaanxi Province, member of the Democratic League, is a plant nutritionist. He received his Bachelor degree from the Department of Soil and Agricultural Chemistry of Northwest Agricultural College in 1982. He received his Master degree from the Department of Soil and Agricultural Chemistry of Beijing Agricultural University in 1985 and his PhD degree from Hohenheim University in Germany in 1989. He is currently a professor at the China Agricultural University, a doctoral tutor, director of the Resource Environment and Food Security Research Center, and leader of the Scientific Fertilization Technology Expert Group of the Ministry of Agriculture and Rural Affairs of China. He has been engaged in the research of plant nutrition and nutrient management theory and technology, and has achieved systematic and innovative results in plant rhizosphere nutrition theory, farmland and regional nutrient management technology innovation and application. In 2005, he won the second prize of the National Natural Science Award; in 2007, he won the International Crop Nutrition Award of the International Fertilizer Industry Association; in 2008, he won the second prize of the National Science and Technology Progress Award; in 2014, he won the Agricultural Science Award of the Academy of Developing Countries, and was selected as the academician of the International Academy of Sciences for Europe and Asia. In 2017, he won the Ho Leung Ho Lee Science and Technology Progress Award. He has published more than 300 papers in internationally renowned journals such as *Science*, *Nature*, and *the National Academy of Sciences* (PNAS), and published more than 30 books.

In 2017, he was elected as an academician of the Chinese Academy of Engineering.

现代农业的机器智能

赵春江

（国家农业信息化工程技术研究中心，北京）

有关现代农业的机器智能。首先介绍一下背景，根据诺贝尔获奖者 Richard Smalley 的预测，到 2050 年，人类面临的十大挑战，其中与我们农业紧密相关的，一个是水，一个是食品，一个是环境，再有一个大的背景就是全球气候变化的问题，根据 IPCC 第 4 次的报告，全球的平均温度在过去的 100 年里升高了 0.74 ℃。在我们中国，像北方是升高了 3.5 ℃，降雨量是下降了 20 mm。前段时间美国、德国、澳大利亚的科学家在《Environment Research Letters》杂志发表了一篇论文，强调的就是全球气候的变化将对作物的产量产生巨大影响，能达到 20%～49%，主要包括玉米、水稻、大豆还有春小麦的生产。

除了人口增加、全球气候变化、水资源变化的影响以外，我们还面临着另外一个非常普遍性的问题，就是从事农业生产的人员逐渐减少了。如图 1 所示，据统计，在欧盟、拉丁美洲以及世界范围，包括中国、美国以及日本，农业劳动力在全国的占比不容乐观。在中国，我们在 1991 年的时候，从事农业的劳动力占整个劳动力的 60%，到了 2018 年，比例下降到 26.1%，下降速度非常之快，世界平均劳动力下降没有中国这么快，但也是一直在下降的。从 2005 年到现在，全世界农业的人口减少了 5 800 万，农业的劳动力降低了 11%，这是一个非常突出的问题。如图 1 上看到的美国这条线，从事农业生产是 1%左右，比例比较小，中国和其他一些发展中国家，农村从业的人数的下降，主要还是城镇化的发展进程加速了农村劳力的转移。中国预计到 2030 年城镇化率将超过 70%，也就意味着大部分人生活在城市。那么究竟还有多少人从事农业生产呢？谁来种地呢？这是一个很突出的问题。

从 1998 年到 2018 年，中国的城镇化率是直线增加的，我们用 26%的农业劳动力，只生产了 7.2%的 GDP，说明我们的农业产值是比较低的。另外就是化肥农药的投入，今天很多的学者已经报告了，我们中国的化肥和农药的使用量都在逐渐增加，但是从 2010 年开始，由于农业部出台的双减政策，化肥农药的使用量有所下降，但是总的来说这个量还是比较高。根据 2017 年的数据，我国化肥中的氮肥利用率是 37.8%，农药的利用率是 38%，这些问题怎么去解决？

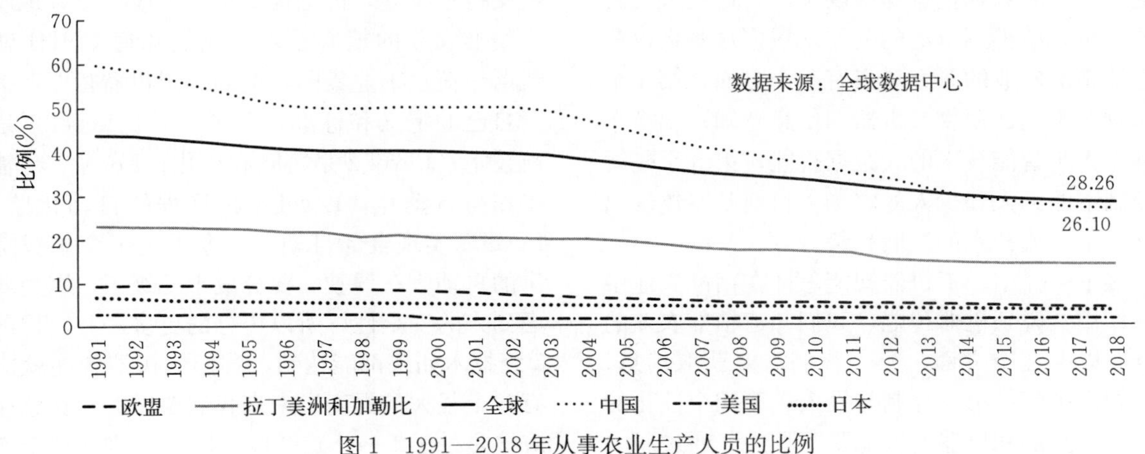

图 1　1991—2018 年从事农业生产人员的比例

现代农业也许能提供一个很好的解决方案。

2017年10月12日，一个欧洲的农业机械工业组织CEMA提出了农业4.0，其核心内容是精准农业，也包括智慧农业，还有一些智能化的装备。精准农业从目前来看是一个重要发展方向。根据国际咨询机构预测，未来精准农业市场能达到2 400亿美元的市值，其中精准施肥的应用将达到650亿美元，对产量的贡献率达到18%，潜在的价值是200亿美元，另外精准种植、精准喷洒、精准灌溉等，这些精准农业的技术都有很好的市场前景。

精准农业无论从种、管、收的每个环节都离不开智能化的机器，这是一个很重要的工具，如图2所示，从整地、田间管理没有一个环节能离得开机器，因为农村劳动力减少的问题。精准农业技术根据美国普渡大学2016年精准农业技术在美国的应用情况，比如控制技术、单一营养的、多肥料营养的，以及变量施药技术，从总体上来说是一个快速上升发展的机会。另外像基于GPS的或基于GIS的土壤的调查、产量的监测，还有自动导航、卫星图像等技术也是快速发展的，特别是无人机(UAV)，从2015年开始，增长的速度非常快。

图2 精准农业的智能机械与装备技术

精准农业在全球也得到广泛的关注，2018年第14届国际精准农业大会（International Conference on Precision Agriculture)，共有250个代表参会，大会共有23个议题，在这23个议题里面信息感知和无人机的应用是一个很重要的议题，还有大数据挖掘和深度学习，这些人工智能技术也开始得到广泛的关注。根据这些会议我们总结精准农业的研究热点有三个方面，第1个是作物、土壤、动物及机器的信息感知；第2个是基于人工智能技术的大数据智能；第3个是智能控制下的无人和少人的农场。目前基本体现出是这三个主流技术的发展趋势。

接下来介绍一下机器智能怎样在精准农业中发挥作用？说到机器智能，我们知道精准农业的重点有以下几个方面，第一我们需要获取信息；第二做出决策；第三控制与投入；第四个性化的服务，这些都和机器的智能紧密相关。通过新一代的信息技术，如物联网技术，包括嵌入的系统，传感器、末端执行器以及低功率的信息通信技术等。第2类技术是大数据，包括分析、存储、云服务等方面。第3类技术就是人工智能技术，特别是机器人、自动化、机器学习及智能决策支持系统等，都是提高机器智能、更好地服务于精准农业的核心技术。我们知道CNHI就是凯斯纽荷兰工业集团，他们关于机器智能，提出了自己的定义和标准，分了5级。Level 1是导航技术；Level 2是协同和优化；Level 3是辅助操作与自动化；Level 4是远程的自动化监管；Level 5实现全部自动化。今天上午李德毅院士讲的自动汽车驾驶，要分成十几级了，因为要考虑到人的安全性，所以再分的更多一些。目前这5级技术如果都能达到，我们的机器智能就能够有一个很大的提高。未来我们要做的，在总体上应该是处于Level 1和Level 2，个别在单个产品能达到了 Level 3 或 Level 4。目前完全自主的这种系统在农业方面，由于农业的非结构性特点，还没有完全的实现，还需要做大量的工作。

当然，支持我们提高机器智能的还有很多技术，比如过去做激光平地，现在利用卫星导航的平地技术能够大幅度降低使用成本提高效率，特别是对于大规模区域进行平地非常有效，通过平地，水和肥料等资源的利用率都会提高。比如 Monsanto 公司的精准种植，它根据分析不同地方的土壤条件，包括土壤水分和土壤深度、土壤结构的情况，其播种深度和播种量都会发生变化，这就是基于精准控制、智能控制而实现的一种技术；还有基于变量的施肥技术，通过电压驱动发动电机的速度变化，来实现变量的施肥；还有遥感技术，是我们获取信息和大数据的一个很重要来源，通过高光谱以及高光谱成像、多角度高光谱以及多角度高光谱成像等技术，能够分析作物的结构，使我们能够对作物养分的垂直分布很好的了解。有了遥感这些数据，我们通过建立反演的模型进行空间决策，体现出这种大数据的智能，如图 3 所示，就是一个应用的很典型的场景。

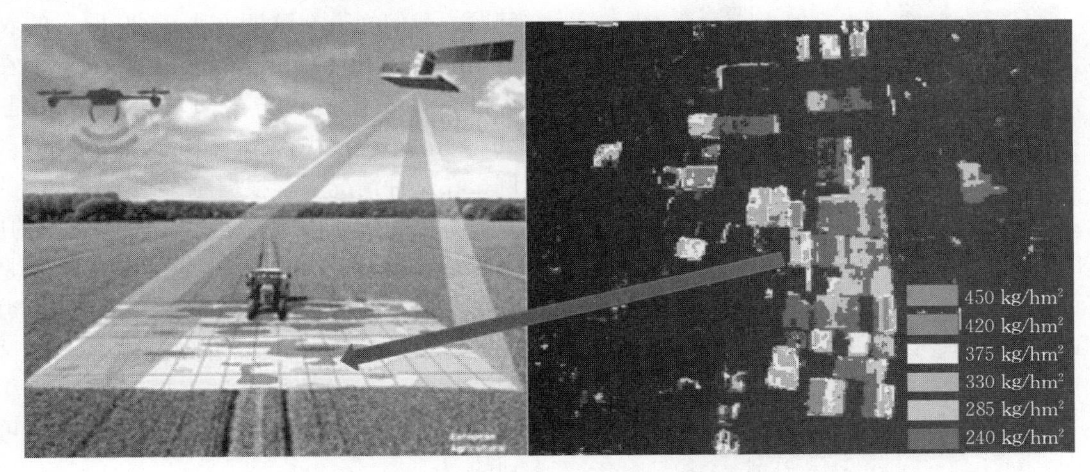

图 3　基于遥感的精准施肥技术

支持精准农业的信息技术、传感技术是很多的，我们最关心的作物营养信息，可以研发相应的传感器，支持近地传感器，通过系统我们可以给作物作出营养诊断、养分的诊断，从而决定施肥量的营养处方。举个例子像水稻施肥，在中国很多地方是在手工撒肥，如果我们通过机器把肥料投在一个地方，例如离秧苗 4.5 cm，离地 5 cm，这样能制造一个很好的营养环境，能够提高肥料的利用率，从而可以降低肥料的使用量，这也是一个很好的智能技术。如图 4 所示，从全年实验的情况看，把肥料投在秧苗的旁边，能够有助于提高肥料利用率。这种智能技术和农业的结合，特别是在精准农业上的应用，在成本降低之后农场主更愿意接受使用。去年河北省的 24 个县投入 5 200 万元发展精准农业应用，他们希望通过精准农业的引领来进一步提升河北省的农业生产机械化。

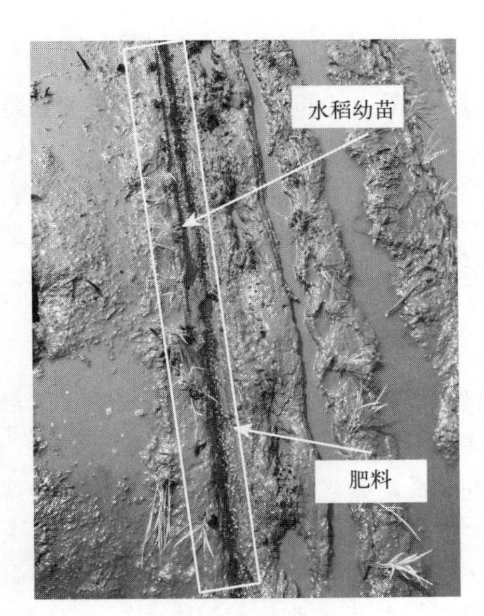

图 4　农田试验

接下来我想讨论几个问题，第 1 实施精准农业的一个重要的问题就是信息的获取。根据国际咨询机构分析，高成本、高分辨率的前期信息获取，仍然是我们未来发展精准农业的一个很重要的瓶颈，我们需要低价的、高效的、容易使用的方式和方法，如遥感、无人机（UAV）、近地的、计算机视觉等，未来结合作物实际情况，开发出更多更有效的信息获取的技术手段。近期，我们的团队关于土壤全氮传感器的原位测量做了探索并取得了良好的成果。我们从原理、方法以及造成的消减等各个方面都取得了很好的进展，如图 5 所示，目前原理样机已经做出来了，能够对土壤的全氮、速效氮以及重金属元素等实现原位的快速测量。

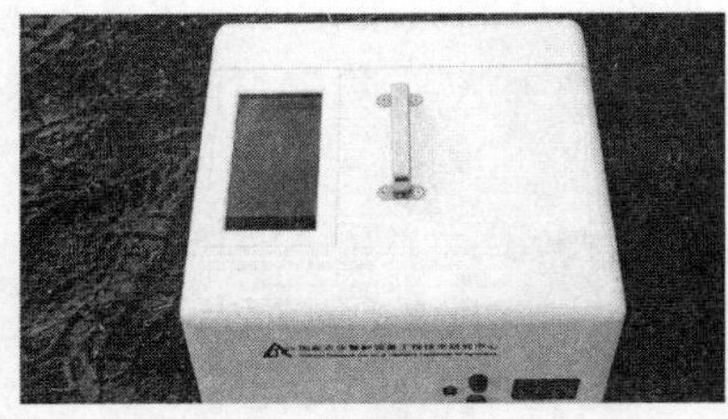

氮气传感器

手持式设备

图 5　土壤全氮传感器

讨论的第 2 个问题是关于智能机器和装备的问题。目前国际上都有相应的定义，通过设计和智能技术创新，作为工具，可以自主或与农场工人交互，更快、更轻松、更可靠、更安全地完成特定工作。根据国际咨询机构的研究结果，未来关于智能化的装备，有三个方面应该得到广泛的关注：一是自动的拖拉机，主要是转弯拖拉机。这个市场到 2024 年能达到约 99 亿美元，年复合增长率达到 21.27%；机器人市场到 2022 年能达到约 128 亿美元，年复合增长率达到 20.7%。二是无人机，也是一个非常重要的应用。我们在实践中究竟用什么样的技术，研发什么样的系统，达到什么样的智能效果，具体要根据实际业务场景来定，无论是作物还是农业生产，一定要根据它的业务流程，根据需要解决的关键环节来选择相应的技术。三是关于小农场的装备的应用问题。我们知道在欧盟，小于 20 hm^2 的农场数占 86%，大于 100 hm^2 的只占 3.2%；而在中国大概有 2.6 亿的农户，平均每一户就是 0.33 hm^2，这是一个很小的面积，却占了约 97%的比例，在这种情况下，根据专家预测，未来的精准农业将更加关注于数字技术和智能技术的应用，也就是解决小尺度装备的应用问题，而不是关注于这个设备的尺寸、工作的宽度以及工作数量等方面。不论是撒肥、施肥都是小田块的。试想我们做一个头盔式的能够动态感知作物的营养状况，然后指导农民生产、施肥，也是完全可以做到的。

讨论的第 3 个问题是进一步推动农业向更高阶段发展，把精准农业向智慧农业的推进，我们需要建立一个超级农业大脑，把机器连在一起，把农事的活动管理联系在一起，这就需要有大量的数据和模型，从而帮助人们能够更加智慧的管控农业。特别是随着新的通信技术的发展，未来超级农业大脑是我们提升整个农业的智能化管控水平的最核心的关键所在。

赵春江　农业信息化专家，现任北京市农林科学院国家农业信息化工程技术研究中心主任/首席专家、国家农业智能装备工程技术研究中心首席专家、农业部农业信息技术综合性重点实验室主任、中国农业工程学会副理事长、中国农业机械学会副理事长、中国人工智能学会智能农业专业委员会主任、国际精准农业学会中国首席代表，曾任国家“863 计划”现代农业技术领域专家。

我国农业信息化领域学科带头人，长期从事农业信息化理论、方法与技术研究。在农业专家系统、精准农业、农业物联网等方面取得多项创新性研究成果，实现了信息技术与农业生产关键环节的深度融合；积极参与国家农业信息化战略规划研究，在我国农业信息化发展的关键节点发挥了重要作用；创建了小汤山国家精准农业研究基地等多个国家级科研平台，培养了一批优秀青年专家和80多名研究生，促进了我国农业信息学科的发展。先后获国家科技进步二等奖4项、国际奖2项。

2017年当选中国工程院院士。

Chunjiang Zhao is an expert in agricultural informatization. He currently serves as the director/chief expert of the Beijing Academy of Agriculture and Forestry Sciences of National Engineering Research Center for Information Technology in Agriculture (NERCITA), the chief expert of the National Research Center of Intelligent Equipment for Agriculture, the director of the Comprehensive Key Laboratory of Agricultural Information Technology of the Ministry of Agriculture, the vice chairman of the Chinese Society of Agricultural Engineering (CSAE) and Chinese Society for Agricultural Machinery (CSAM), director of the Chinese Association for Artificial Intelligence (CAAI), China's Chief Representative of the International Precision Agriculture Society, and once an expert in the field of modern agricultural technology of the National 863 Science Plan.

He is the discipline leader in the field of agricultural informatization in China. He has long been engaged in the research of agricultural informatization theory, methods and technologies. He has achieved a number of innovative research results in agricultural expert system, precision agriculture, agricultural Internet of Things, etc., and the in-depth integration of information technology and agricultural production. He actively participate in the research and development of national agricultural informatization strategic planning, and has played an important role in China's agricultural informatization development. He has created several national scientific research platforms such as Xiaotangshan National Precision Agriculture Research Base, trained a group of outstanding young experts and more than 80 graduate students, and promoted the development of agricultural information disciplines in China. He has won 4 Second-prize of the National Science and Technology Progress Awards, and 2 international awards.

In 2017, he was elected as an academician of the Chinese Academy of Engineering.

Construction and Implementation of Smart Farming Technology

Weixing Cao

(Nanjing Agricultural University, Nanjing, China)

The topic is construction and implementation of smart farming technology. The Chinese government attaches great importance to national food security. However, there are several challenges to be addressed, including the large volume of population, continuous decrease in cultivated land, shortage of water resources, occurrence of extreme weather events, and tension of international food market. In order to ensure food production security, we need a solid support from key technologies such as smart agriculture. At the same time, there is new momentum to drive the development of smart agriculture in China. Low productivity of agriculture labors promotes machine replacement; insufficiency of social service pushes online connectivity of smallholder farmers; rapid development of mid-scale operation provides application carriers for smart agriculture; booming of new agricultural business units injects industrial power into smart agriculture. Therefore, implementation of intelligent sensing, digital design and precision management would facilitate improvement of crop production capacity and the formation of modern agricultural industry. One of the core areas of smart agriculture is smart farming. It has several technical traits, including comprehensive sensing, extensive connectivity, deep data analysis, intelligent equipment and precision operation.

In the past decade, my team has been working on key technologies and application systems for smart farming. This work focuses on three modules, which are multi-scale sensing of cropping information through quantitative remote sensing, digital designing of farming prescriptions through system modeling, and precision operation of farming practices through equipment innovation. These can be integrated into a comprehensive package for digital, precise and intelligent management of crop production (Figure 1). Some of the progress in these three aspects will be presented in the following.

The first part is about non-destructive monitoring of cropping information. The reflectance spectra of crops are generated through reflectance of solar radiation. They can be measured in a fast and non-destructive way, cover multiple spectral regions such as visible and near-infrared, and are closely related to crop growth. Therefore, analysis of spectral reflectance characteristics for crop canopies will provide an efficient technical approach to monitoring and diagnosis of crop growth status.

Our initial work in this area is focused on agronomic mechanism and sensitive spectral parameters. A pool of reflectance spectra is constructed with rice and wheat crops at leaf and canopy levels under different growth conditions, which contains characteristic spectral responses of crops to different cultivation factors and their spatio-temporal variations.

The data show that there is marked variation with canopy reflectance in response to nutrient levels and growth stages. And we determined sensitive spectral ranges, bands, key spectral parameters and quantitative models for major growth parameters that could be used to estimate the growth status of crops at leaf, canopy and regional levels. Reliable spectral parameters are

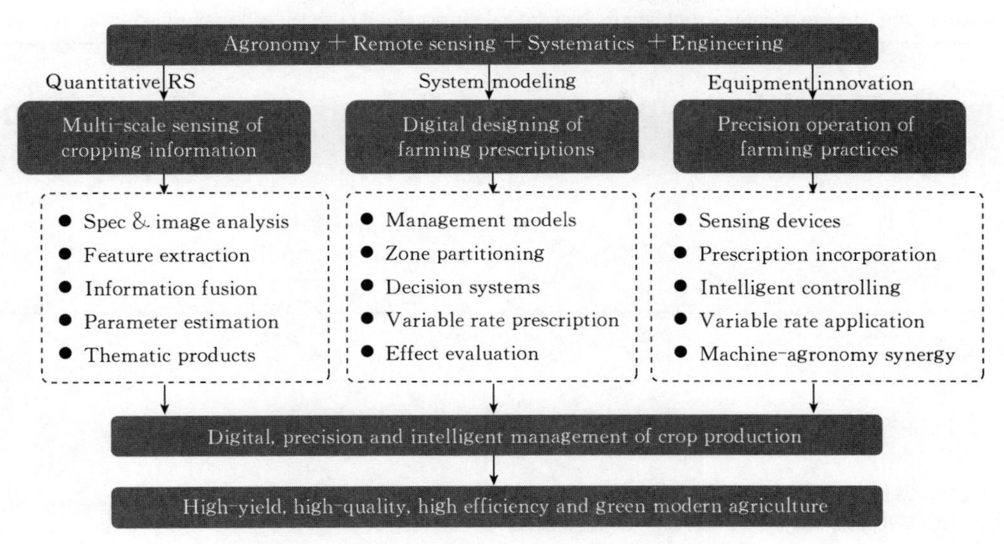

Figure 1 The framework of smart farming technology

identified to minimize the background impact of soil and water, and to improve estimation accuracy. For example, spectral parameters in the yellow region on the right side are more sensitive to crop growth indicators (Figure 2a). In addition, a ground-based imaging spectroscopy platform was established, which enabled spectral discrimination between crop organs and background components and showed obvious advantages in crop nitrogen monitoring.

Then, crop sensors and instruments are developed based on the sensitive bands and spectral parameters, growth monitoring and diagnosis models. These sensors and equipment provide good tools for crop growth monitoring and diagnosis for on-site, movable and online usage. For example, this is a portable monitoring device with active light source and it is workable in all weather conditions (Figure 2b) . And our farmland IoT equipment has different components including not only crop monitoring but also atmospheric and soil monitoring functions. Hereafter, there are applications of crop growth monitoring technology, which provides an assessment of real-time growth status. For example, these are spatial maps of key growth parameters in the wheat breeding area (Figure 2c), which has about 400 breeding plots, providing efficient tools for plant breeders to assess different breeding materials. This work integrated the different technology platforms for comprehensive monitoring at multi-scale levels, such as portable devices used at field level, sensor networks used at farmland scale and satellite imagery at region scale.

The second work is about digital design of management prescription. Growth patterns and management plans are affected by major factors as weather conditions, soil properties, crop varieties and production levels. It should be possible to build knowledge models for digital design of management prescription base on the logical framework in this kind of system. Therefore, the fundamental relationships among crop management technology and environmental factors, variety types and production levels are extracted, leading to construction of crop management knowledge models. We further established the knowledge models for designing the suitable time-series dynamics of growth parameters and spectral indices for rice and wheat based on yield target, which could provide standardized dynamic trajectories for accurate diagnosis and regulation of crop growth (Figure 3a). Furthermore, multi-path crop growth diagnosis and regulation models were constructed based on different methods such as growth parameter difference, nutrient balance, and nitrogen nutrition index (NNI) (Figure 3b).

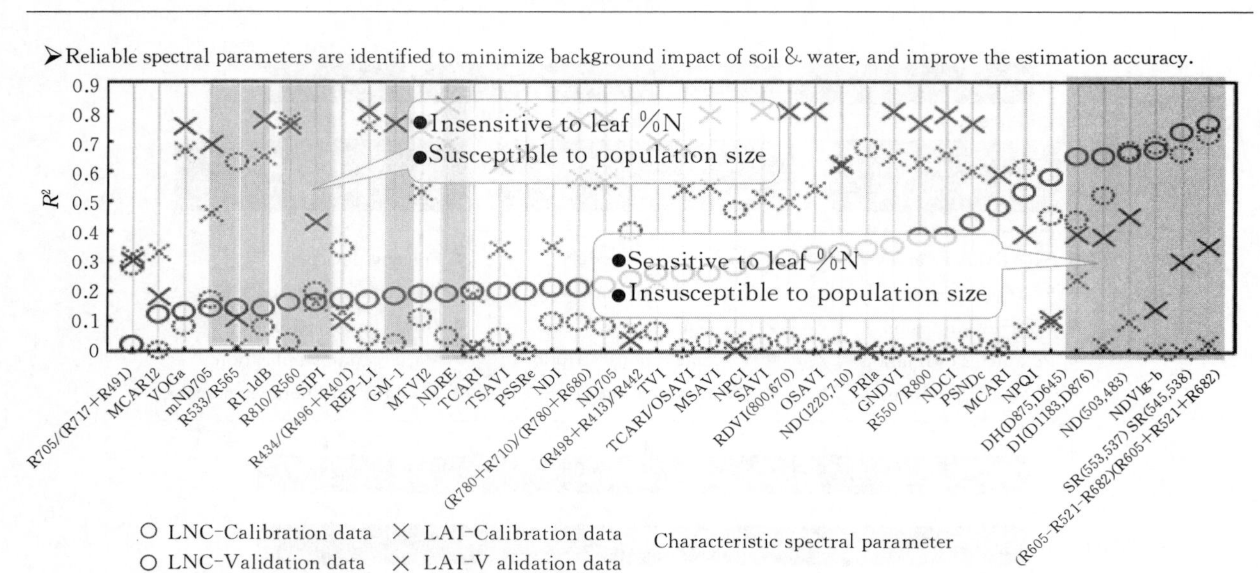

Relationships of spectral indices with leaf nitrogen concentration and LAI in rice

(a)

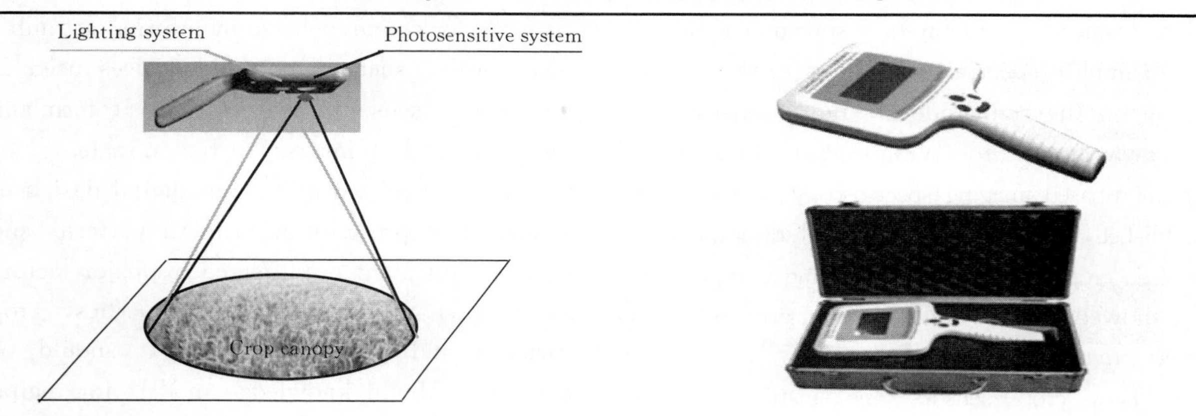

Measuring principle of the active crop growth monitoring & diagnosis meter   Workable in all-weather conditions with an active light source

(b)

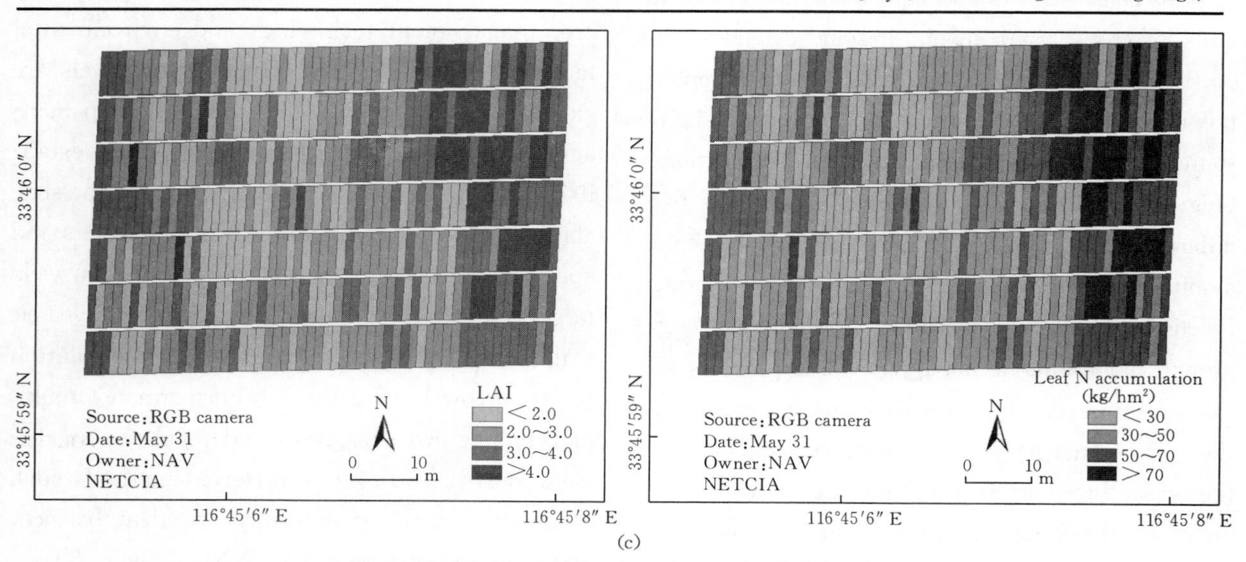

(c)

Figure 2 Multi-scale sensing of cropping information

➤ We further established suitable time-series dynamics of growth parameters and spectral indices for rice and wheat based on yield target, which could provide standardized dynamic trajectories for accurate diagnosis and regulation of crop growth

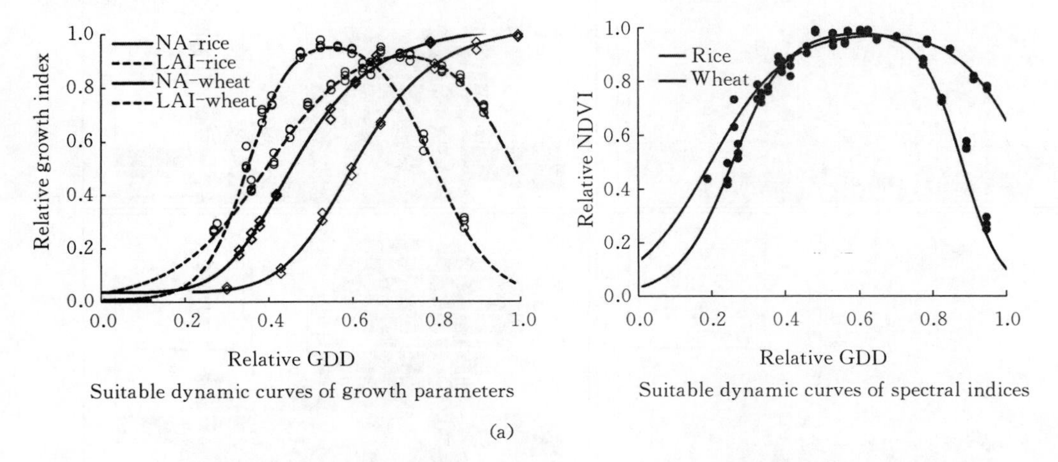

(a)

➤ Multi-path crop growth diagnosis and regulation models were constructed, including growth parameter difference, nutrient balance, and nitrogen nutrition index (NNI).

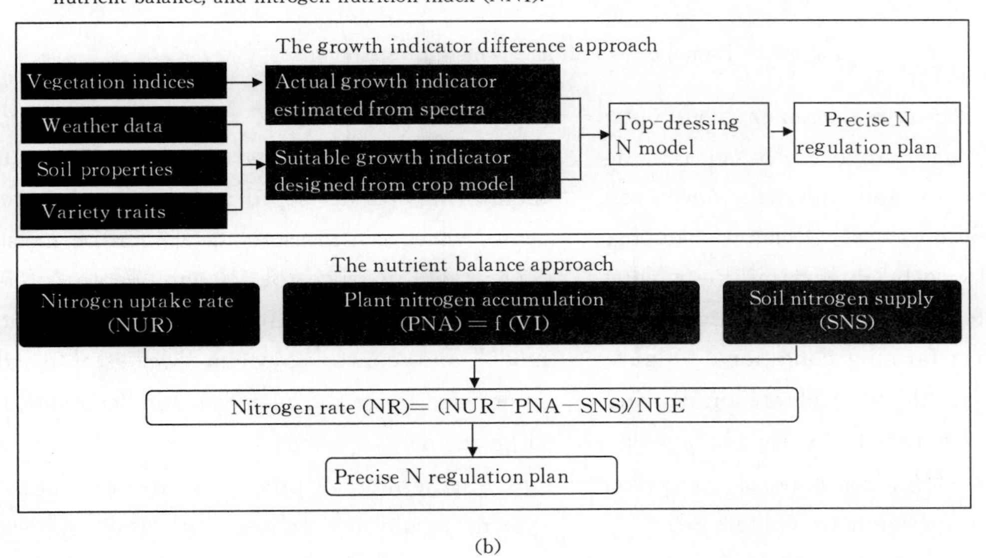

(b)

➤ A crop management decision support system was developed by integrating knowledge models and GIS, for designing crop management plans under varied farming conditions from field to regional scales

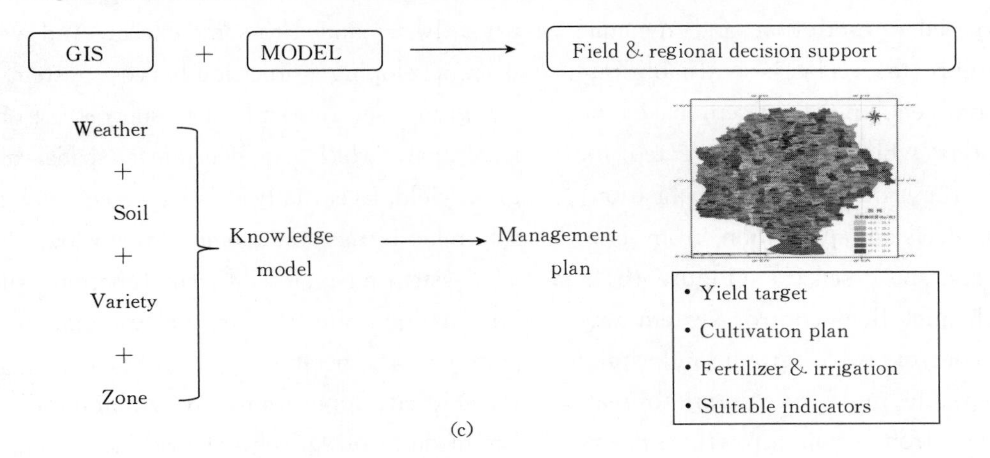

(c)

➢ Prescription maps as initial management plans in rice (Field scale)

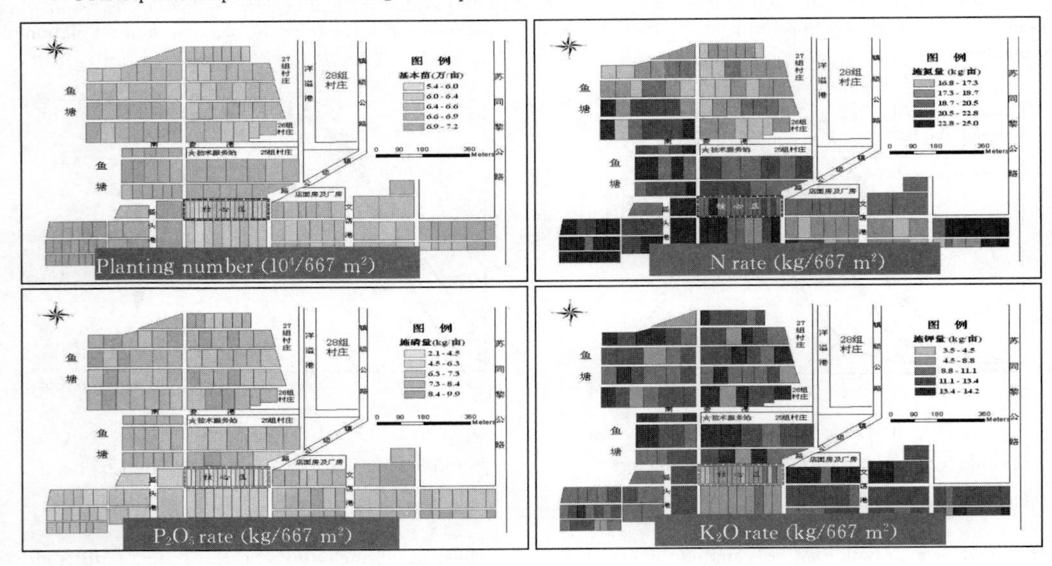

(d)

Figure 3 Digital design of management prescription

In addition, a crop management zone optimization method was proposed based on the spatial differences in soil nutrient and crop growth status. Besides, a decision support system was developed by integrating knowledge models and GIS for designing crop management plans under various farming conditions (Figure 3c). Then we are able to generate on-demand digital prescriptions based on the knowledge models, which transform conventional cultivation modes into precision prescriptions (Figure 3d).

The third part of work is about intelligent equipment for precision operation. For instance, a precision operating system was implemented based on a spatial prescription and dynamic positioning (Figure 4a). This is a variable rate wheat fertilization equipment system based on growth condition, which was constructed for tractor-based crop information acquisition, processing and decision application from crop sensors, GPS and speed sensors (Figure 4b). And a multi-channel flow control system was integrated to control valve group and spray fertilizers at variable rates, according to real-time monitoring from crop growth sensors (Figure 4c). Moreover, this IoT system allows precision irrigation based on the soil moisture monitoring. We developed a pull-out soil moisture sensor which can measure the volumetric moisture content at a range of 100cm depth of soil profile. By further integrating the diagnosis model and control system, we established a smart rice irrigation platform for demonstration (Figure 4d).

Furthermore, precision drone spraying system would be realized with the support of spatial map of disease severity based on disease monitoring. The next equipment is called phenotype monitoring robot in the field test phase, which is urgently demanded to some extent. And we have been developing a precision harvest system based on grain sensor and the support of Beidou navigation, which can generate a spatial map of grain yield. Eventually it is expected to establish a farmland precision operation technology system. The system integrates different functions such as information collection, spatial variation analysis, prescription generation, automatic control, and variable rate application, by combining the three key modules of agricultural machinery, agronomic practices and information processing. A whole system is operated under the zoned maps from farming prescription and on the support of navigation system to achieve precision agronomic practices such as precision sowing, spraying, fertilization, harvesting, and irrigation.

The last part is the demonstration of the key technologies and application systems. We demonstrate smart farming technology including application platforms and intelligent equipment, through training, experimentation, and field tours. This demonstrates smart wheat farming equipment, such as a precision wheat sowing, and a precision application of fertilizers and pesticides (Figure 5a). Luckily in 2016, then Vice Premier Wang Yang visited our demonstration base of farmland sensing and smart management (Figure 5b). Now the newly integrated technology "Smart Wheat Farming Technology under Support of Beidou Navigation" is recently listed as one of the Top 10 leading Agriculture Technologies by Ministry of Agriculture and Rural Affairs (Figure 5c).

Our future efforts will be directed toward the three key areas. First, the multi-scale sensing will be expanded and improved. Then, digital model will be enhanced with intelligent algorithms. Also, attention should be paid to the engineering system with intelligent equipment and precision operation. I hope by joint efforts we will be able to see a bright future in research and application of smart farming technology.

➢ The precision operating system was implemented based on spatial prescriptions and dynamic positioning

Sowing and fertilization prescription maps

Third-party product accreditation

(a)

➢ Variable rate wheat fertilization equipment system based on growth monitoring

➢ A digital software and hardware platform was constructed for tractor-based crop information acquisition, processing and decision application, from crop sensors, GPS, & speed sensors

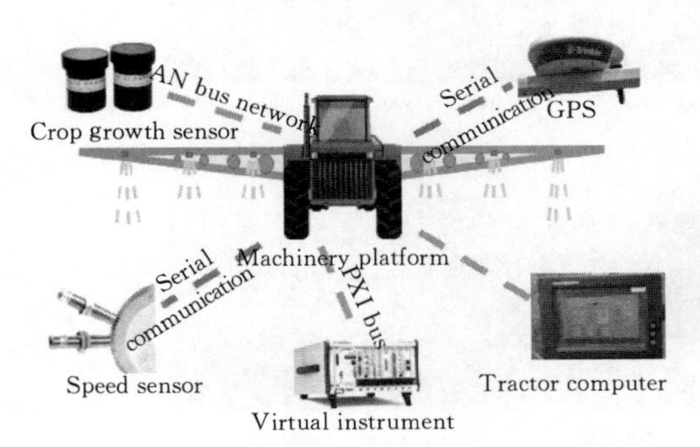

➢ Tractor-mounted growth information acquisition system

(b)

➢ We integrated a multi-channel flow control system, which could adjust the multi-channel flow control valve group and spray fertilizers at variable rates, according to the real-time monitoring from crop growth sensors

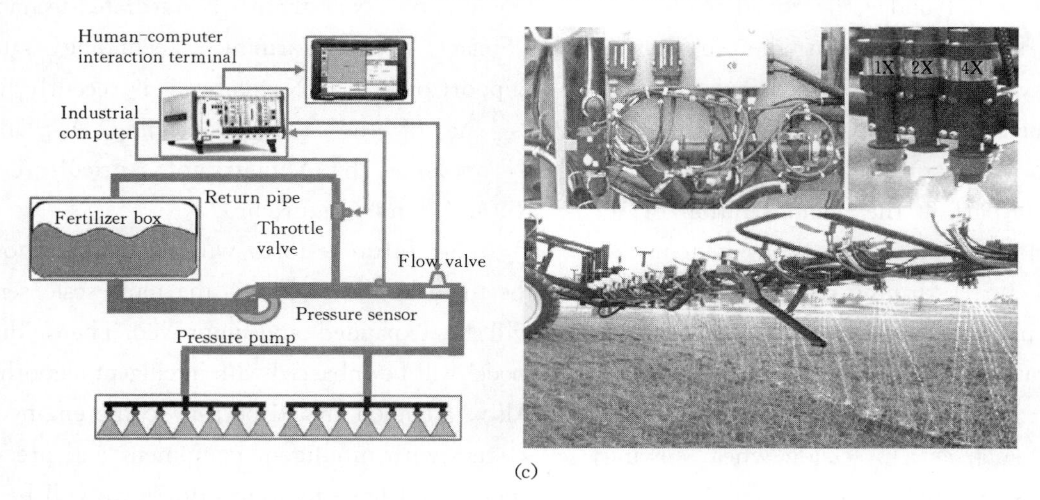

(c)

➢ Rice irrigation IoT system based on moisture monitoring

Pull-out soil moisture sensor

Pull handle

Processing circuit

Pull scale

Insulated column

Sensitive component

➢ Soil moisture content is determined from its dielectric properties

➢ The volumetric moisture content at 0～100 cm soil profile can be measured with the high-frequency capacitance method

Moisture content → Dielectric constant → Capacitance value → Resonant frequency

Modeling

Dielectric constant of main components of soil

Medium	Air	Water	Ice	Basalt	Granite	Dry soil	Dry sand	Dry loam
Dielectric constant	1	78.2	3	12	7	3.5	2.5	2.6

Dielectric constant ε'

Clay

Loam

Sand

1 10 100 500 1 000 MHz

(d)

Figure 4　Precision operation of framing practices

Demonstration of smart wheat farming equipments

Demonstration of precision wheat sowing in Rugao, Jiangsu

Precision applications of fertilizers & pesticides for wheat in Suining, Jiangsu

(a)

Then Vice Premier Wang Yang visited the Farmland Sensing and Smart Management Demonstration Base in Wujiang, Jiangsu (September 2016)

(b)

Modern agronomy + Sensing technology + Equipment engineering

Sensing device

Variable Rate prescriptio

Product testing

Machine-ag synergy

Beidou navigation

Unmanned driving

Path Planning

Operation equipments

Beidou-supported unmanned wheat sowing & harvesting technology

UAV-supported precision fertilization & spraying technology

IoT-supported smart irrigation technology

Smart operation system of wheat farming practices (sowing, fertilization, irrigation, spraying, harvesting)

Smart wheat farming technology system supported by Beidou navigation

(c)

Figure 5　Demonstration of SF technology

曹卫星　现任南京农业大学智慧农业研究院院长、国务院学位委员会作物学学科评议组共同召集人、全国农业专业学位农业工程与信息技术领域协作组牵头人，全国政协常委，民盟中央副主席。曾任南京农业大学副校长，民盟江苏省委主委，江苏省政协副主席，江苏省政府副省长，国土资源部/自然资源部副部长。

1989年获美国俄勒冈州立大学作物学博士学位，随后在威斯康星大学做博士后及助理科学家，1994年回国至今在南京农业大学任教授、博士生导师。长期从事作物生态、信息农学、智慧农业等方面的研究工作，尤其在作物系统模拟与设计、作物生长监测与诊断、作物精确栽培等方面取得了突出的成绩。以第一完成人获国家科技进步二等奖3项，部省科技进步一等奖5项；发表SCI收录论文210多篇，出版专著与教材8部，授权国家发明专利41项；培养博士与硕士研究生156名。入选国家杰出青年科学基金、国家百千万人才工程等，荣获中国作物学会科技成就奖、美国俄勒冈州立大学杰出服务奖等。

Prof. Weixing Cao is Director of Institute of Smart Agriculture at Nanjing Agricultural University, Co-convener of the Discipline Evaluation Group in Crop Science under the Degree Committee of the State Council, Head of the National Consortium of the Professional Degree in Agricultural Engineering and Information Technology. He is also a member of the Standing Committee of the CPPCC National Committee and Vice Chairman of the Central Committee of China Democratic League. Prof. Cao was formerly Vice President of Nanjing Agricultural University, Chairman of China Democratic League Jiangsu Committee, Vice Chairman of the CPPCC Jiangsu Committee, Vice Governor of Jiangsu Province, and Vice Minister of Natural Resources (formerly Land & Resources).

Prof. Cao received his PhD degree in crop science from Oregon State University in the U. S. in 1989, and then worked as postdoctoral research associate and assistant scientist at the University of Wisconsin-Madison. He has been a professor at Nanjing Agricultural University in China since 1994. His research fields lie in crop ecology, information agronomy and smart agriculture. He has accomplished outstanding achievements in the specific areas of crop system simulation and design, growth monitoring and diagnosis, and precision crop management. As the leading recipient, Prof. Cao has won the Second-class National Award for Progress in Science and Technology three times, and the First-class Ministerial or Provincial Award for Progress in Science and Technology five times. His academic outputs include more than 200 publications on internationally peer-reviewed journals, eight monographs and textbooks, and 41 National Invention Patents. In the past 25 years, Prof. Cao has advised a total of 156 Master's and PhD students. He was elected to the Distinguished Young Scholars by the National Science Foundation of China, and won the S&T Achievement Award by Crop Science Society of China and the Distinguished Service Award by Oregon State University.

Challenges and Outlook for Developing Robots for Horticulture

Josse De Baerdemaeker

(Faculty of Bioscience Engineering Department of Biosystems, University of Leuven, Belgium)

Horticulture robots of agriculture have increasingly become a hot topic. Within this topic, the technology could be talked about but the productivity of that is very much dependent on the number of other factors. That's not only the productivity of robots but also the agricultural productivity depends on the interplay between genetics, environment and management. This must lead to sustainable production. And in the end, that sustainable production also is characterized by acceptance of the product and of the technology by consumers. More of genetics and of management and how they challenge or farming robotics will be revealed. There is a need for robotics because farmers face some serious problems in terms of reducing cost, increase the yield and their productivity and have labor shortage. They have labor shortage and they also have the problem of planning the labor for the distinct aspects that have to be done and maybe also different specialization in labor. Besides, there are also a lot of environmental concerns and regulations. There are few suggestions: Decrease the use of pesticides or increase the efficiency of pesticides and fertilizers and the sorting and grading are necessary. Also there is a need for better facility's management and to come to the ideal market whatever the ideal market is, deliver the product at the right artist at the right time and deliver it at the right moment to the consumers or whoever use it. The other thing is that robotics probably can also help to harvest not just a product, but all harvest data. As a result, better decision making can probably be led by that information.

There are the factors which will affect horticulture robotics: sensing, manipulation and end effector. In the middle it might develop artificial intelligence in the future (Figure 1). They are very important in terms of the efficiency and the effective automatic treatment of this

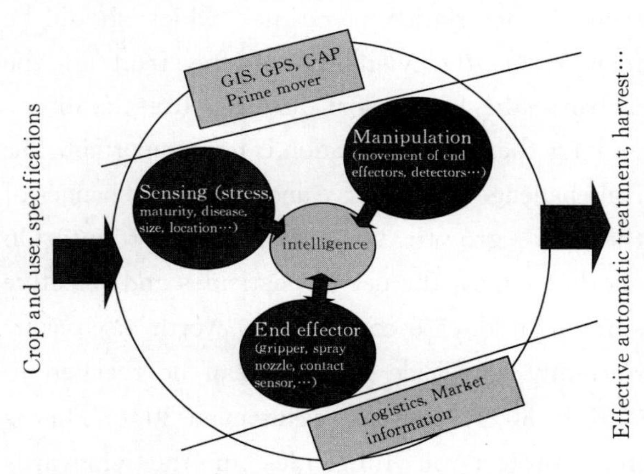

Figure 1 The fundamental concept of crop robotics

whole process. The above concept should be paid a lot of attention, but the technology is the fundamental part. There is a lot of progress made in this area. Using the machine in agriculture is a bank field which yet to be explored. For example, if a farmer tying to harvest his plant, and also want to sort and garden facilities, then it is important for him to have an estimate of the field. This work can be done using mobile machines as well as using UVA drones. Ultimately, he will get a map which located the production from highest to lowest. This enables the farmer to make some planning about whether he wants the total amount of fruit or has the high-quality ones.

Planning is not just a matter of having a one-time observation, but it's seen and known how the crop develops; it implies that it can make a farmer know a little more about the changes over time. Because if one can do the changes over time, and one can estimate the changes over time from not just one measurement but from measurements in consecutive days, then one can do a better planning of the production to go to an optimized product mix. When it's about time to harvest, one can make a better product plan. However, to be able to do that, it means that one has to have a very good accuracy in positioning the drones or observer machines in the orchard so that it can be measuring the same fruit every time. So it is an influential aspect to observe the change in those fruit characteristics over time, which should be focused on the visibility of the fruit in the orchard, the fruit color, and the fruit locations. Among these, fruit location is very important. The real challenge is to observe and model the changes of the fruit growth when using the robots. On another hand, the use of pesticides and selective sprays for disease controls also worth discussion. Currently, fungicide reduction can be reached to 20% to 30%, in some cases even 80%. This is in a project on fungicides in the vineyards (Figure 2) . Where it can detect disease and pest and spray the target selectively. However, the challenge here is there are some hidden up crops-damaging pest problem, which requires analyzing spatial population dynamics. Put into the simple words, population dynamics in this scenario is the little infections change and link over the time to results on crop loss ultimately.

The solution is to use predators and other precision treatments. In order to achieve those benefits in pesticide's reduction, there are some crop requirements. And here, it's the crop architecture that will ease the treatment. More effective treatments are using underground

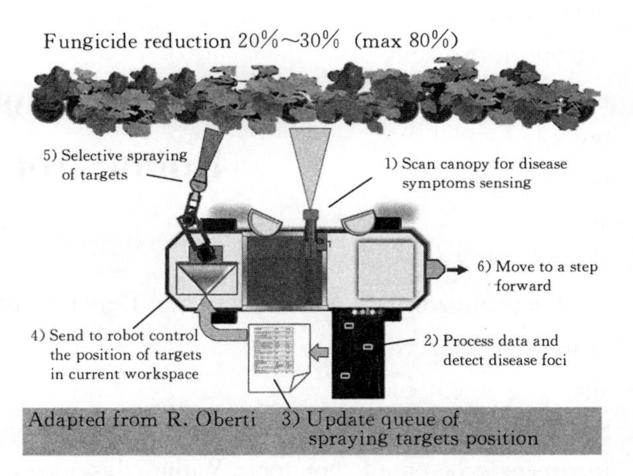

Figure 2 Selective spraying for disease control

machines, on the ground robots, or UVAs, which depends on the crop architecture. And this is an outlook of reducing pesticides. The challenges still exist when someone when work on another crop architecture when comes to harvest. There are some ways of harvest for apple: one of them is grabbing, twisting and pulling. The basic action is pulling. For a human worker, they will approach the apple and using different gestures to pull out the fruits easily. Sometimes it works, Sometimes it doesn't work. So there are different ways of removing the fruits from the three. The suggestion to be made here is it is time to be prepared for machine-harvest, which starts from tree shape and three spacing, and it implies high density planting. This summer in Belgium is very hot, and some orchards lost about 40% ~ 50% of total apples because of sunburn. The high light interception has probably a disadvantage of sunburn of the fruit. But by doing fruit or butting in advance, mechanical harvesting also can achieve some of those desired characteristics. And there is some work that has been done there could probably improve it. And if that can be achieved, then it is possible to have a uniform commercial value of the fruit at a time when harvesting. And that simplifies the harvesting as well as the post-harvest operation.

Now several things also happen in horticulture greenhouse. For example, this sweet pepper harvesting robot has been the topic of and other European projects. And the conclusion there was that it has the figures that try to catch the fruit, but they push the plant away. So when it is trying to approach it, instead, it goes further away. So one has to be really aware of how it should be designed of these fingers, but the main conclusion is that an adopted growing system will increase the success rate. So here again, it's not just the robot for the crops, it has to prepare crops for the robots. Similarly, the tomato-picking robot, an Israeli invention, has attracted a lot of money for further development. The designer claims that can have 16 000 of those robots as a market size. But someone has to prepare the plant for this type of robots to work on.

This an advanced invention in Israel, the Panasonic one which made in Japan, has already existed in the market for quite some time. But the Japan one is developed slowly. The reason here could be not only the technology but also the crop itself. For example, when picking delicate fruit like strawberries, one way of doing it is grabs it by the stump, and pinches the stump, or like normal workers, holding the fruit while slowly twists the stump. There are different approaches to do that. Some machines are already advanced enough to intimate the human worker, but still there is quite a variability challenge in grabbing those fruits. The variability is in how the fruits are clustered. It's one of the problems. It is related to stemming length and the size and shape of the fruit itself. The strength of the link between the stem and fruit of a strawberry and an apple is quite different. The sensitivity of the fruit to bruising is a good determinant of how much is allowed to be picked and how much damage is picked throughout the growing season. So in order to overcome this variability it has to have a sound methodology for gripper design. Also, the picking motions have to be adaptive because of the clustering structure of the fruit. There are also some other stakeholder's challenges like the structure ones work in the infrastructure. Maybe the robots have to put on rails in order to have a continuous smooth progress in the greenhouse. By having a good structure we have a good productivity gain. And apparently variety selection is a challenge. And it will not work in Europe in Belgium. This robotic harvesting at this moment, there are a lot of discussions with the breeders to come up with the varieties that will allow the robotic harvesting. Working with breeders together with engineers will come to an intelligent crop management and intelligent nursing. It is also important to think about how to reduce the manipulation frequency of the fruit when harvesting. The package must be designed easy closing or ceiling. Looking at stores around the world, not all packages allow this kind of operation. Now another challenge, which is a real problem, is to detect and remove the fruit seeds. This involves the evaluation of the technology and of the performance. In some cases, maybe a 30% to 50% is the picking success that can be achieved. And maybe this is what farmers already are very pleased with, because then it's still worthwhile for manual picking of the other 50% of the fruit and a half really reduced labor requirements. But it is also worth thinking the cost of harvesting: Maybe the farmer does not own the machine, but the service company may provide the machine with requires the fee. In order to design machines to be flexible, virtual reality can help in training the harvest robots. It can design as a game for the player to play. "Where do I get the easiest fruit? What order do I want?" This is the robot picking game. In virtual reality, people can analyze and picking. It may fail but ultimately this can decide which breeds are suitable for machine to pick. Some people think to simulate the whole production chain is necessary because of at a certain point. The fruit needs to be transported. The discrete element method as part of the virtual reality can help. So people can optimize their production flow, identify their critical points, and then they can do their flow from farm to consumers.

Make challenges keep the robots working because it's a very expensive cyber physical system that requires diagnostics, troubleshooting, and predictive maintenance and so on. And it also requires a lot of skills of the farmers and of the operators. But at the same time, it can collect a lot of data about the crop. People can do the monitoring, and they can have information on machine operation that leads to software updates. But they don't want to update since that requires a long time. It is better to use silent software update which doesn't slow down the machine. Farmer doesn't know, but the updated software can make machines operates better. And that's why people think about physical machines and digital model as twins for harvesting robots. And that depend on how much trouble or how much information is gathered by the physical machine. It can do improvements with the silent updates in the actual machine in the field machinery. There are some challenges to work on. And it's not just a matter of grabbing the fruit. It's the whole infrastructure of an industry along the chain that has to be realized. Work on the crops itself and work on the whole industrial setup that is behind the robotics in horticulture is necessary. Farmers need to change the cultivation methods. Engineering robotics specialists should come out of the lab, and the crop breeders should come out of their little island, and they have to do a co-development to be successful. It has been a long journey in the last 50 years. And it will be 50 years before such a machine sitting in the orchards and doing most of the harvesting.

Josse De Baerdemaeker 鲁汶大学生物系统工程学教授，1973 年，他在美国密歇根州立大学获得农业工程硕士学位。1975 年，他在该校获得了农业工程博士学位，主要研究领域是农产品的物理性质测量与模型：包括基于力学和光学原理（质地、颜色、货架器等）的农作物传感器和检测标准；农产品生物和物理变化过程的数学模型和数值模拟，如农产品热量和质量传导研究（干燥过程，水果和土豆储藏等）；提高谷物和牧草的收成效率、减少田间和储存中的损失的研究。他的研究还涵盖了田间使用的传感器和自动控制系统；精准农业、自动化和机器人技术，特别是作物种植、收获和加工中的新技术。这些研究以最大限度地减少损失并优化产量和质量为目标。他还致力于发展中国家未来粮食生产的先进技术开发。

他是欧洲农业工程师协会前任总统（1996—1998 年）；美国农业和生物工程师协会成员（ASABE）；国际园艺科学学会会员（ISHS）；国际自动控制联合会会员（IFAC），关于“农业控制”部分前主席；国际农业工程学会 CIGR 第 7 版（信息技术）的创始成员；有关农业工程未来发展的国际研究和咨询小组（博洛尼亚俱乐部）的成员，法兰德斯农业与粮食信息中心 VILT 主席；“Porphyrio”共同创始人：集成管理系统，用于为现代家禽养殖者和集成商（KU Leuven 衍生公司）收集、处理和反馈信息。

Josse De Baerdemaeker is a professor in Biosystems Engineering, Katholieke Universiteit Leuven. In 1973, he got master degree in Agricultural Engineering in Michigan State University, U. S. A. In 1975, he got doctoral degree in Agricultural Engineering in the same school. His main areas of research are measurement and modeling of physical properties of agricultural products: including crop sensors based on mechanical and optical principles (texture, color, shelving…) and testing standards; mathematical models and numerical simulations of biological and physical processes of agricultural products, such as heat and mass transfer studies of agricultural products (drying processes, fruit and potato storage, etc.); improving the efficiency of grain and forage crops and reduce losses in fields and storage. His research also covers sensors and automatic control systems used in the field, including precision agriculture, automation and robotics, especially new technologies in crop planting, harvesting and processing. These studies aim to minimize losses and optimize yield and quality. He is also working on developing advanced technologies for future food production in developing countries.

He is the past-president (1996—1998) of the European Association of Agricultural Engineers (EurAgEng); a member of the American Society of Agricultural and Biological Engineers (ASABE); A member of ISHS (international Society of Horticultural Science), and IFAC (International federation of automatic control), past-chairman section on 'Control in Agriculture'; founding member of section board 7 (Information technology) of CIGR (the International Commission for Agricultural Engineering); a member of the Club of Bologna, an International Study and Advisory Group on Future Developments in agricultural engineering; Chairman of VILT, the Flanders Information Centre on Agriculture and Food; co-founder of 'Porphyrio': integrated Management Systems for the Collection, processing and feedback of information for modern poultry farmers and integrators (a KU Leuven spin-off company).

Creating a Digital Ecosystem for Agriculture

Marc Vanacht

(Manager of AG Business Consultants, USA)

In the 25 years since Precision Agriculture became commercial reality, the enabling technologies (GNSS, telematics, geographic databases …) of P. A. have vastly improved operations on the farm. In the busy planting, treatment and harvesting seasons 24/7 auto guided operations are now nearly standard practice with most (~2/3) dealers and contractors, and with a majority (>50%) of farmers. However, the P. A. for agronomy seems to lag. Imaging, soil sampling and use of sensors for improved decision making still linger in the 20%~30% of users with the share of variable rate applications even lower.

1. 'Spatial' precision in precision agriculture has improved 8 orders of magnitude from one soil sample per hectare to centimeter pixel size from drone images. But we still only have a very small number of 'temporal' observations in the year, a yield map, and maybe a few images. We track the weather, but we do not track the effects of the weather during germination, emergence, tasseling, maturity… This situation results from the fact that we may not have the necessary tools.

Three crop regions are increasing the number of observations during the crop season. In Chile, AgroBolt uses sensors on sprayers and on drones for frequent (weekly) canopy monitoring on tree crops to forecast yields and crop quality, have more efficient irrigation systems, optimize fertilizer applications, have early detection of pests and diseases, and balance the efficacy and selectivity of treatments.

In Europe, VineScout is testing a multispectral sensor equipped with robot to operate weekly passes in vineyards to track crop vigor and grape quality from early spring up till close to harvest. It improves irrigation decisions and diseases/pest control in an organic crop production of high value wines. It also tracks the tolerance of different wine varietels to the changing climate.

In Japan, Tottori University and a consortium of companies (Topcon, Panasonic, Iseki …) have equipped rice transplanters with sensors to track the detailed situation at transplanting, then track the growing crop, and compare how later variability can be related to earlier observations. They currently manage 8 observations during the rice crop season.

These ideas will find their way into big acre crops like corn, soybeans and wheat by adding sensors to planters, collect meta data around planting/emergence/early growth, increase the number of observations with drone images and adding sensors to sprayers, spreeders, and combines at harvest.

This will require the invention, development or engineering of a next generation of sensors. We need to go beyond repetitive variations of NDVI, whether passive or active, 4 channel of 5 or 6 or 8. LIBS (laser induced breakdown spectroscopy) is promising, if cost can come down. Have we considered terahertz tomography for field applications? There are technical issues and cost consideration. Can we go beyond the costly and limited applications of fluorescence? And are there totally unexplored areas that can be measured? Can we really invent something really new? Who will come up with patentable innovations in this area?

2. Integration always has been an issue in Precision Agriculture. Why would competitive seed companies allow farmers and dealers to integrate data? Or equipment manufacturers? Or distributors/dealers? The problem goes deeper than software and data formats. How can one integrate data related to soil preparation and planting, fertility, seed and traits, plant protection, harvest and storage? Who can claim the value created, with what rules? Who can charge for the service?

Consolidation allows integration. The "Big 4" (Bayer, Corteva, Syngenta, BASF) are consolidating breeding, biotech, chemistry, biologicals and data science. To what extend will this market consolidation also leads to integration of P. A. benefits at farmer level? Competition between the "Big 4" may ultimately make it happen.

Consolidation goes even further in China. SinoChem (parent of ChemChina, Syngenta and Adama) also includes SinoFert, China Seed and MAP (Modern Agriculture Platform). With 150 local units already operational, in the next 3~5 years Sinochem Agriculture will build 500 MAP technical centers and 1 500 demonstration farms across China. They will include advanced equipment & robots available for rent or as part of an application/service package. When will this model be replicated elsewhere, under which brand?

In Brazil the local agriculture equipment industry (ABIMAQ) has developed a cooperation platform called BDCA (Banco de dados colaborative do agriculture), an integrated package of data and software formats compatible throughout the entire industry. Will 'non brazilian' companies comply?

Two additional recent examples of integration are worth mentioning. BASF's Xarvio digital farming solutions forms a digital collaboration with Nutrient Ag Solutions. And Corteva Agriscience and John Deere invest in technology solutions and tools to help farmers improve productivity and meet consumer needs in Africa. These are positive initiatives, hopefully leading to better outcomes and more profitable implementation of Precision Agriculture for farmers.

3. P. A. became popular 20 years ago when with very little additional cost or work, combine harvester mounted yield monitors enabled measuring the variability of crop productivity in the field. Yet, today precision agriculture still too often is an additional operation, with costly machines and dedicated human operators. Can robotization play a role in solving this challenge?

Earlier this year an inventory of the robot projects in agriculture known known or published at that time identified nearly 70 projects, outside China. At that time China probably was working on an additional 10 ~ 15 projects. While some worked on flexible, multi use platforms (like the current tractor), most were narrowly targeted toward scouting, weeding, chemical applications or harvesting of fruit and vegetables.

All these projects lead to a number of observations. Robots will solve widely different problems. There are robots in every stage of development, both technically and in terms of business model. There are robots in every size (less than a kilogram to many tons) and every shape. Research and development for robots is funded through many different set ups, government, universities, private capital, venture capital and corporate.

At this point in time, very few robot projects have loaded up their robot with agronomic sensors. For now that is OK. It makes sense to first make the robot work, then increase its utility by loading it up with useful sensors.

Two projects are worth mentioning because they have an innovative approach to solving a problem. The France based start up Bilberry is working on intelligent sprayers for selective weed control. Rather than building a totally new sprayer, they have built components that will control the individual solenoid spray nozzle driven by recognition software developed by a. i and machine learning. They achieve up to 90% saving on herbicides, and have successfully commercialized in Australia. One of the elements of their technical success is that the same hardware is used in training mode, practice mode and application mode. That saves a lot of money, and allows for faster turn around between studying a weed problem and have a solution. Bilberry literally has moved weed control form a chemical in a container to an application that can be downloaded on the spare control unit.

Belgium based start up Octinion built a robotized management system for the indoor table top strawberry market. Rather than build just a harvesting robot, they de-constructed the functions of the harvester into five components, a navigation platforms, sensors, UV lamps, the berry picker, and the packer. Re-assembling these different components Octinion offers solution for scouting, treatment against diseases, berry picking, grading and packing, or any conceivable combination of these elements.

Precision Agriculture has made excellent progress over the years, and is being adopted by and increasing number of dealers and farmers. To achieve a digital infrastructure three major challenges remain. The number of observations in time within a single crop year needs to increase dramatically before we can really talk a bout 'big data'. The information needs to be better integrated, not only technically in terms of compatibility, but even more so in terms of compatible and complementary business models. Automation and robotization need to substitute ever more sparse and insufficiently trained labor.

At this point in time, no country or organization has absolute leadership, although some may be ahead of others in specific crop situations or scientific/engineering discipline. Innovation continuously emerges from different regions, different technological disciplines and different business models. It will be fascinating to watch how all of this will come together to finally create a digital ecosystem for agriculture. This ecosystem will be needed to cope with the ever more obvious negative consequences of global warming on available resources.

Marc Vanacht 现为美国 AG Business Consultants 经理，因其在信息技术于农业中的战略性应用所具有的创造力和洞察力而知名。他在为企业和政府机构提供农业和食物链领域的业务发展战略、产品和市场管理、市场调查和分析等方面积累了丰富的经验，是国际知名的战略科学家，研究内容包括精确农业、GPS、GIS、RS、移动计算、互联网、内联网、战略数据库的实现等。

Marc Vanacht 拥有哲学和经济学学士学位（比利时安特卫普，1971 年），以及法学和工商管理学硕士学位（比利时鲁汶，1974 年），精通 5 种语言（英语，法语，西班牙语，德语和他的母语荷兰语）。他曾为美国、法国、德国、西班牙、澳大利亚和日本从事农业的商业公司和政府机构提供咨询服务，为航空航天、消费品、信息服务和计算机等公司作简报，介绍农业市场中最近的结构和信息技术趋势。他在加利福尼亚州斯坦福大学的商学院开设了“信息技术的战略管理”和“管理技术与创新”课程。

Mr. Marc Vanacht, currently the manager of AG Business Consultants in the United States, is known for his creativity and insight in the strategic application of information technology in agriculture. He is providing business and government organizations with business development strategies in the agricultural and food chain sectors. He has accumulated rich experience in product and market management, market research and analysis, and is an internationally renowned strategic scientist. His study include "Precision Agriculture", the implementation of GPS, GIS, RS, mobile computing, Internet, Intranets, strategic databases, etc…

Marc has bachelor's degree in Philosophy and Economy (Antwerp, Belgium, 1971), and master's degrees in Law and in Business Administration (Leuven, Belgium, 1974). Marc is fluent in 5 languages (English, French, Spainish, German, and his mother tongue Dutch). He has consulted to commercial companies and government agencies involved in agriculture in the US, France, Germany, Spain, Australia and Japan. He has given briefings to consulting, aerospace, consumer goods, information services and computer companies about recent structural and information technology trends in the agricultural market. He updated his skills set with courses on "Stratigic management of information technology" and "Managing technology and innovation" at the Graduate School of Business of Stanford University in California.

Smart Agriculture—Potentials, Challenges & Solutions

Qin Zhang

(Department of Biological Systems Engineering, Washington State University, USA)

Abstract: The purpose of agriculture is to produce plants and animals for providing mankind food, fiber, feed and fuel (4Fs) to sustain and enhance life. To improve production, people have historically tried to create and/or improve their farming technologies and keep evolving. In terms of the key features of farming technologies being used, one method is to classify those technologies into traditional, mechanized, and precision farming. Traditional farming attempted to achieve self-sufficiency through increasing farming land and using natural methods of fertilizing and weed/pest control to increase yield. Mechanized farming, characterized by using machinery, agrochemicals, and high-yielding crop varieties, has greatly improved productivity. Precision farming, characterized by mechanized operation with precision, helped to achieve a reduction in natural resources consumption in crop production to make it more sustainable. With the continuing growth of the human population, it is expected that by 2050 people will need to double the food production coupled with diet transformation driven by a global increase in the middle class. Strategies to meet this growing demand include increasing productivity, enhancing production efficiency, and emphasizing food safety and nutrition while protecting the environment and conserving limited natural resources. In short, it put human in a situation that it have to produce more and better food with less resources. While significant advancements have been made via precision farming technologies for achieving high productivity with reduced adverse effects to the ecosystem, existing and emerging smart technologies such as sensor, data and communication, imaging and signal processing, cloud computing, machine learning and robotics offer much potential toward meeting the 2050 goals. However, the development and adoption of smart technologies and innovations for crop production would require the convergence of different knowledge domains to realize its full potential. While the innovative "*Smart Agriculture*" technology will bring in much to realize the potential, it may also create a big challenge to producers: do they have sufficient ability to adopt such complicated technologies in their production? Such ability limitations could be originated from technological, knowledge, economic aspects, or the combination of those factors. It is essential to find practical solutions for removing identified adoption obstacles before smart agriculture technologies could really bring promised benefits to crop producers. There could be no universal solutions because the business models are for producers of different crops, with different production scales, and in different economic development regions, but all should satisfy one common goal of making their crop production business sustainable.

The topic is the opportunities and challenges faced by smart agriculture. In the past couple of years, the smart agriculture becomes a very popular topic in the international engineering field. Many universities in the US started a program in Somalia and Washington State University. It's no exception. And a group of scientists at Washington State University had an initiative called A Smarter Initiative. There is a disciplinary research team to address the issues and challenges for the smart agriculture. The project is very simple: Provide food for human beings. If people actually look at the past, it can be said that the entire world did produce sufficient for the human being. However, the issue is efficiency. About one-third of the food being produced is wasted not only within the restaurant, but a lot of them is wasted in the field. In many people's perspective, agriculture is a low tech industry. However, the industrial revolution brings industrial technology into agriculture. Nowadays, there are a lot more capable technologies like mechanized farming with precision. It is an extremely precise process to manage a production plant by plant. But people had developed a lot of technology to improve the precise mechanized farming. One example in autonomous tractors, it has been released almost 25 years ago. And Doctor Xu has demonstrated it is absolutely possible to do the labor work in the field without any human worker. Then the machine intelligence even can do a better job than a human being. For example, for human it would be difficult to distinguish with crop and hay. But it is easier to detect using a sensing technology. And then people can guide attractor very precisely to doing effective work. There already see the variable applications. Another thing what a campus in farming or mechanics to achieve in terms of reducing the natural resource consumption, and here, at the WTO, people had a development project which developed a target sprayer for cutworm in Virginia. People use a simple technology for most of the conventional operation which can save the pesticide significantly. There is an example: just create a blocks room of broken line and it can reduce the pesticide by 2/3. If there is a small room so only 10% of the conventional will be used. But if using a precise method, the usage is less than 3% (Figure 1). So the mechanized precision operation can significantly reduce the consumption of natural resources.

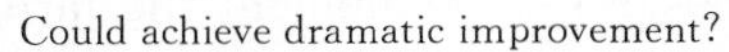

Figure 1 Different coverage

Maybe the fastest technology being adopted in the past 1 015 years is auto-guidance technology which was introduced to the market in 2004 by John Deere. And today more than 60% of farmers are using this technology in their daily operation which can use much less human labor in production. And it uses data collected from the USDA database and says in the year 1900 the US population about 40% is living in the city and 60% is in the rural area. Among them about 40% of the total population is doing for work, which probably is very similar to today or 10 years ago's China, 81% of the population lives in the city and 19% of the people lives in the rural area and as a total farming the population during the agricultural production is less than 1% as a result for the yield the technology improvement and also increase the yield. Also, compared with the year in 1900 for the corn, now it increased almost six times. It's not a total yield year but unit area yield, And for rice, it increased about five times. For wheat, it is more than three times. So the position technology and equipment have already been developed and there is also a very strong service and support at least in the US and European countries for agriculture production. But is that enough? In the academic, the focus is always on technology, but one very important thing which should always be remembered is agriculture production first is that it is a business, and farmers need to make money. Smart agriculture is an integrated farming system, which is to produce a right amount of right quality food for people with a different need economically supported by modern technology, such as Information Equipment, Biological and Logistic Technologies. This is an integrate technology, and the core technology for that is the connection. However, there are still a lot of challenges to be addressed and that can be classified into 3 categories. The first is technical challenges and this program is of very good research topics. It is the generality of technology versus the special specific they all diversity in operations. And for that calibration problem will be quit a key technology because of they can only manufacture equipment or technologies for the entire world. And each individual farmer has to adjust that technology equipment for the individual needs. How to do the calibration and how well where farmers capable of do the calculation? So it could develop some kind of auto-calibration technology for them. Another thing is skill challenges. Currently, there are lots of technologies that can be applied on the tractors. But currently it just needed to drive tractor at the beginning and later system handle it. Also, it could have economic challenges. In agriculture, production is not like industry operation. It is not year-round. Production often takes one week to 10 days. It means that one equipment the farmer purchased (one machine) is only used 10 days a year. What if the machine is broken during the high season? That is not economical. So currently these are the main challenges. And there is one issue that needed to be raised, which is the highest technology of the fastest energy, the best MIT researchers. They create a robotic for pollination application. It is a perfect solution. And the robot can do exactly like a biological bee which can do for the pollination, but is this a good economical solution for years? The new model of agriculture is needed. So farmers in the future maybe business managers and professional services companies will do all the field operations. So what does that mean? That means humans are in a new age. All the business continuous provides sufficient quality food to human beings.

Qin Zhang 美国华盛顿州立大学精细与自动化农业系统中心首席科学家、主任、生物系统工程系教授，中国农业大学“海外名师”项目聘请高端外国专家。他是美国农业与生物工程学会（ASABE）Fellow、国际农业工程学会（CIGR）农机分会主席、日本科学促进会会员、农业工程领域顶级刊物《Computer and Electronics in Agriculture》主编。荣获2017年约翰迪尔金奖（John Deere Gold Medal），以表彰他在农业工程领域的杰出贡献，主要研究领域为机械电子工程、智能农业装备、农业机器人、计算机在农业生产系统中的应用等。他是全球最早开展农业机械自动导航和农业自动化研究的专家之一，也是目前国际上农业自动化、智能农业装备、农业机器人和果园生产机械化研究的领军人物之一。他从20世纪90年代起就开展了智能农业机械及导航的研究，在农业机械导航、农业机器人、农业自动化、机器视觉及计算机图像处理研究方向有较深的造诣。在华盛顿州立大学任教之前，他是伊利诺伊香槟分校的一位教授，致力于开发农业机械化和自动化的解决方案。基于他的研究成果，发表该领域论文300多篇，著有专著5部，授美国发明专利11项，研究水平在国际上处于领先地位。他还应邀在北欧、南美洲、欧洲、亚洲等40个大学和研究机构和12个主要农业装备制造公司举办多次研讨会和短期课程，并邀请在国际技术会议上发表主题演讲20次以上，担任浙江大学、上海交通大学、中国农业大学等9所大学的客座教授或兼职教授。

Qin Zhang, chief scientist and director of the Center for Fine and Automated Agricultural Systems at Washington State University, a professor of the Department of Biosystems Engineering, and a high-end foreign expert of “Overseas Masters” program of China Agricultural University. He is the fellow of the American Society of Agricultural and Bioengineering (ASABE), the president of the International Agricultural Engineering Society (CIGR) Agricultural Machinery Branch, a member of the Japan Association for the Advancement of Science, and the editor-in-chief of *Computer and Electronics in Agriculture*, a leading publication in the field of agricultural engineering. He was awarded the 2017 John Deere Gold Medal for his outstanding contribution to agricultural engineering. His main research areas are mechanical and electrical engineering, intelligent agricultural equipment, agricultural robots, and applications of computers in agricultural production systems. He is one of the first experts in the world to carry out research on automatic navigation of agricultural machinery and agricultural automation. He is also one of the leading figures in the internationalization of agricultural automation, intelligent agricultural equipment, agricultural robots and orchard production. He has carried out research on intelligent agricultural machinery and navigation since the 1990s, and has deep knowledge in the fields of agricultural machinery navigation, agricultural robots, agricultural automation, machine vision and computer image processing. Prior to teaching at Washington State University, he was a professor at the Illinois-Champaign University, working on solutions for agricultural mechanization and automation. Based on his research results, he has published more than 300 papers in this field, and has 5 monographs and 11 US invention patents. His research level is in a leading position in the world. He also invited many seminars and short courses in 40 universities and research institutes and 12 major agricultural equipment manufacturing companies in Northern Europe, South America, Europe and Asia, and invited more than 20 keynote speeches at international technical conferences. He is a visiting professor or part-time professor at 9 universities including Zhejiang University, Shanghai Jiaotong University and China Agricultural University.

Technology Development, Analysis and Comparison between On-road and Off-road Vehicle Autonomy

Shufeng Han

(Advanced Engineering Department, John Deere-Intelligent Solutions Group, USA)

The topic is about the comparison of autonomous vehicle. Twenty years ago autonomous tractor has already been developed. But still, people don't see any such vehicle in the market yet. Why is that? Nowadays autonomous vehicle is an extremely hot topic in the US. The content will be present in the following sequence. Firstly it will give a brief history of the autonomous vehicle, autonomous tractor, and autonomous car and then some technical challenges. Next, some of the latest technology in this area and some prospects for future are going to be mentioned.

Figure 1 was the SAE standard for self-driving cars about five years ago around 2014. So they actually divided the automation into five levels, level 0 is without automation. The best way to interpret is level 1 is just hands off. So it's just auto-steering but people still need to adjust and control the speed. Level 2 is actually a multi-tasking autonomy which can be feet off. That means it can automatically control the speed and control the brake. For level 3, 4, and 5, the environmental sensor to monitor the environment is necessary. In this scenario, the driver can move his eyesight away and does not think too much. Level 5 is full autonomy which is currently under development. Now in agriculture, the only commercialized product is auto-steering. Right now people still in level 1 in production agriculture which compared with the auto industry. The auto industry is in level 3 right now, and just this year, the highest level is A8 Audi with level 3 automation. That means they have environmental sensors. The car still

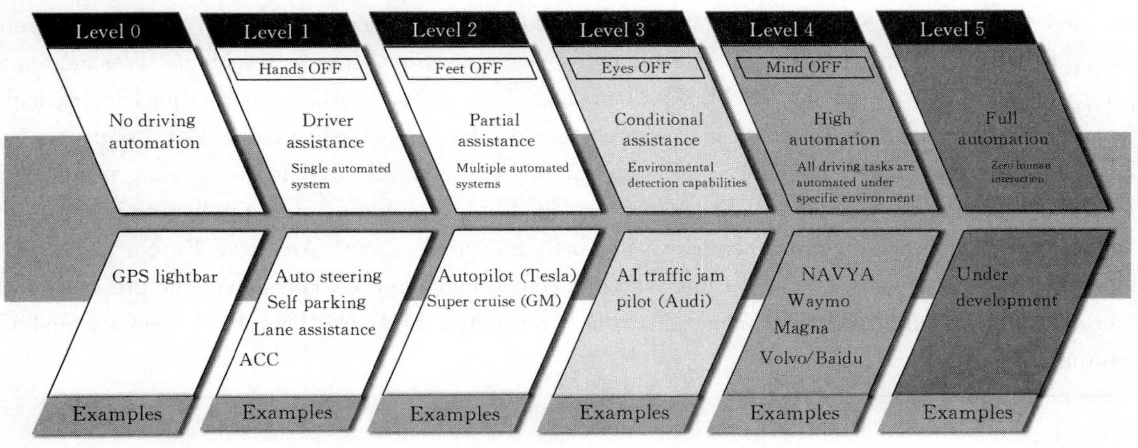

Figure 1 Vehicle autonomy

needs a human, but it will do a lot more than just steering for the passenger. And that's two levels behind the auto industry and it will still be that way.

Figure 2 is the most important milestone in agriculture shown in this graph which started in 1997. Twenty years ago, Carnegie Mellon University already developed this autonomous robotic harvest. Without a human operator, it can harvest like 240 - acre field. Then John Deere added in 2002 has this concept of autonomous tractor which was very excited by a lot of people. And they think this was in production already. But it's way behind production. And then just 3 years ago, the second largest manufacturer, CNH, developed this autonomous car vehicle, but it has been three years already and it's nowhere close to production. So that's in the automotive industry. In the schedule, the automotive industry is very close to the agriculture industry.

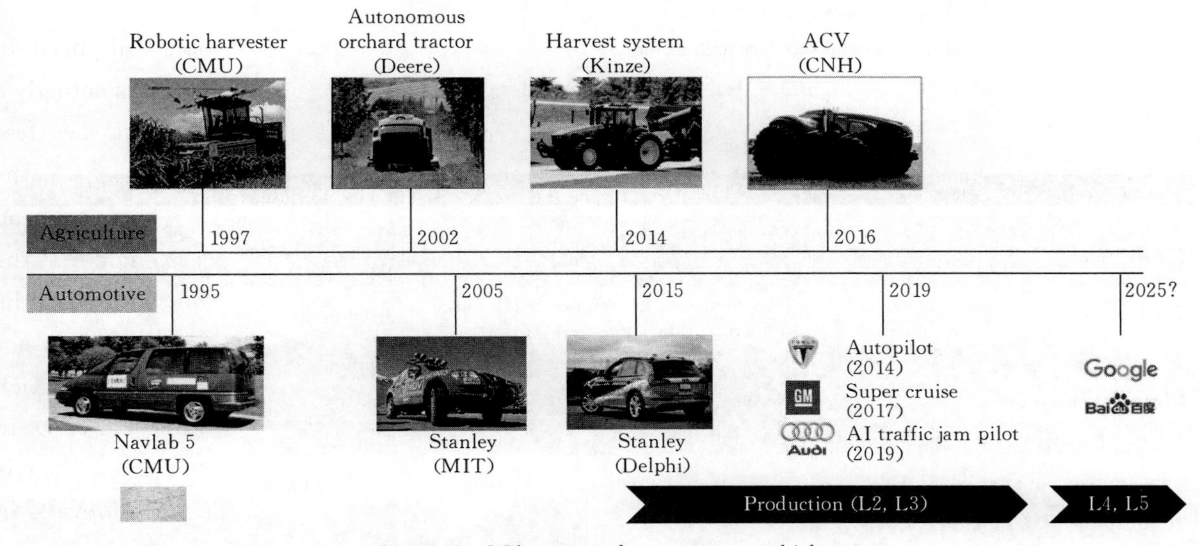

Figure 2 Milestones of autonomous vehicles

The first car is also produced at Carnegie Mellon University, which has been driven about 4 000 kilometers from east coast to West Coast. During 4 000 kilometers, there were only 2 times human interference. It is pretty good. But how long it takes for production? The auto industry predicts in 2050 when people will get full automation. Agriculture probably will be at least later. Why this is difficult? Some of my colleagues define this autonomy into four layers, and here not all the difficult technologies will be talked about (Figure 3) . But one of the most critical parts is safety technical guarantee. From auto level 3 to 5, the environment sensor is needed which mainly for protection and to acknowledge the environment. This is the difference between automotive and agriculture industry. Some people insist that a tractor is easier than an autonomous car. But it didn't necessarily agree on that because the agriculture environment is much more difficult than the auto industry (Figure 4) .

Here are some examples. The size standard within two industries is different. The large equipment in agriculture is larger than 40 meters long which can cover the whole area. In auto industry, the biggest vehicles are road trucks, which are 5 meters long. So it is much more difficult. Besides, dust is another issue. A lot of sensors will not work in a dusty environment and there are some cases that people will not see on the highway. Agriculture is an unstructured environment. There are a lot of challenges, which are much more difficult than the auto industry. What's the potential solution for safeguarding a vehicle? Basically, most of the

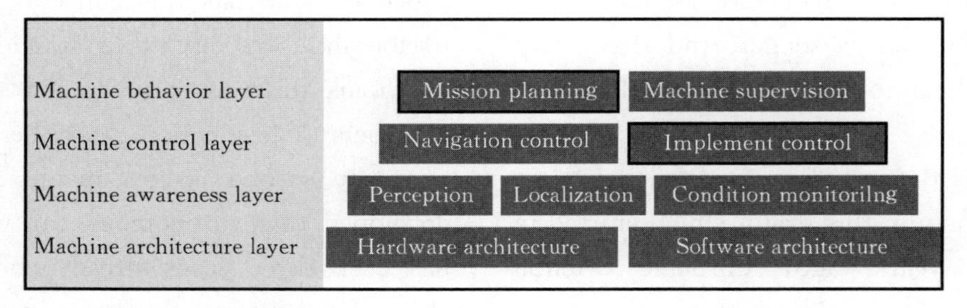

- ❑ Perception/Safeguarding technologies
- ❑ Machine health awareness
- ❑ Navigation and machine control technologies
- ❑ Mission planning
- ❑ System and software architecture

Figure 3 Intelligence machine design framework

	Agriculture	Automotive
Safeguarding region	Forward: Small (<35m) Lateral: Large (up to 40m) 360° HFOV, +/− 30° VFOV	Forward: Large (>80m) Lateral: Small (<3m) 360° HFOV, +/− 30° VFOV
Workspace	Unstructured: Large open field; Large topographical change	Structured
Obstacle type	Many	Limited
Obstacle uniformity	No (size, color)	Yes
Extreme condition	Yes (dust, vibration)	Limited

Large implement size Dust Unstructured Passable Non passable Unexpected

Figure 4 Environmental perception requirements

technologies are in three types of sensors. Lidar is a kind of laser technology and the left-hand side is different frequencies. These are the three most common safeguarding sensors (Figure 5a) .

This shows the capability of those different sensors; they will not going to be all mentioned (Figure 5b) . Basically, it cannot find a single sensor can meet this challenging agriculture environment. So using the multiple sensors is the current solution. Costs will be high, and the current thought is Lidar sensor and the cameras are the most promising technology. So the latest technology in lidar will be mentioned briefly. Lidar is laser but with 3D scanning capability. The best is Google autonomous car sensor which is very expensive. The first sensor was $160 000 US dollars. Now the price drop to $100 to $1 000. That's very widespread price range depending on the situation. The current goal is to design a low cost, high range, low noise and better resolution sensor and solid-state lidar. So this is the latest technology for the lidar sensor mainly can improve the reliability with some other disadvantages. There are two types. One is the map sensor, and the other is OPA. So in the auto industry, within a just couple of years recently, there have been over 70 small companies working in this area. Those listed here are five most promising companies are working with some large camera (Figure 6) .

Electromagnetic spectrum and sensing properties

<1MHz | 100MHz～30GHz | 30～1 000GHz | 20～300μm | 1.5～20μm | 700～1 500nm | 400～700nm | <400nm

Ultrasonic

Millimeter wave

Mid infrared

Visible light

Audible sound

Microwave

Far infrared

Near infrared

Ultraviolet

RADAR

LIDAR

Penetrate dust, fog, vegetation

Penetrate dust, fog

Themmal emission

Themmal emission

Vegetation discrimination

Visible light spectrum

<UV

IR>

400 450 500 550 600 650 700 750

(a)

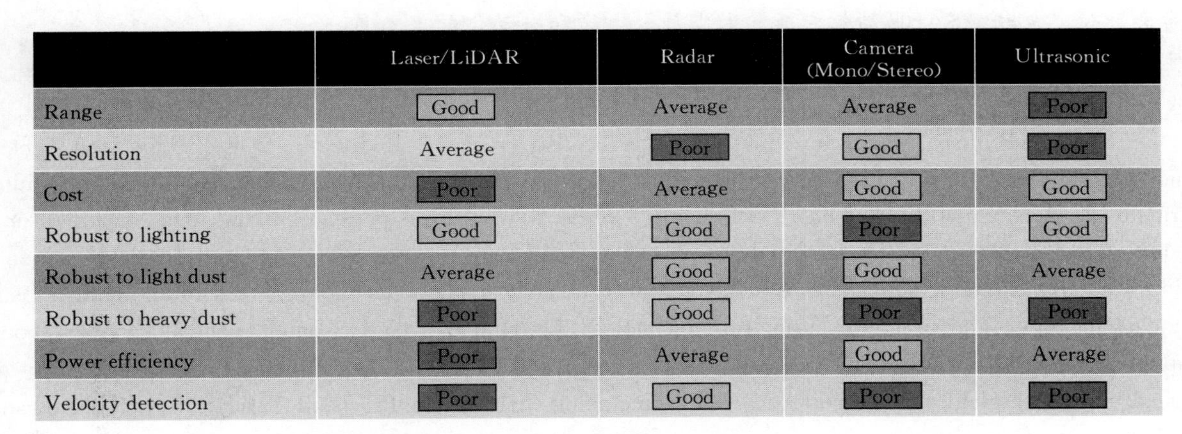

	Laser/LiDAR	Radar	Camera (Mono/Stereo)	Ultrasonic
Range	Good	Average	Average	Poor
Resolution	Average	Poor	Good	Poor
Cost	Poor	Average	Good	Good
Robust to lighting	Good	Good	Poor	Good
Robust to light dust	Average	Good	Good	Average
Robust to heavy dust	Poor	Good	Poor	Poor
Power efficiency	Poor	Average	Good	Average
Velocity detection	Poor	Good	Poor	Poor

- ❑ No single sensor can meet the requirements under all the conditions
- ❑ LiDAR and camera are two best sensors

(b)

Figure 5 Perception sensors spectrum

- ❑ Estimated: 70 new next-generation LiDAR startups exist currently
- ❑ The Market: Currently $1.3B; Could reach $6.4B by 2024
  - Innoviz / BMW Partnership (2018), $170M
  - Aurora / Blackmore / Hyundai / Volkswagen partnership (2018), $530M
  - Sense Photonics / Infineon partnership (2018), $26M
  - Ouster (2018), $60M
  - Lumotive (2019)
- ❑ Camera
  - Smart Camera
  - Stereo Vision
  - AI (e.g., deep learning) for Image Processing

Figure 6 Next-generation sensors (Lidar and Camera)

The current thought is because of AI technology and deep learning. The camera has been promising to deep learning. So the regulation will be very critical. For example, ASABE, which people have been working on this safety standard for a decade still don't have anything yet. So, that shows the difficultness to develop a safety standard. The four-stage autonomous vehicle is expected to go into production in 2025. Levels 5 can probably be achieved in the 2040s and it is not expected in industry to have a fully autonomous vehicle before that time.

Now after all this development, the auto industry will still lead the culture. Even though a lot of research has been done, but automation is more important than the autonomous vehicle. Finally, automation is not determined by itself and people want to regulate the standard. It's part of the farm and it is a part of the whole digital agriculture.

韩树丰　博士，全球最大农机公司约翰迪尔（John Deere）的首席工程师和 Fellow（最高成就），也是浙江大学和华南农业大学的客座教授。韩树丰博士在农业机械领域有三十多年的工作经验，是国际上公认的农机自动化和农业机器人领域的技术专家。韩树丰博士主要研究方向包括：农机自动导航技术、农业机器人技术、传感器及多传感器融合技术、精细农业应用技术。韩树丰博士拥有 25 项美国发明专利，撰写了 80 多篇研究论文，在美国农业和生物工程师协会（ASABE）担任过许多重要职位，包括 ASABE 精细农业学术委员会主席和自动化学术委员会主席。

Dr. Han is a Principal Engineer at John Deere. He is also a recipient of the John Deere Fellow (the highest achievement) . He currently holds the Adjunct Professor positions at Zhejiang University and South China Agricultural University. Dr. Han has more than 30 years of working experience in the field of agricultural machinery and is internationally recognized as an expert in equipment automation and field robotics. Dr. Han's main areas of research include: automatic navigation technology, robotic technology, sensor and multi-sensor fusion technology, and precision agriculture technology. Dr. Han had 25 US patents and authored 4 book chapters and over 80 research publications. He is an active member and leader of the American Society of Agricultural and Biological Engineers (ASABE), including chairs of the Precision Agriculture Committee and the Automation Committee.

农业机械的智能技术

苑严伟

（中国农业机械化科学研究院，北京）

农业发展有悠久的历史，但是农业科技进步是比较缓慢的，特别是在中国，我们农业机械化率才有几十年的发展，就是农业机械化生产代替人工，但是这几十年也已经产生了比较严重的后果，包括土壤流失、水土污染等问题，因此我们需要发展智能技术来解决这些问题。除了环境污染问题，现代农业不能实现全程机械化，也有因为机械化技术和传统的自动化技术不能解决复杂的农机作业，有部分环节不能实现机械化，或是有些特定的区域和作物不能实现机械化。所以也需要智能技术的发展。此外，农机工业相对还是比较落后，因此需要加装一些传感、控制系统来提高农机的智能化水平，进而来提高作业质量和保证作业的可靠性与作业效率。在这个背景下，继美国国家制造业先进技术提升计划和德国工业4.0等国际的提升智能制造技术的规划之后，我国也提出了中国制造2025，而且把农业机械装备作为十大重点领域，给我们农业机械的发展和提高创造了一个非常好的发展契机。目前我们有了十三五重点研发计划里面的智能农机专项，在专项支持下我们的研究成果有了很大进展。

下面介绍一下我们团队的一些研究成果，包括针对拖拉机开发的一些比较难检测的方法。如图1所示，是一个基于三轴的载荷、精量检测方法，超低速滑转率的一些检测方法，另外针对土壤地下环境比较复杂推广的深松作业，针对可能存在的一些硬质的异物，如石块、金属、树根等硬质异物，开发了基于探地雷达的一些检测方法，能够检测到地下60 cm以内的比较大的异物。目前市场做得比较好的就是深松作业的一些监测传感器和控制系统，这个技术现在已经推广了很多套。

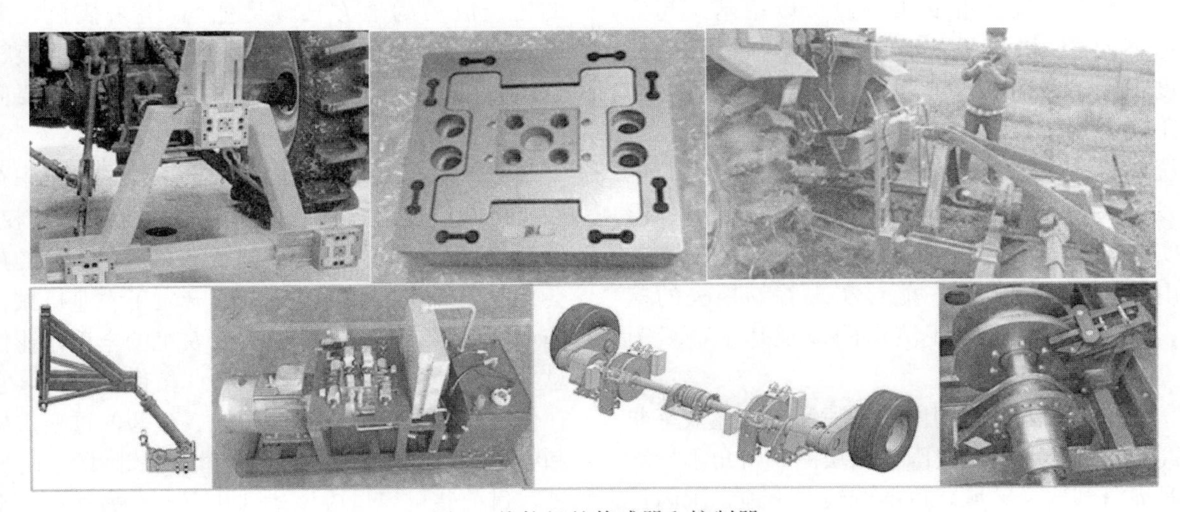

图1　拖拉机的传感器和控制器

在播种和施肥方面，我们探索了精量播种和施肥的一些技术和装备，涉及具体的传感器和控制系统的应用。针对小麦播种条播机，开发了基于电容传感的检测方法，并且开发了相应的传感器，这个方法能够实现条播作物和颗粒肥料的流量实时检测和堵漏的预警。这些相关的传感器，采用电容原理使它可以检测到比较高的精度。针对玉米播种机开发了基于光电阵列传感器，能够实时对玉米的播种实现粒数统计精度达到2%左右。针对气流输送播种机，目前这种播种机在国内使用比较少，但是作业效率非常高，它的总飞车和播种单体是分立的，靠气流输送种子，作业效率非常高，但是因为漏播的情况时有发生并且损失也非常大，为此开发了基于压电陶瓷的流量检测方法。针对马铃薯块状的播种机，开发了针对漏播以及漏播检测，以及在漏播的情况下自动补种装置，能够实现薯块粒数的统计，以及在漏播的情况下，有一个自动的执行机构能够自动进行取种补种。

针对植保机，目前大型的喷杆喷药机现在用的越来越广泛，针对大型喷杆喷药机开发了喷杆流量、喷杆姿态实时检测和控制方法。除了目前开发应用比较广的自动驾驶之外，还开发了成本比较低的掉头对行机构，可能1 000多元就能实现20～30 cm精度的掉头对行，能够实现高秆作物像玉米的一个作物行的掉头对行。植保机也开发了基于图像识别杂草和对靶施药技术，目前相对还是比较成熟的，能够实时地识别出杂草并进行对靶喷药。在无人机方面，除了无人机植保，无人机的超低空遥感也有了一定的应用，主要是针对个体比较大的像蝗虫这样的虫害实时的图像采集和自动识别，能够识别出单只蝗虫。针对山体测绘也能够实现厘米级的测绘，现在对高标准农田建设可以用基于超低空遥感的3D摄像机，实现田间作物行级别的精度识别。在播种机方面，因为播种机跟国外差距还是比较大的，主要体现在传感器和控制系统，目前国内农机用得比较少，为此我们也开发了谷物水分自动检测装置，能够在播种机上实时检测收获谷物的含水率；另外，用基于压电薄膜的检测方法，能够实现谷物损失的检测；另外还继续开发了测产图以及基于产量图的一些深度应用。

在植保机方面，国内大型喷灌机作业效率非常高，指针式的喷灌机因为田块的4个角不能够实时灌溉到这个区域，可能会浪费土地，国内目前需求最大的还是平移式喷灌机。在平移式喷灌机检测和控制方面，除了实现多跨的高精度的同步行走之外，还根据土壤墒情实现自动无人值守和喷水量的自动控制，目前推广应用效果比较好。

除了大田之外，我们在果园方面也做了很多探索，但国内果园推行的难度还是比较大，主要原因是标准化做得不够好。如图2所示，为北京郊区新建的新型现代化果园。实际上还没有达到像美国加州的一些果园的样子（图3），我们果园的土地平整度，包括作物行间的道路宽度还都不够，不适合大型机械作业。

另外国内考虑到饮食习惯，国外对果汁、果酱需求量比较大，我们更多的是鲜食水果。针对鲜食水果，我们在水果自动采收方面也做了一些探索，包括苹果、柑橘的一些自动的采摘设备，以及果园无人运输车，如图4所示，目前我们也开发了一些。针对水果中的苹果和葡萄，如图5所示，通过机器视觉可以实时的进行套袋。

我们团队还开发了采收机器人，除了采收速度我们还不能达到一秒钟摘一个苹果的实用化的程度（目前的效率在10～15 s之间），虽没有人的作业效率高，但是下一步随着技术的成熟，可能会逐步的走向市场化。目前我们的水果采收比较成功的是草莓的采收，因为草莓相对苹果来说工况相对简单一些，种植环境作物行比较直，草莓成熟不成熟也容易区别，成熟的草莓是红色的，还有一点就是草莓是垂下来的，它不像苹果有枝叶遮挡，所以这个技术目前有应用。但是单个草莓采摘效率也比较低，样机做的比较成功的地方，就是把60组采摘机构并联在同一个车上，就是60组机构同时收获，这样就可以达到市场化的程度，但目前主要问题还是价格比较高。

除了单机之外，我们主要的工作还是集中在多机协同作业上，针对国内农业的土地所有权、经营权和承包权三权分离的状态，需要大量的社会化服务。在这个背景下我们开发了农业机械化作业服务系统，目前能够实现农机的全程作业信息化监管，包括耕整地、播种、植保、收获，它在作业过程中有没有漏播漏施、喷药的重喷重施和收获的产量实时监控，还有堵漏故障的实时预警，目前装机容量应该达到几万台。另外针对平台还开发了手机专用的APP，因为中国农业作业主题是以农业合作社为主，合作社或者是农场主，他们拿到这个APP之后就可以实时的对农机、农田进行信息化的管理，对作业效率提升有很大的帮助，但是离真正的人工智能农业和精准

图 2　北京郊区的果园智能技术　　　　图 3　美国加州的果园智能技术

图 4　果园无人运输车

图 5　葡萄套袋机器人

智慧农业还有一定的距离。

目前我们在做的事情就是基于机上智能、云上智慧的概念来做农业的水肥药精准投入。关于这个问题，国外研究也很多，用的都不是特别好，主要原因是土壤，比如裸地施肥，它的土壤养分获取主要是速效养分难度很大。为此我们提出了基于养分、基于产量分布信息，还有少量的土壤养分的取样，以及作物长势相结合的多参数融合的一种方法，解决了单参数控制不精准的问题。基于这个情况我们开发了施肥、施药、灌溉的精准作业处方图，在处方图的基础上进行农机作业，在农机作业过程中，它能够实时从云端获取地块的一些信息，包括地块的基础地理信息、历年的养分信息，还有产量分布信息等，获取之后通过机载的智能终端并结合计算，用卫星定位每一点的氮、磷、钾肥，反演出它的肥料、水分的需求量，进而实时控制农机进行智能的精准的水肥药的投入，这样对减肥减药、提高农产品品质都将有一定的指导意义。

苑严伟　研究员，博士生导师，享受国务院特殊津贴专家，中国农机院机电所所长，中国机械工业智能农机创新团队负责人，土壤植物机器国家重点实验室学术委员会委员，中国农机学会常务理事，中国农机学会人工智能分会主任委员，全国农业机械标准化委员会农业电子分技术委员会主任，《农业机械学报》《Journal of Agriculture and Food Research》等期刊编委，是国家重点研发计划项目负责人，中国第二代卫星导航重大专项技术负责人。主要从事农机智能化技术研究，负责国家科研课题 20 余项，针对我国农业水肥药施用粗放问题，突破了农机作业参数准确感知、种肥水药精准施用、作业全程信息化管理三方面关键技术，揭示了耕层深度、种肥用量、杂草分布等作业参数在线检测机理，实现了多尘、高湿、大温差、强振动等田间复杂条件下精准感知的方法创新；研发了按需精准施用时空决策模型与智能控制技术，实现了节种控水减肥减药的重大突破；创建了首个三位一体农业全程机械化云管理服务平台，构建耕种管收全程精准测控的“吉林模式”，推广到全国 22 个省区，入选 2018 年度“中国智能制造十大科技进展”，获省部级科技奖励 14 项、国家标准 7 部、发明专利 30 项、软件著作权 16 件、论文 100 余篇。

Yanwei Yuan is an researcher，doctoral tutor，expert who enjoys special allowances from the State Council，director of the Institute of Mechanical and Electrical Engineering，Chinese Academy of Agricultural Machinery. He is the head of the intelligent agricultural machinery innovation team of the Chinese machinery industry，member of the Academic Committee of the State Key Laboratory of Soil and Plant Machines，executive director of the Chinese Agricultural Machinery Society ，Chairman of the Artificial Intelligence Branch of the Chinese Agricultural Machinery Society，director of the Agricultural Electronics Sub-Technical Committee of the National Agricultural Machinery Standardization Committee, editorial board of the "Journal of Agricultural Machinery", "Journal of Agriculture and Food Research" and other journals. He is the project leader of the national key R&D plan, the person who in charge of the second-generation satellite navigation major special technology in China. He mainly engaged in the research of intelligent technology of agricultural machinery, responsible for more than 20 national scientific research projects, aiming at the extensive application of agricultural water, fertilizer and medicine in China. He is breaking through the three key technologies of accurate sensing of agricultural machinery operation parameters, precise application of fertilizer and water medicine, and information management of the entire operation process, revealing the on-line detection mechanism of operating parameters such as the depth of plough layer, the amount of fertilizer used, the distribution of weeds, and the realization of method innovation for precise perception under complex field conditions such as dust, high humidity, large temperature difference, and strong vibration; His decision-making model and intelligent control technology have achieved a major breakthrough in saving water and reducing weight and reducing medicine; the first trinity mechanized cloud management service platform for agriculture has been created by him, and the "Jilin model" of accurate measurement and control of the entire process of farming management and harvesting has been established and promoted to 22 province, which was also selected as the "Top Ten Scientific and Technological Progress of China's Intelligent Manufacturing" in 2018. He has received 14 provincial and ministerial science and technology awards, 7 national standards, 30 invention patents, 16 software copyrights, and published more than 100 papers.

The Use of Digital Systems for Precision Pesticide Application and Decision-Support in Australia

Andrew Hewitt

(The University of Queensland, Australia)

Today some of the work that been doing in Australia over the last year will be talked about regarding to the topic of agriculture. So basically, what people need in order to successfully apply and precisely apply chemicals for protection, is the systems that will deliver accurate doses. That will assess the target accurately and then provide and deliver the appropriate amount of chemical for crop protection to a range of different crops. In Australia, it grows very wide range of different crops in different climate areas. And so there are many different challenges in spraying all those different types of crops, like vertical crops such as trees and orchards, vineyards. And then forestry is a big industry which uses a lot of chemicals. More data is needed on most of these things. In Australia there isn't enough data in order to be able to move as far as people would like in some of the precision technologies. And a lot of the work has been the effects of the weather on spray delivery, particularly local surface temperature inversions. When people spray using a UAV, they like to spray when there's not much wind, since it may have strange things happening in the atmosphere with the vertical movement of the chemical. The best way to handle the complicated things that people is trying to do is to use modeling. And so people need to continue to work internationally with others on modeling for safe chemical use in order to get the chemical to the target safely and without implications on target areas. UAVs are not used as much in Australia as here in China. But I think it's a very rapidly growing sector. So every year the use is increasing rapidly and it's going to be explosive increase in the next few years. But challenge in Australia is whether the regulators allow people to spray chemical with the UAV as they need more data. And in order to make their decisions, they need the data to support that. A lot more work needs to be done. It is really effective for spraying down when the UAV is hovering or moving slowly. And so people can use that downwash to get the chemical down to the target into a canopy to give good performance. But as soon as UAV moves, the downwash is lost. And no need to fly very fast to lose all of that downwash benefit. And the current thought is where the spray needs to be? Through the canopy or on the target, not drifting in the wind. The vortices the degenerated by multi rotor systems are complex for single rotor UAVs. The helicopter has already been well modeled with models such as Agdisp. But for the multi rotor systems, people do not have a good understanding yet of the implications verified with data for the actual performance in the field. So the writer has developed some standards in Australia on how all the testing should be done. Two main standards the writer and his group have developed that are used in several states, one for testing in wind tunnels and one for testing in the field. In the field we measures things like droplet size primarily in the wind tunnel, we measures droplet size in the field which looks at coverage, the coefficient of variation and then drift. And it has a standard reference system that's used with every test, so that the reference is always the same. All of the other treatments can be compared back to that standard reference. So there is a range of standards that been developed. So the standards have been run several UAV systems now. Through this test it has data for several single rotor and multi rotor systems. And there is much more to planning to do in the next few months. So if people spray 10 liters of spray, they want to know where the 10 liters went, how much went on the target? How much drift in the air? How much deposited down wind that could potentially damage a none-target sensitive area. So one key for field studies which is to be able to account for all of the spray that the drone released on. In the case of most studies, that's all of the dye that one released, because the water will evaporate and leave the tracer or the pesticide. The standards are needed to also look at things like agitation, since spray systems give sufficient agitation so that the spray will be uniform across a treated area. And there are standards for liquid sprays as well as solid granules and dusts and powders. It has been doing some work with large manned aircraft as well. Some of the recent studies in tall cotton varieties and beans have been looking at trying to get spray penetration through that tall canopy. One option is to use the downwash from an aircraft. But obviously in a fast moving agriculture fixed wing aircraft, there is not much downwash. So now they need to increase the droplet size. A lot of people think that they need small drops to get the spray through use most commonly in Australia. So they use canopy where the writer is finding that people need large droplets to get the spray to the bottom of that canopy. Things that are being digitally added to improve all types of aerial spraying sensors are being used obviously more, and collect more information to support decisions, and hopefully in the future to verify that the spray where people intended for it to go at the rate that they intended. People need more sensors on verification which can help with automation, the right using variable rate aerial application systems. And then they have systems that can change the spray as the aircraft flies as the conditions change. So if drones speed change or other conditions change, they can automatically change the angle of the nozzle on the boom. Or with rotary atomizers, people can change the rotation rate. Hopefully people will see more and more sensors on UAVs in the future so that they can support and verify the applications and as they become cheap and light. Next, currently there is some good performance in the field for getting good coverage on a digital leaf. For example, this is a vineyard test with three number leaves. As the signal increases, so does the spray. Spray was applied to the first leaf and then decreased with evaporation, as did the second and third (Figure 1) .

There are other applications as well. Farmers in Australia sometimes use SnapCard to assess their spray coverage on water sensitive paper of the canopy for assessing the leaf area index of a vertical crop such as a vineyard. Once they know the leaf area index using these types of sensors within the canopy, they can then make a decision on how much chemical they need to use to treat that canopy. So in Australia, the general rule of thumb that they use is that for every square centimeter of leaf that they have in a vineyard, they need 1. 3 microliters of pesticide to give a hundred percent coverage to spray. And that's based on the drop size of the sprays that they very small droplets in vineyard spring. It is

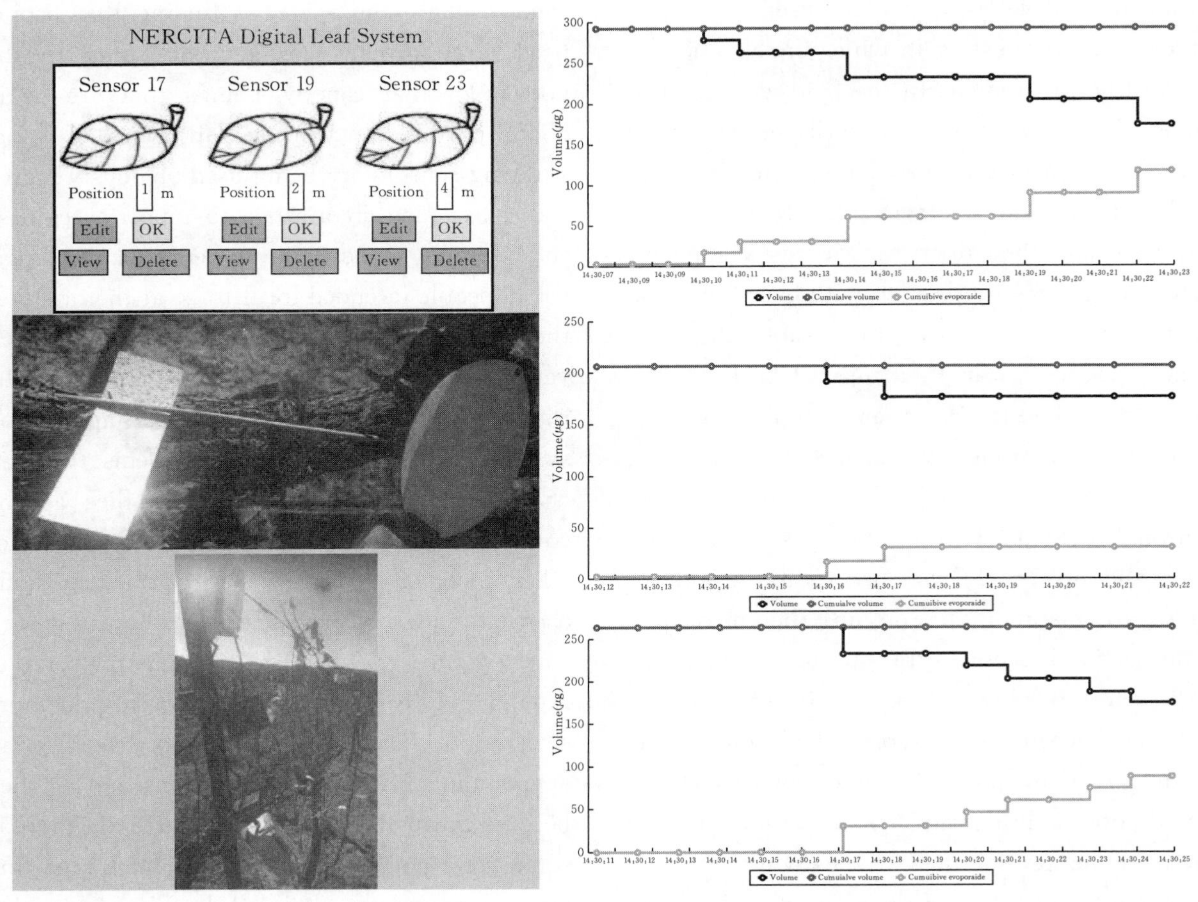

Figure 1 Digital leaf system

believed that the range within Australian vineyard for leaf area totally varies between 10 000 and 25 000 square meters of leaf surface per hector that varies with the spacing of the rows and the canopy size. Once they know what this amount is given canopy, then they can adjust as spray volume and dosage rate. One of the key issues that they need to know is the efficiency of the spraying. So by spraying it means that they use the good sprays and bad sprays. But there are good spray operators and bad spray operators. So they could have the best sprayer in the world but give terrible coverage and performance, if it's not setup correctly for that tree canopy. What have developed currently as a database for some of the spray systems that they have used while they know the efficiency that would be expected to be achieved. And then they can use that to adjust that rate for each application. So 10% efficiency would require more chemical than 50% efficiency. This is one example. When a colleague from Catalonia joined the team, he went on characterize some canopies using the video. Canopy at that now have in Australia and several different rows he got different leaf area index is for those between point 0. 78 and 1. 14. And then using an equation, leaf area index information is available (Figure 2) .

And they can work out the spray volume which needs to treat that canopy to the point of runoff for fungus control. So the example here is the row 1 leaf area index is roughly 0. 8 (Figure 2) . The length of the road, the spacing of the row is acknowledged, if assuming 3. 6 microliters is required per square centimeter, then it can be calculated based on the efficiency of that spray or 50% efficiency, that he would need 560 liters per hectare. And then they have the same dosing

	Mean LAI	Required coverage (μL/cm^2)	Row spacing (m)	Row length (m)	Theoretical Spray Vol (L/100m)	Spray Vol (L/hm^2)	Sprayer efficiency	Actual (L/100m)	Actual (L/hm^2)
Row 1	0.78	3.6	2.5	100	7.2	280	0.5	14.4	560
Row 2	1.14	3.6	2.5	100	10.2	410	0.5	20.4	820
Row 3	0.83	3.6	2.5	100	7.8	300	0.5	15.6	600

$$L(\mathrm{L/100m}) = \frac{X\ \mu\mathrm{L}}{\mathrm{cm}^2} * \frac{Y\ \mathrm{m}^2 leaf}{1\mathrm{m}^2 land} * \frac{10\ 000\ \mathrm{cm}^2}{1\mathrm{m}^2} * \frac{1\mathrm{mL}}{1\ 000\mu\mathrm{l}} * \frac{1\mathrm{L}}{1\ 000\mathrm{mL}} * \frac{Z\ \mathrm{m}}{1} * \frac{100\mathrm{m}}{1}$$

Figure 2 PACE example

in different units such as the amount of chemical per meter of canopy height per hundred meters of row length. Previously, the work has been mentioned with Heping Zhu from Ohio and other colleagues on radar for sensing canopies. The writer has been using UAVs in vineyards and the key really for this kind of application is that they don't fly over the row when treating, and they have to fly up wind because the spray is carried by the wind. So the position of the aircraft is dynamic, many of this vineyard. The wind is doing one thing here and in another part of the vineyard. It's the complete opposite. In fact, the test which did yesterday in the field, the wind moved 180 degrees in a short period of time. So it is necessary to build this into the application systems monitoring the weather and adjusting the position of the aircraft so the spray goes on the target. The writer successfully uses UAVs for herbicide applications as well. So for example, the P20 × aircraft, if spinning the atomizer very slow, it can get 550 micron droplets, which is very large. So that's extremely coarse. And it is possible to have no drift if use that droplet size. So the wind is important, it will move drops and a thousand microns drops will only move 0. 6 meters based on their full velocity of 5 meters per second, where a 10 micron drop could move a kilometer. Many of the sprays have 10 microns drops. Drift is a big problem in Australia and certainly in the US. People have been doing some work with the three different nozzles. For course very coarse and electrical sprays look at the spray drift in temperature inversions at night and non-inversion during the day. So people use on a filament lines stretch to a hundred meters, many heights above the ground that several distances and other collectors such as pipe cleaners and mylar on the ground. This is one of the drift measuring methods that are now using in Australia. They have a network of these that will measure the temperature at different heights, the wind conditions at different heights so that they know when they have a temperature inversion which is cold air at the ground and warm air higher up. Every afternoon about 5 pm that happens until just after sunrise the following morning. Every night in most of the country areas in Australia, there is a temperature inversion and farmers need to know that and adjust their spray accordingly to avoid having off target drift so that the impact of an inversion depends on having the cold air below the warmer in the first place. And then a lack of mixing or turbulence within the atmosphere, which is now measured using this parameter sigma W. So the top graph shows that drift of their course sprays. The blue lines, the highest drift, very coarse, the red line, ultra-coarse, the green, with no inversion. So it has been starting off with a lot of drifted decreases very rapidly with the coarse grade with the weak inversion at the bottom. These are the two examples from a hundred treatments. But with the temperature inversion, basically having a lot more spray drift long distances (Figure 3a) . The writer have compared to the field data for inversion against actors and on some trials they get very good fit. The blue dots are field data to the red line is added some of the trials fit the model. In other cases, actors are giving a much lower prediction than be actually seen in the field (Figure 3b, 3c) . So actors need some more work. In other countries, including China, interested in working on act as would be pleased to work together on improving actors.

UAVs could help people deal with inversions in two ways. First of all, they could help to identify the inversion. So rather than having a tower that is about $50 000 for these weather stations, systems that now being used, why not fly the UAV vertically and measure the temperature profile to know where at what height the temperature inversion exists, there's always an inversion somewhere in the atmosphere, but during the day it's extremely high. In the night it's much closer to the ground although they are from the ground up, but the height of it become closer to the ground. The other way people could help deal with inversions is by forcing the spray with the downwash down toward the ground. Some people believe it could penetrate the inversion and successfully spray at night. But nobody has tested this yet. And this is something that people want to look at.

In conclusion, there are pretty much discussions of UAVs which are very important for the future of spring in Australia for collecting information on how to spray, what to spray as well. Then accurately delivering a spray if using them properly, it needs to be to fly low. If they don't want drift lower than many people currently are flying, it needs to place the aircraft appropriate for the wind. So people need to apply swath

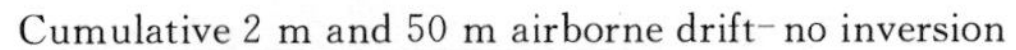

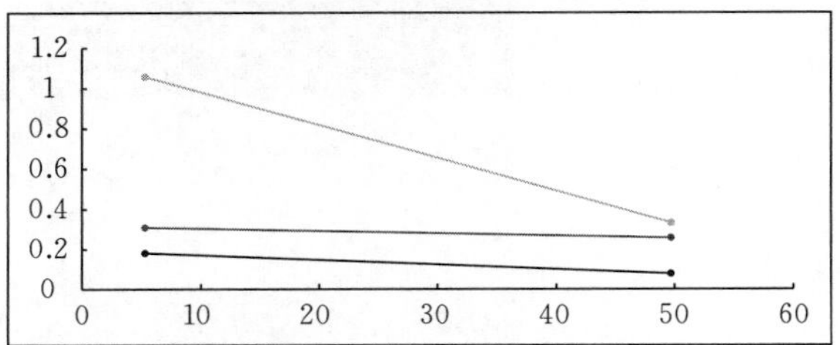

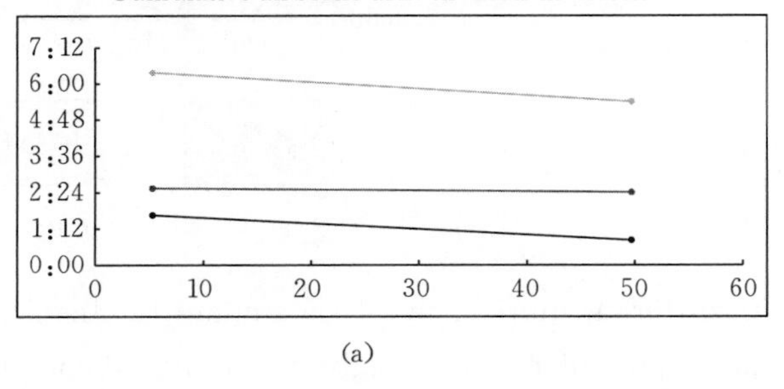

(a)

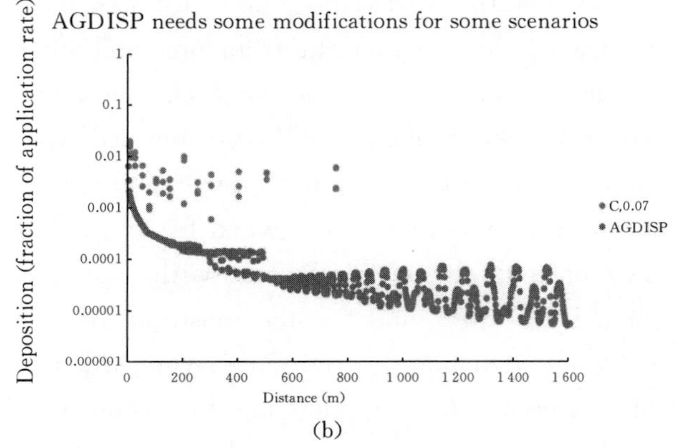

(b)

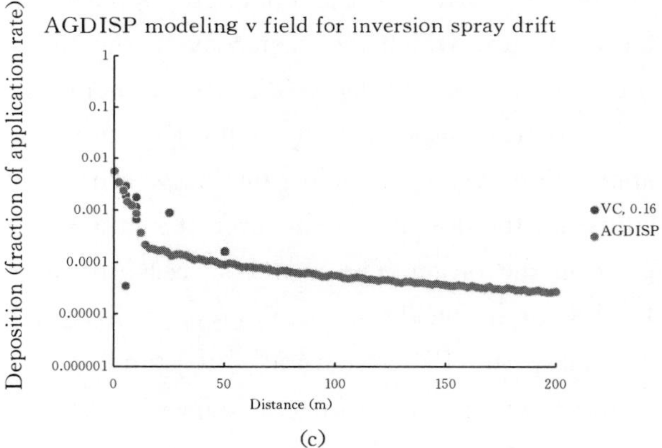

(c)

Figure 3 Comparison between different data

displacement and fly upwind as the wind changes. UAVs are believed to help people to avoid spray temperature inversion drift. But they haven't yet got data to prove that. They can help people assess canopies which many people are doing that.

Andrew Hewitt（安德鲁·休伊特） Andrew Hewitt 教授是澳大利亚昆士兰大学农药应用和安全中心的主任，他管理着多个政府和行业研究项目，旨在通过地面和空中应用系统优化农药的使用。他在英国获得以下学位：博士学位（帝国学院），理学硕士（克兰菲尔德大学），荣誉理学士（谢菲尔德大学）。此外他还担任着澳大利亚农药和兽药管理局的科学研究员，主要从事农药施用和喷雾漂移的研究，从而帮助APVMA 制定其国家喷雾漂移政策和模型。他还是《 ASTM 国际期刊》和《植物保护研究与雾化喷雾》杂志的副主编，害虫管理科学和编辑委员会成员；内布拉斯加大学、林肯大学、奥塔哥大学和湖南大学的学生导师。此外，他撰写了美国环保局关于减少漂移的技术测试指南，以及有关农药施用技术、辅助剂测试、液滴尺寸和喷雾漂移测量的若干美国、澳大利亚和国际标准。他还是 ASTM E29. 04 农药应用和配制系统，以及 E35. 22 液体粒度测量和漂移管理任务组标准委员会原主席。他是农药漂移风险评估的 AgDRIFT 模型开发者之一，这个模型已在国际上使用，包括 EPA（美国），APVMA（澳大利亚），PMRA（加拿大），EPA（新西兰）。他还参与了农药雾化、施用和漂移的模型及相关风洞和野外研究数据的开发和验证。成千上万的施药者、管理者和其他利益相关者在农药施用中使用了这些物质。

Professor Andrew Hewitt is the director of the Centre for Pesticide Application and Safety at the University of Queensland, Australia, where he manages several government and industry research projects into optimised agrochemical use with ground and aerial application systems. He obtained his degrees from the UK as follows: PhD (Imperial College), MSc (Cranfield University), BSc Hons (Sheffield University) . He also serves as: science fellow to Australian Pesticides and Veterinary Medicines Authority, covering pesticide application and spray drift exposure subjects. This interaction allowed him to help APVMA develop its national spray drift policy and models; the Associate Editor, Pest Management Science and Editorial Board Member, Journal ASTM International, Journal of Plant Protection Research and Atomization and Sprays; Adjunct/Associate Professor at the University of Nebraska, Lincoln University, and supervisor/examiner for students at Otago University and Hunan University; author of the US EPA guidelines on drift reduction technology testing; author of several US, Australian and international standards for the conduct of research into pesticide application technology, adjuvant testing, droplet size and spray drift measurement; Prior Chair of standards committees of ASTM E29. 04 Liquid Particle Size Measurement and drift management task group of E35. 22 Pesticide Application and Formulation Systems; joint developer of AgDRIFT model for pesticide drift risk assessments, used internationally, including EPA (USA), APVMA (Australia), PMRA (Canada), EPA (NZ); development and validation of models and associated wind tunnel and field study data for pesticide atomization, application and drift. These are used by thousands of applicators, regulators and other stakeholders in pesticide application.

农产品无损检测技术装备现状及未来

刘燕德

（华东交通大学，江西南昌）

汇报将从以下四个方面展开：一是农产品品质无损检测研究的背景和意义；二是当前用于农产品快速无损检测的主要技术和开发的典型装备；三是我们团队从 2001 年以来开发的一些装备的应用和实施情况；四是对农产品无损检测的未来进行展望和分析。中央 1 号文件、乡村振兴计划和精准扶贫政策每年都聚焦如何提高农村农民的收入，其中最重要的一点是农产品的产后附加值和产值。智能农机装备也是智能制造的重点研究内容。同时，农产品无损检测和食品安全息息相关，食品安全检测和品质分级、食品安全快速鉴别都离不开农产品无损检测技术。

当前在农产品检测方面存在四个主要问题：第一，检测体系发展不健全。主要体现在农产品质量检测机构数量有限，农产品质量安全监督机构区域分布不均，农产品质量安全检测机构多数规模较小，对一些突发事件应对能力不强。第二，农产品检测水平不高。我国农产品的检验检测能力与国外发达国家相比差距较大，设备过于陈旧，检测时间长，需要从检测的精度及时间上提高检测的水平。第三，品质检测硬件落后。当前，我国农产品质量检测机构功能单一，大部分地区检测设备十分陈旧、技术明显落后、配套设施不完善，这些问题严重影响了检测结果的准确性。第四，不重视质量安全。相关部门宣传力度不够，惩处措施执行不严，没有形成正确的社会导向，加之利益的驱使，农产品质量安全易被忽略。

如图 1 所示为光学无损检测技术的内部原理图，包含了光源、检测器和干涉仪。如果一束光照射到一个物体上，那么它会产生什么样的后果？首先它有可能是分子光谱，也有可能产生原子光谱，比如我们常说的近红外、中红外、远红

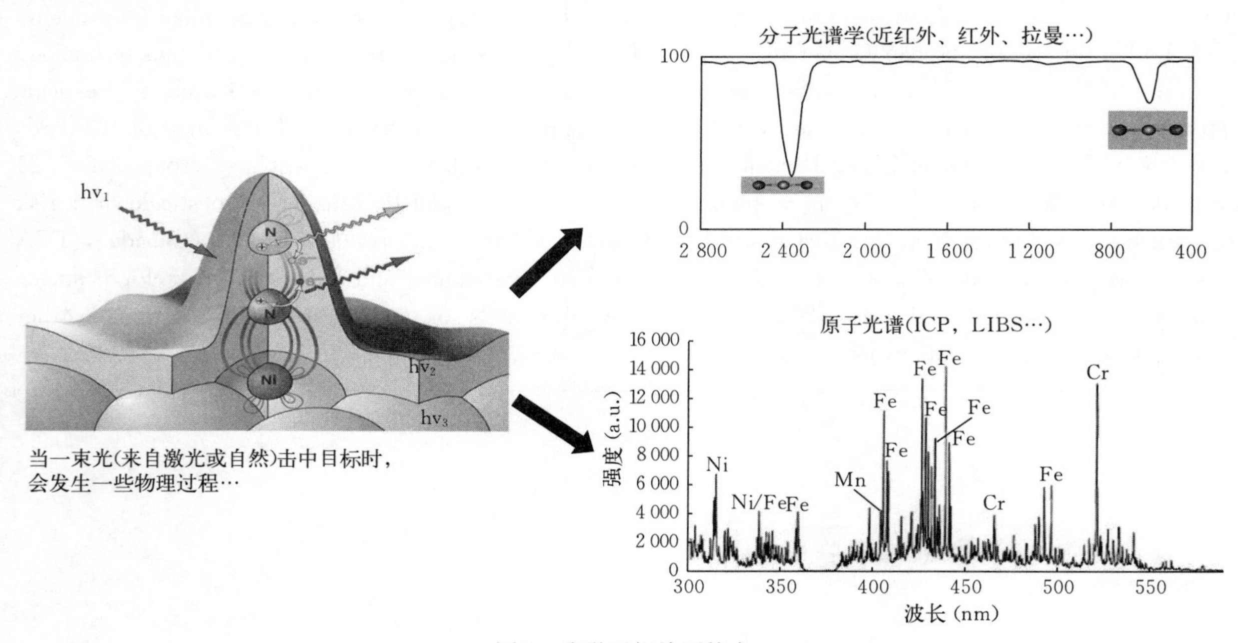

图 1　光学无损检测技术

外、拉曼等都属于光谱技术。如果是激光诱导荧光或者是荧光检测技术，那么属于原子光谱技术。

另外无损检测技术主要有以下几个特点：实时性强、精密度高、一致性好、重复性好、最重要的是非破坏性。无损检测光谱技术主要包括以下常见的 9 种：光谱检测、机器视觉检测、介电性能检测、声学和超声波检测、力学性能的检测、X 射线的检测、核磁共振、生物传感器、电子鼻和电子舌检测技术。

由于激光诱导荧光、拉曼技术在无损检测方面的商业化应用进程较慢，所以在此仅介绍常用的无损检测技术。红外光谱检测技术是最常用的无损检测技术之一，包括近红外、中红外、远红外，主要围绕着农产品的成分检测、内部缺陷检测和表面的缺陷检测和水分检测。如表 1 所示，介绍了光谱的几个波段范围、主要特点和应用场合。

表 1　光谱探测技术

技术名称		范围	特色	应用领域
红外线（IR）	近红外	750～3 000 nm	化学键信息的反映	谷物种子品质检测，果蔬检测
	中红外	3 000～30 000 nm	原子振动能级跃迁的反映	食品掺假
	远红外	30 000～1 000 000 nm	分子纯转动能级跃迁和晶体振动的反射	半导体、超导体，天体物理
拉曼		2 500～250 000 nm	散射光谱	农药残留，成分检测
紫外线		100～380 nm	引起荧光物质的发光	重金属
可见光		380～780 nm	分子中价电子跃迁的产生	液体食品
机器视觉			人类视觉功能的计算机模拟	表面损伤，种子分级
介电性能			材料内部缺陷的反映	含水率检测，水果检测
声学特性与超声			声波与物质相互作用基本规律的反映	果蔬保鲜及成熟度检测
机械性能			硬度检测	成熟度检测
X 射线			强穿透力	内部缺陷检测，异物检测
核磁共振			分子信息的快速直观显示	虫害及成熟度检测
生物传感器			通过生物学机制的基质的检测与分析	成分检测，添加剂、污染物
电子鼻和电子舌			类似于鼻子和舌头的功能	

拉曼光谱技术的主要应用场景为农产品的农药残留、食品添加剂和内部成分的检测；紫外光谱检测因为波段比较短，因此主要用于重金属污染检测；可见光谱主要用于检测表面形状、尺寸、大小以及液体透射光等。机器视觉检测技术主要用于检测表面缺陷和形状大小，例如水稻种子分级。电磁特性和超声波检测主要用于水果内部水分、内部成熟度检测。X 射线主要用于农产品内部异物检测。核磁共振检测主要用于农产品内部缺陷检测，也可实现成熟度检测。生物传感器主要用于检测食品添加剂、大气环境的食品污染、食品内部的成分等。电子鼻技术主要用于检测霉变，包括新鲜度、成熟度等。

近红外检测设备的研究是团队 18 年来的重大研究成果，我们先后开发了 8 款基于近红外原理的不同水果在线动态检测分选装备，主要包括脐橙、柚子、苹果、梨以及南丰蜜橘等。图 2 为广东梅州金柚的分选现场，分选指标主要是大小、重量和糖度，实际上柚子的分选是个世界难

图 2　梅州金柚动态在线分选装备

题，国外可能没有这个品种。不同柚子皮薄厚之间可能相差 5～6 cm 以上，这是柚子产业糖度分选的难题。我们团队经过十几年的潜心研发，解决了柚子产业的内部糖度分选问题。

如图 3 所示，是河北鸭梨的易损果检测的现场应用图。

图 3　河北鸭梨在线分选装备

如图 4 所示为赣南脐橙糖度、大小的快速分选现场。

图 4　赣南脐橙糖度分选

如图 5 所示，是山东苹果，山东盛全的苹果通过我们的光电分选装备分选后，高糖度的苹果售价由原来的 5 元提高到 12 元。

还有江西上饶的马家柚，如图 6 所示，上饶马家柚拥有 13.3 万 hm^2 生产种植面积，我们帮助马家柚企业解决了马家柚的分选问题。柚子身上都是宝，分选以后，糖度较低的柚子能够通过后期的处理，制造出附加产值高的产品，比如制造罐头，以及其他用品。

如图 7 所示，是井冈蜜柚的分选现场。

下面介绍几款国外的分选设备：意大利网纹瓜糖度分选生产线，新西兰的苹果糖度分选装

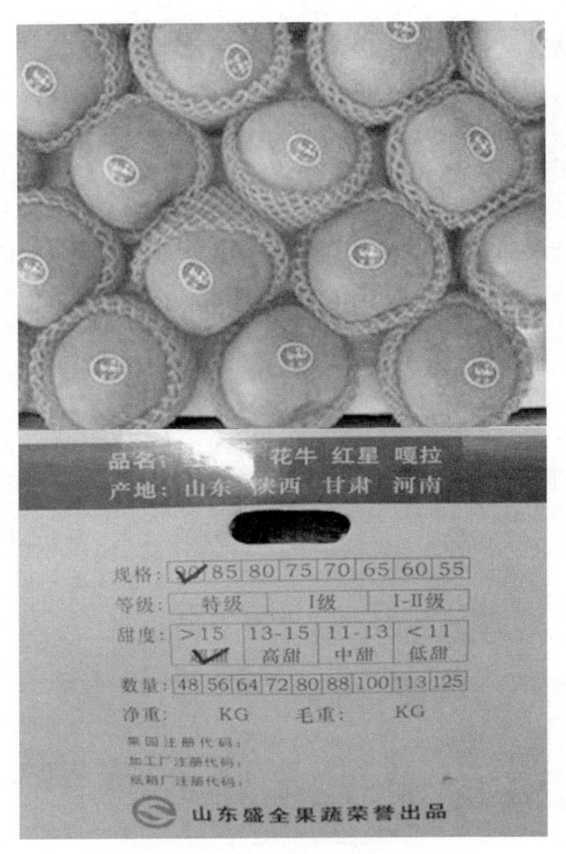

图 5　山东盛全苹果分选

图 6　上饶马家柚分选装备

备，日本的柑橘在线糖度分选装备，荷兰 Greefa 企业的苹果、蜜橘、猕猴桃、黄瓜等分选线在我们中国都有应用。国外的装备技术先进，但在引进后在应用过程中会出现技术瓶颈、技术壁垒问题，分选模型由国外工程师设计，与设备匹配的水果数学模型也是国外水果模型，因此用来检测我们中国的水果，在检测精度、检测重复性、检测准确性方面会出现问题。

由华东交通大学开发的动态在线水果分选装

图7　井冈蜜柚分选装备

备，在脐橙、马家柚、梅州金柚、山东苹果、河北鸭梨、安徽砀山梨、南丰蜜橘上应用广泛。山东盛全苹果分选设备检测精度达到95%，检测速度达到5～8个/s，即每小时10 t左右。前期设备采用人工上料的方式，随着客户的需求增加，我们正在研发集自动化上料，分选及产后包装一体的分选生产线。河北鸭梨属于易损果，为了避免在分选过程中造成二次损伤，我们进行套网检测，其检测精度达到90%，速度达到5～8个/s。脐橙在线分选设备的检测速度是5～8个/s，检测精度只有90%，但是我们的梨子和苹果均达到95%以上。井冈蜜柚分选设备主要检测糖度、重量和大小指标，检测速度每秒达到2～3个，即每小时达到20 t左右，检测精度90%。另外我们还开发了自动上料、自动贴标、自动包装的全程自动化系统。另外我们团队在便携式仪器方面也做了大量研究，经过十多年研究开发了4款产品，实现了对皮薄水果的快速检测。目前第四代便携式仪器还在调试，其便携程度可以和手机媲美。

接下来介绍一下其他农产品无损检测设备。中国农业大学利用柑橘正常部位和损伤部位在紫外光源照射下的反射差异，通过摄像、计算机图像处理后进行检测。云南褚橙的分选设备运用了三维视觉成像技术，可对橙子的视觉特征进行识别，实现了颜色、果型、瑕疵、体积等分选。台湾的中兴大学对于谷物种子的饱和度、种子的品质分选，也开发了一套基于机器视觉的检测。浙江工业大学研究了基于介电特性的水果品质自动检测分级机的机构组成和控制实现。不同品质的苹果在介电特性上有差异，坏损苹果的介电常数则大于正常苹果。日本东北农业大学有一款便携式的网纹瓜便携式检测仪器，是基于声学和超声波特性的检测。另外日本的安立公司研制了X光射线检测设备，主要用于家禽肉内异物检测。还有美国加州大学针对鳄梨的内部缺陷、成熟度方面的检测需求，开发了一款核磁共振的检测设备。另外在电子鼻电子舌方面，江苏大学研制了谷物霉变电子鼻检测系统用于检测谷物是否发生了霉变。

下面简单阐述农产品无损检测技术的发展趋势。在老设备上嫁接新检测单元是目前亟需解决的问题，例如在赣南地区就有100多条重量分选设备，在原有的分选线基础上，嫁接光电系统或延长一段新线，实现糖度检测，有可能成为分选装备发展的新增长点。农产品无损检测发展的三个转变：第一主要是检测技术如何从外部到内部实现内部品质的快速无损检测；第二是检测指标，如何从单一到内部的多种指标的融合；第三是检测的装置，由复杂化向便携化、数字化、智能化转化。无损检测技术的三大方向包括：第一，丰富研究对象。目前，无损检测技术在水果、谷物方面的应用研究较多，对于其他类型农产品的应用研究则存在不足，如花卉、茶叶。因此，丰富产品研究对象，保证检测的全面性、多样性，是无损检测技术的发展趋势。第二，细分表面缺陷、关注内部品质。农产品表面缺陷是一种常见的现象，如病变、冻伤、腐烂、虫蛀等，如何准确进行判别是农产品外部检测难题之一；农产品内部品质检测是目前需要迫切解决的问题，将不同方法、技术相结合、自主研究与国外先进技术相结合，找到更有效的解决方法。第三，深究测量技术。深究多种传感器测量信息收集技术，加强图像处理和识别技术的研究，提高信息分析的快速、准确性及有效性，改善在传统检测中出现信息错误、时间长、效率低的现象，建立信息化采集分析处理系统，提高数据分析效率，全面分析农产品的每一项数据。

刘燕德 江西省泰和县人，中共党员，二级教授，博士生导师。现任华东交通大学首席教授，华东交通大学首批天佑学者，机电与车辆工程学院院长，第三批国家“万人计划”领军人才，科技部重点领域创新团队负责人，江西省光电检测工程技术中心主任，江西省发改委工程实验室主任，江西省2011协同创新中心主任，江西省优势科技创新团队负责人，机械工程带头人和学科盟主，华东交通大学光机电技术及应用研究所所长，华东交通大学光电测控技术研究院院长，学校优秀共产党员和突出贡献奖，主持完成江西省科技进步一等奖、江西省自然科学二等奖、江西省技术发明二等奖及教育部科技成果奖等省部级以上奖6项。

Yande Liu，born in Taihe，Jiangxi Province，is a member of the Communist Party of China，a second-level professor and a doctoral supervisor. She is currently the chief professor of East China Jiaotong University，the first batch of Tianyou scholars of East China Jiaotong University，the dean of the School of Mechanical and Electrical Engineering，the third batch of National “10，000 - Person Plan” Leading Talents，and the head of the key area innovation team of the Ministry of Science and Technology and the photoelectric testing engineering technology of Jiangxi Province Director of the Center. She is the director of Engineering Lab of Jiangxi Provincial Development and Reform Commission，director of Jiangxi Provincial Collaborative Innovation Center 2011，leader of Jiangxi Provincial Science and Technology Innovation Team，leader of Mechanical Engineering and Discipline Leader，director of Institute of Optomechatronic Technology and Application，and dean of Institute of Optoelectronic Measurement and Control Technology，East China Jiaotong University. She was won the outstanding Communist Party Member and Outstanding Contribution Award，and won the first prize of Jiangxi Science and Technology Progress Award，the second prize of Jiangxi Natural Science Award and the second prize of Jiangxi Province Technology Invention Award as the first contributor. Also，she was won 6 provincial and ministerial awards including the Ministry of Education Science and Technology Achievement Award.

Technology Developments for Smart Agriculture and Our Challenges for Wise Governance

Nikolaos Sigrimis

(Agricultural University of Athens, Greece)

The topic is technologies for smart agriculture and smart IOT. First a few things will be discussed about how to apply the technologies that people are trying to develop. This is a very important aspect and governance as the term is being talking quite often in conference and meetings. It was an early start to talk about governance of the smart technologies for agriculture. And it is much more difficult than it is for industry. Industrial engineering is much easier than agriculture form. And drones are a technology which is helping the smart agriculture a lot. Of course, as there are some difficulties on using robots in agriculture, people certainly need another 20 years to see a harvesting robot because agriculture is not like industrial engineering. As a pioneer on RFID in 1985 which had set up an international pattern in University of Cornell, it becomes a phenomenon that there are thousands of patterns on that technology. They all did patterns on production of such a technology and people should see that after the RFID people were talking about electronic devices. Different devices like the iterate machine is what having today in the smart house. The smart houses will have a speaking refrigerator. Since the 1990s, people have smart animals like a cow with an ear tag, which is a living IOT with a lot of benefits, like how to feed the animal and how to do measurements are implanted sensors or outside sensors to burn it or the animal and to handle the feeding in other tasks about the production of the animal. These are what has been expected form smart agriculture which is transferring the results to practice. But the researchers can't keep going if they don't have any fund. The discussion should be not only among the researchers, but included the farmers as well. There is an issue related to shortage of resources, like the fraud and short of water. On top of that there are some rightful humanitarian emergencies and climate changing issue.

For example, the population of China is counted 20% of the earth, but the agricultural land is about 10%. So the land of China must be twice as productive if they want to have food security. The water is about 1/4, which means the water must be four times as more productive than other places. So these are major problems that need to be solved, not just discussed. Research has been increased from 1.5% to 2.5% because it is an important aspect. How to secure food for the people and prospect for the people that must use research money to provide solutions, it is not technology driven programs it must be problem driven problems. The development for agriculture is faster than anything, and among that agricultural information and communication technology is on the top. Farmers must be very productive on what they do. They have problems on cost and prices and they have limited resources. It is well acknowledged that the productivity depends on knowledge. So knowledge must be providing from experiments. Therefore, agricultural experts must provide knowledge from experiments, and the method of how to transfer knowledge to farms. Farmer also is facing environmental restrictions for water and other regulations that they have to obey. How to solve all those problems? Someone sees the food chain, what is happening from the farm to the consumer today. In the past before the seventies, 35% of the food budget expense was going back to the farm. Today only 10% goes there. Farmer income has been reduced very much because of the media, the food processing, the supermarkets and so on. It doesn't matter if experts provide a robot to harvest the apple if they do not give them more value on the chain, more value of the agricultural product. And they need to do that by artificial intelligence because all the food chain is moving into business intelligence. This is going against the farmer profits so experts must not only provide the smart equipment but also business Intelligence for the farmer in order to let farmers be able to have better share better on the market, to get better prices, and not only increase the quality and quantity but also have a better sermon on the market. Block chain is a good way to bring the farmers closer. But people need to take some measures in order for farmers to be able to apply block chain. And of course, people must take measures for the governance and the responsibility as they have to apply regulations. Bill Gates did say in 2012 that people must invest in agriculture. Everybody now is moving from ICT to agriculture. But the problem is they don't know the application domain. Its critical states will be pointed out. Next subtopic is the urban agriculture; it is not profitable yet except for cannabis. There will be no discussion about cannabis and marijuana, but MIT is doing experiments on urban agriculture. How to produce food with LEDs? Is that profitable? Is it a business or a story? The following graph is an example of the calculations like the light energy is used by the plants to produce each gram of biomass (Figure 1) . And for Micro greens, it might be somewhat acceptable that the electricity to be used is about 50% of the price. But for everything else, the advertising price is four times of the price. It is also included in the selling price which needs consumers to pay for it. And that's not acceptable for the consumer.

Furthermore, the main project that going to be talked about are smartness and intelligence. The writer holds a very strong position that embedded

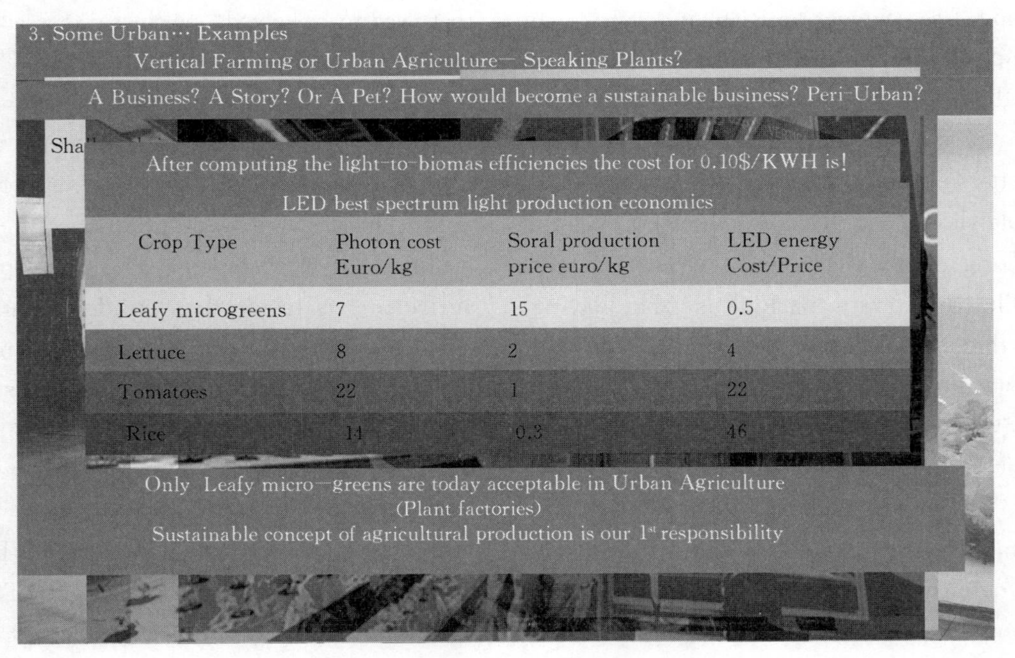

Figure 1 The effect of the light energy on plants

Intelligence in the farm and evolving Intelligence on the cloud. It needs to be safe which the decisions been made is optimal inside the farm. Some people started talking about smart valves on the cloud were people send the command about to open from the cloud but it never opens. This is not acceptable. So this is two legacies, a better Intelligence in the farm and evolving intelligence coming from the cloud where the big data goes. This is our system and how it works today. This is the ground system since the big data to the database. Based on those applications are available on the cloud to welcome those data. And those they send back just some parameters. So to update the embedded Intelligence that's what experts to do. So they make on the ground of optimal decisions which not depending on the cloud. Occasionally when they have the connection they get updated and of course they also have developed another program, a simulator for the plants which hot water and nutrients are needed. So people need to look the farmers. In Shenyang they see a new greenhouse design their and applying the technology with the students engineers together with CAU horticulture students. When design an AI system they work with the application domain with the domain experts then a good AI system can be designed. They do open field irrigation and fertilizer management with water savings and yield increase and so on. So with regards to the technologies, it must always keep in mind that farmers never buy something that is not profitable. It also applies that in five years which received good comments from the farmers about the quality of the production. They do water stress for a purpose and they apply the fertilizer quantities needed so that they get maximum quality and wine. So this is knowledge that embedded into the systems. And just a few words about the new smart irrigation sensor. This is a planet plate machine. It's working on the data which records all the Information, not just single data, the whole historical records has to be treated. Then to look at the plant growth or the change of the seed of the soil that depends on the water salinity or some surplus of the fertilizers to show on. So having the context of the case with soil fish and physics to design the neural network. But the neural network that using is the other believes in the belief network. And people do have the context which is the soil properties. And it is about the humidity and the conductivity changes and the precision had on the irrigation and water savings. This is the second big point. Sensors are made which are trained on the side. They not been changed in the laboratory, but they are getting tested on the spot. So they start with a small plant with little data to start working. Then going on to the second stage the model are extended to a bigger neural net. And then people may fuse the data with other data from drones, from cameras and so on. How to regulate the data that is going to the clouds? Someone must close the cycle with setting parameters down and update of the knowledge and research in the farm. If people talk about smart machines, they must do research and that will provide business intelligence for the farmer. So who can have big data, can have information, and can have the knowledge and to make decisions? It depends on the criteria. The criteria have to be advised by the politicians and to make the regulations. They have sensors with a satellite and the nearby sensors, which refer to the plants into the soil. Regulations for that have to be issued since the sensors are private. How to handle those data, how to produce and how to make the infrastructure so that people don't get drawbacks for the farmer or the economy? That's why for the governments and a couple of special agents for ITP are terrific, because they have to set white papers on how they must proceed with the governors of digital agriculture. Here are the criteria for AI to have success application domain experts. People have to work with them in order to design a good system then having the embedded system in the farm and evolutionary system on the cloud. Then near edge data, edge computing and so on. People don't need high speed networks or long distance travel. They can have the edge computing and of course human venting means that when providing the AI system, the farmer must be involved.

Nikolaos Sigrimis（尼克·西格里米斯） 在康奈尔大学获得农业工程硕士学位，1982 年获得电气工程博士学位。他是 RFID-NFC 技术的先驱，拥有两项国际专利，1 项是无源 RFID，1 项是有源的 RFID，以及 4 项关于 SCADA 技术的希腊专利，这些专利用于系统自动化和管理，可将系统升级到 iSCADA。他在 1980 年泛美机械设计竞赛中获得了可再生燃料一等奖，并于 1981 年在康奈尔大学获得了仪器仪表课程的教学一等奖。目前专注于智能农业和精确农业（PA），并研发了自动监测控制设备“ MACQU”。他的项目 GSRT/知识经济计划，由希腊发展部研究和技术总秘书处资助，并于 2004 年成立了校办公司（www. geomations. com），于 2014 年成立了另一家公司“ Geosmart IKE”（www. Geosmart. gr）。这些公司在希腊建立了庞大的客户群，正积极服务一带一路。

他经常应邀参加国际会议、论坛和峰会（MOST-China，WWF，CAE－China，UNESCO），就可持续发展的知识经济问题发表演讲，阐述“知识与知识的桥梁”。他是国际农业工程学会信息通信技术分会的荣誉创始人（1998—2000 年）和第一任主席（2000—2006 年），并获得了 IFAC 和 CIGR 协会的多项认可奖。他在 5 种科学期刊的编辑委员会任职，以客座编辑的身份（COMPAG 和 IEEE－CSM）组织了多个专刊，并出版了 100 多种出版物。目前，他还致力于精确农业技术，以改善生态足迹（用于 IPM 的精确施药和遥感技术，并促进无人机的应用）以及自动食物链可追溯性和区块链。

Nikolaos Sigrimis obtained his master degree in Agriculture, his MS degree in Agricultural Engineering and the PhD Electrical Engineering in 1982 from Cornell University. As a pioneer on RFID－NFC technology, he holds two international patents, one on passive RFID and the other on active RFID, and wons 4 Greek patents on SCADA technologies for automation and management upgrading the system to iSCADA. He achieved a first prize in Pan-American Mechanical Design competition 1980 on renewable fuels, and a teaching first prize award at Cornell 1981 on Instrumentation course. He currently focuses on Intelligent Agriculture and Precision Agriculture (PA) and developed "MACQU", an automatic monitoring and control device. His GSRT/Knowledge Economy Program was funded by the Greek Ministry of Development-General Secretariat for Research and Technology. He also established a spinoff company (www. geomations. com) in 2004, and a spinout "Geosmart IKE" (www. Geosmart. gr) in 2014. These companies have built a large customer base in Greece and are actively serving the Belt and Road.

He is frequently invited to international conferences, forums and summits (MOST-China, WWF, CAE-China, UNESCO) to speak on knowledge economy issues of sustainable development for securing humans' prosperity, elaborating on the "Bridge of Knowledge with the Production side" . His is the founder (1998—2000) and first chair (2000—2006) of ICT section (& Honorary) of CIGR and received several recognition awards from IFAC and CIGR societies. He serves on the Editorial Board of 5 scientific journals, edited several special issues as guest editor (COMPAG and IEEE－CSM) and produced more than 100 publications. Currently he is also working on precision farming technologies for improving eco-footprint (SCAU precision spraying and remote sensing for IPM and promoting drones' applications) and automated Food-chain Traceability and Block-Chain.

智能农业设备的关键技术和应用实例

毛罕平

（江苏大学，江苏镇江）

智能农业装备的关键的技术，可从三个方面来谈：第一个是关于传感器也就是我们的信息感知系统，就像我们人类的眼睛、鼻子、耳朵怎么去感知我们的对象以及周围环境，如图1所示；第二个通过感知我们建立模型和控制策略去决策和发号施令，就像我们人的大脑；第三个就是要通过控制器，也就是执行机构，就像我们人的中枢神经控制我们的手和脚去完成作业。

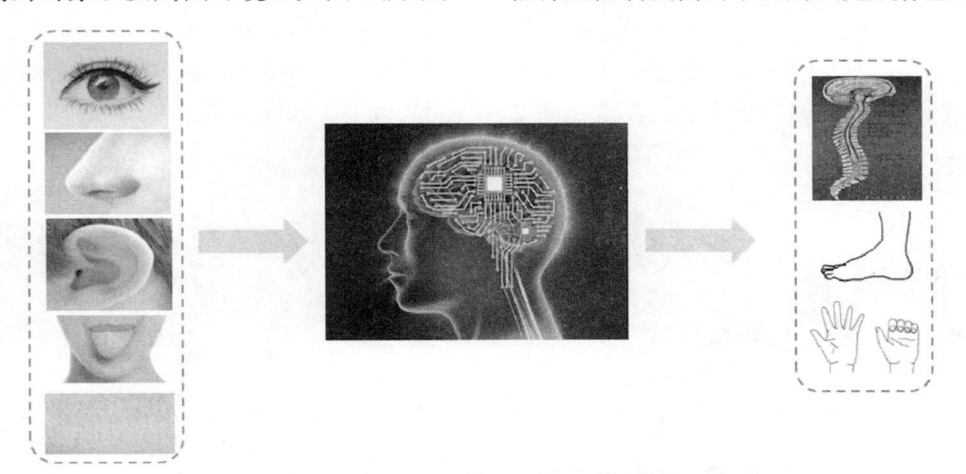

图1　传感器、模型与控制策略、控制器＋执行机构

对于农业来说，第一，农业传感器的应用它有很多特殊性，我们希望他的标定时间要长，而且最后能够做到免维护。比如在水体测量中，因为经常有蓝藻，监测用的传感器，如果没有好的免维护措施，一个礼拜可能就不能用了，所以在农业中如果你校正的时间是一个礼拜半个月甚至一个月，这样就很难推广应用。第二，农业装备时常处于高湿、震动、光照强的环境下，如何做到适应环境是个问题。第三，因为农业本身效益不是很高，所以要降低成本。第四，我们经常谈到无人值守，那么对传感器就要做到冗余设计，同时我们的农事时间很短，所以要求高可靠性。在农业现场处理的时候，无法实现复杂的预处理，所以我们希望能够做到便携等。总之信息感知是第一步也是关键的一步。而我们做的一些传感器像温度、压力、流量、扭距等，这些传感器完全可以依据我们现有的一些工业上的传感技术，根据农业装备自身的进度要求、作业环境进行改进和优化。但是对于根深、谷物损失率、作物病虫害等专用传感器，必须要依靠我们的自主创新，独立研制。

第二个关键技术就是关于模型和控制策略，这是我们整个智能控制中的一个核心。现在的模型有机理模型、统计模型和人工智能等，各自有相应的优缺点。无论是哪种模型，对于农业装备来说，它的对象的随机性、生物的变异性以及非结构化，要求我们建模数据需要覆盖全部的工况，而且能够多次的重复，使得建模得到可靠的保障。而对于控制策略来说，比如多模块优化，我们在做农业装备优化的时候，经常会存在目标的冲突，比如说效果与效益的矛盾，效果与资源环境的矛盾，产量与能耗的矛盾，以及产量与品质之间的矛盾。无论是人工的还是智能的，我们都要突破多源异构农情信息融合、农情大数据信息处理与挖掘、目标场景识别、跨媒体感知计算和深度学习方法等关键技术。而对于执行机构来说，我们经常用的像夹持式的取苗机构，各种各样的切割刀片等，包括现在关于电动液压驱动执行部件，值得注意的是有关电驱动和微机电系统，在汽车、船舶等工业中已经得到广泛的应用，而且取得了很好的应用效果，今后在农业中将会越来越多的应用。

下面结合江苏学校这几年在智能农业装备的关键技术方面开发的两个比较成功的例子来谈一下。第一个例子就是基于作物生长信息的环境控制技术。通过环控技术，我们希望通过精准环境控制来挖掘生物学的潜力。但是对于温室环境控制来说，它存在高温高湿环境下传感器的可靠性和稳定性问题，而且我们缺乏适应的模型和模型库，以及先进的控制理论，因为一般的控制都是应用工业的控制理论，而没有针对像温室这种大环境识别的特殊情况。针对设施农业缺乏标准化的一些控制系统，我们发明了番茄和生菜氮磷钾营养、水分、冠幅、株高、茎粗、果实直径等作物生长信息实时快速检测的方法，并且针对三种栽培模式开发了三种在线检测系统。具体如下：第一，关于营养水平的检测。如果同时对作物的氮磷钾进行检测的时候，就会出现营养之间的交互作用，而分别用传感器一个一个去检测，它具有检测值的不确定性。因此我们提出了基于光谱、图像、偏振等多维光信息的作物营养检测技术，建立了相应的氮磷钾信息多物种互助数学模型，通过氮磷钾耦合解析来消除相互的影响，实现了作物氮磷钾同时检测，而且精度可以达到90%以上，如图2所示。

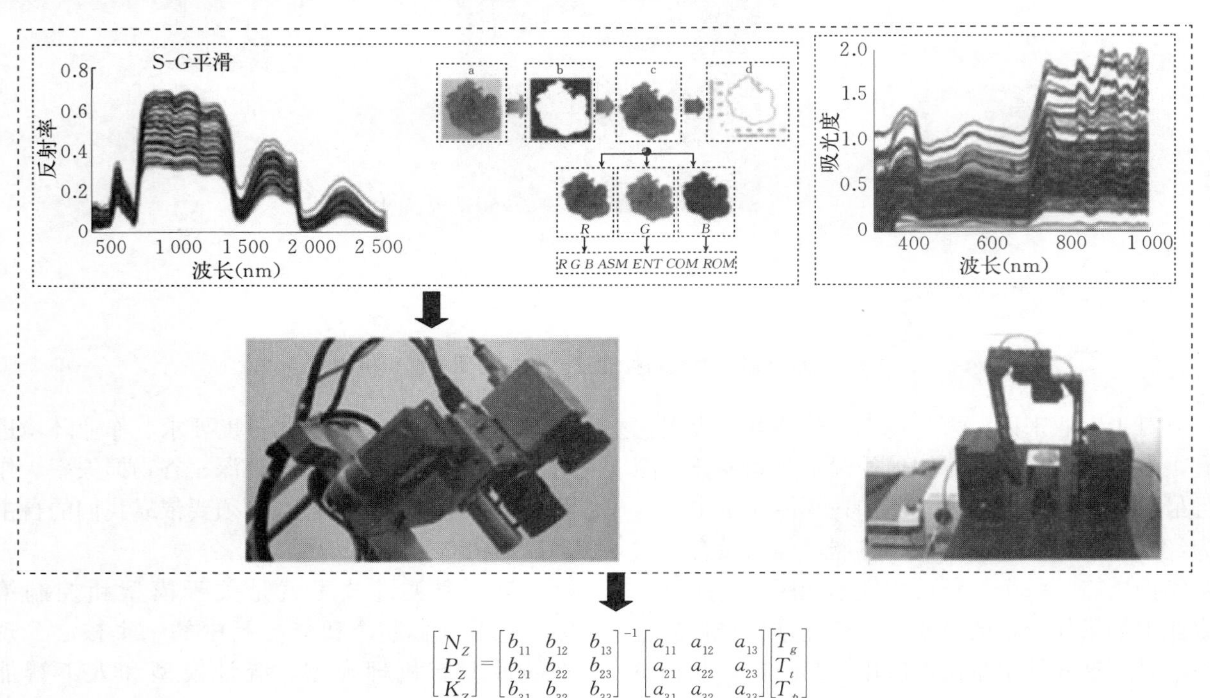

$$\begin{bmatrix} N_Z \\ P_Z \\ K_Z \end{bmatrix} = \begin{bmatrix} b_{11} & b_{12} & b_{13} \\ b_{21} & b_{22} & b_{23} \\ b_{31} & b_{32} & b_{33} \end{bmatrix}^{-1} \begin{bmatrix} a_{11} & a_{12} & a_{13} \\ a_{21} & a_{22} & a_{23} \\ a_{31} & a_{32} & a_{33} \end{bmatrix} \begin{bmatrix} T_g \\ T_t \\ T_p \end{bmatrix}$$

图2　作物营养水平检测

第二，关于温室作物表型原位的全生长周期的检测技术。因为作物在生产过程中，幼果变成大果，新叶变老叶，且各器官服从“慢长-快长-停长”的生长规律，如何来表征这样一个过程呢？我们经过大量试验，提出采用二穗果、倒七叶、标志位茎粗作为番茄环境响应的指示性特征表征方法，基于双目视觉获取目标物特征信息，通过建立这一套系统，在自然条件下，表型信息它的检测误差包括果实茎粗、株高等，所有信息误差只有1%～2%，最高的也仅为6%左右。我们也开发了作物关于品质检测，比如说采用多管的微电极，电极中间有3个微电极和4个微电子管，它的尖端只有几十微米，通过触入到植物比如生菜、黄瓜的内部，检测它的硝酸盐含量以及氮的含量。

第三，我们开发了光电化学多层微流控制芯

片农药传感器，会使农药检测成本降低。在此基础上我们还开发了移动式的检测装备，一共有三种。一个是适用于甜椒这样的植物株形，我们做了两个方面的开发，一个是两节机械臂的履带式检测系统，通过组织摄像机来测表型信息，同时作为导航的信息两者复用，利用双目特征，加上反射光纤加上红外来感知信息，实现平台的连续多维的测量。第二个是悬轨式的对于像番茄、黄瓜这种高的植物，那么我们开发了采用伸缩吊篮和电控云台，结合悬轨来实现高架作物的表型检测，包括采用激光测距、双目视觉和地标传感器来实现定位和巡航。第三个是对于盆栽的作物，通过移动平台，而且是双位的同步相机来实现它的长势和生物量的检测。

再有一个关键技术是建模。综合了辐射、通风、蒸腾等因素及其交互关系来研究温度变化对执行机构的影响，也建立相应的环境控制的机理模型，同时我们把种植区域、温室结构、温室类型都考虑进去，建立了相应的模型库。在控制策略方面，我们提出了基于经济最优和基于生长信息等 6 种控制策略、方式，以满足不同的控制要求。比如说经济最优，那么我们提出来它的产出和成本，同时综合考虑它的环境等的成分函数，然后建立效益最大的最优控制策略，通过遗传算法来进行结果的求解。第二是考虑到产量、作物的品质、节水、节肥来优化灌溉系统，然后决定什么时候灌、灌多少的问题。关于多目标优化方面，我们不光考虑这么多的变化，在考虑温度湿度变化的同时，我们还要感知它什么时候饿了，什么时候渴了，胖了瘦了的问题，以及它的生长反应是不是正常来进行反馈控制。这样，跟传统设定的控制相比，通过作物生长状态的信息反馈，来调整它的温度以及优化水肥，使得控制的结果既满足经济最优的目标，又实现了人与植物“对话”式智能控制。

第二个例子是关于智能化联合收割机的控制问题。目前进口联合收割机的无故障工作时间可达到 150 h，而国内的产品一般在 50 h 左右，解决的措施必须经采取电子液压等手段来实现作业速度、脱粒损失、堵塞的实时检测和控制，来提高它的效率和效果。关于传感器方面，除了常规的一些传感器，我们还开发了谷物损失传感器，通过压电晶体矢量阵列方式来实现检测。在这里谷物相对于茎秆和杂草数量很少，信号也很弱，几乎不在联合收割机和振动筛的强振动噪声中，同时茎秆、杂草的干扰使得各个信号很难提取。我们通过三个技术措施来提取，第一个是对传感器技术，来抵消冲击信号的影响；第二个考虑到较软的草和茎秆，它的频率是低于 5 000 Hz，而谷物的幅值频率在 8.5 kHz 到 10.5 kHz 之间，通过抗混滤波电路消除草和茎秆的影响。第三个谷物的冲击信号的幅值和茎秆不一样，所以通过三个技术措施来提取作物信息。

说到智能决策，我们考虑到割台负荷、脱粒滚筒速度、清选和夹带损失等信息，通过多信息融合和智能决策来控制联合收割机的田间速度，那么决策的依据就是要兼顾收获效率和质量，在保证质量的情况下，我要求效率最大化。如图 3 所示，我们在考虑的时候，如果这个区域喂入量比较大，那么我通过决策把前进速度降下来，反之如果这个区比较小，我可以把速度自动的提升起来，通过液压泵来控制它的前进速度的档位，这样做使得联合收割机的工作效率能够提高 10%～15%。

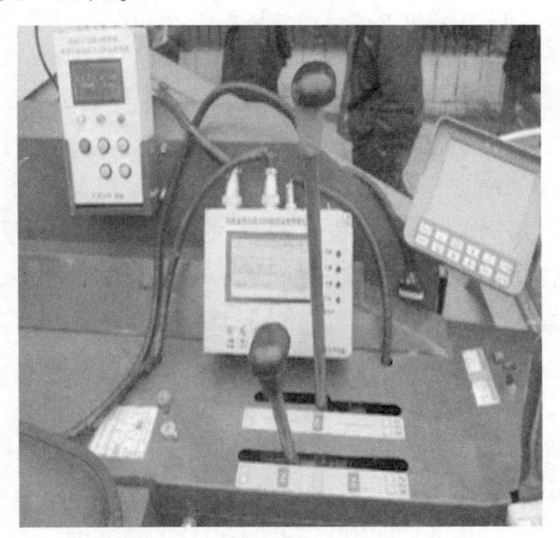

图 3　自动控制工作速度

此外我们通过多信息融合来进行故障诊断。如图 4 所示，一台机器有 6 个转动的部件，每个转动部件我们都装了转速传感器，通过一级差分、二级差分来判断各个转速传感器的信息，通过多信息比较以后，我就很快确定哪个位置可能产生了故障，通过这个方法我们可以使得机器的无故障工作时间提高 30%。

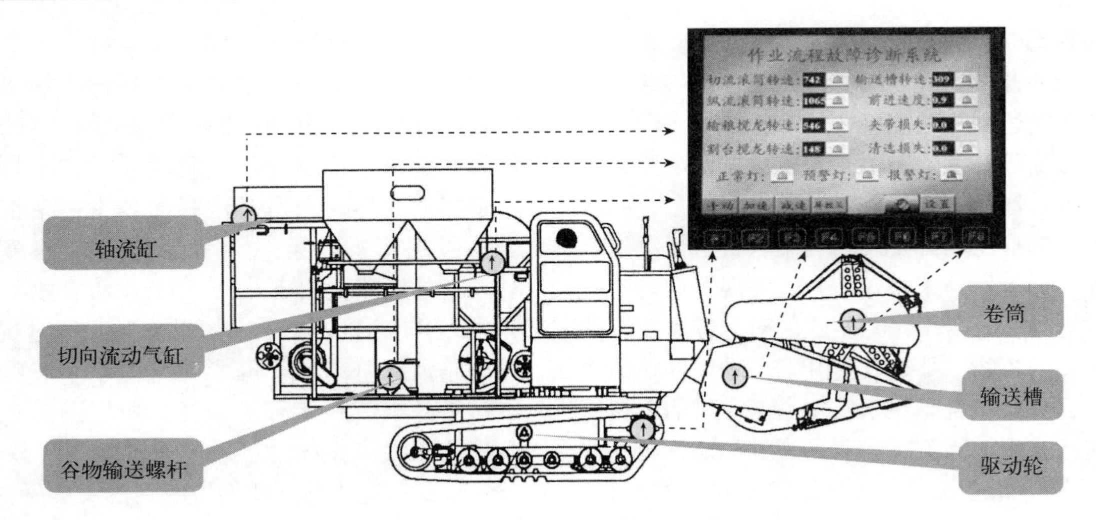

图 4　联合收割机操作程序故障诊断图

毛罕平　博士生导师，国务院学科评议组成员。现任江苏大学农业工程研究院院长、党总支书记，国家重点实验室培育点“现代农业装备与技术”重点实验室主任，“农业电气化与自动化”国家重点学科带头人，“机械设计及理论”江苏省重点学科带头人，江苏高等学校创新团队带头人。他兼任江苏省农机化科技委员会主任，中国农机学会耕作机械学会副理事长、设施农业专业委员会主任，中国农业机械学会教育工作委员会副主任委员，中国农机工业协会理事，江苏省农机工业协会顾问，《农业装备技术》杂志主编，《农业机械学报》编委，《农业工程学报》编委，《International Journal of Agricultural & Biological Engineering》编委，江苏省自然科学基金委员会学科组成员等。

承担并完成国家自然科学基金、863 计划、国家（省）重大攻关等纵向课题 20 多项，多项研究成果达到国际先进水平。共发表论文 150 多篇，其中三大检索论文 53 篇，著作 3 部，获省部科技进步一、二、三等奖 8 项，受理和授权专利 22 件，其中发明专利 14 件，软件著作权 2 个。获得的荣誉有：江苏省十大杰出青年、江苏省 333 工程中青年科技领军人才、国务院政府特殊津贴专家、中国机械工业科技专家等。

Hanping Mao, PhD student supervisor, is a member of the Disciplinary Review Group of the State Council. Currently he serves as the dean of the Agricultural Engineering Research Institute of Jiangsu University, the secretary of the Party branch, the director of the key laboratory of “Modern Agricultural Equipment and Technology” of the national key laboratory cultivation site, the leader of the national key discipline of “Agricultural Electrification and Automation”, and the leader of “Mechanical Design and Theory” of key disciplines in Jiangsu Province, and the leader of innovation team of Jiangsu Colleges and Universities. He currently serves as the director of Jiangsu Agricultural Mechanization Technology Committee, the vice chairman of the Farming Machinery Society of the Chinese Agricultural Machinery Association, the director of the facility agriculture professional committee, the vice chairman of the education working committee of the Chinese Agricultural Machinery Society, the director of China Agricultural Machinery Association, a consultant of the Jiangsu Agricultural Machinery Industry Association, the editor-in-chief of *Agricultural Technology Equipment*, a member of editorial board of *Journal of Agricultural Machinery*, *Journal of Agricultural Engineering*, and *International Journal of Agricultural & Biological Engineering*, and he is also a member of the discipline group of Jiangsu Natural Science Foundation Committee, etc.

He has undertaken and completed more than 20 vertical projects such as the National Natural Science Foundation of China, the National 863 Program, and major national or provincial key research projects. A number of research results have reached international advanced levels. He has published more than 150 papers, including 53 major search papers, and published 3 books. He has been awarded 8 first, second, and third prizes for scientific and technological progress at the provincial or ministry levels, and accepted 22 patents including 14 invention patents and 2 software copyrights. He has won a lot of honors, such as Top Ten Outstanding Youths in Jiangsu Province, Young and Middle-aged Leaders in Science and Technology of Jiangsu Province "333" Project, Special Allowance Experts from the State Council Government, and Science and Technology Experts from China Machinery Industry, and so on.

Signals in the Soil

Naiqian Zhang, Mohammed Hasan, Mingqiang Han

(Department of Biological and Agricultural Engineering, Kansas State University, Manhattan, USA)

Abstract: This paper introduces a unique, buried-in-soil, frequency response-based (RF) dielectric sensor for measuring soil properties related to soil heath. The RF sensor and its probe previously developed at KSU is improved and tested to measure multiple soil properties-volumetric water content (VWC), bulk density, and soil macronutrients $NH_4 - N$ and $NO_3 - N$. Laboratory experiments were conducted to examine the ability of the sensor in real-time measurement and long-term monitoring of these properties.

Introduction

Agricultural sustainability and world food security depends on new crop varieties, soil health and farm management. Although numerous new varieties of crops with disease, insect, and drought resistant traits are available, and the best field management techniques are widely promoted, the assessment and improvement of soil health requires further research, as it is still poorly understood.

Soil health is the continued capacity of soil to function as a vital living ecosystem that sustains plants, animals, and humans (NRCS, 2019). This capacity is the result of the status and interaction of soil biological, chemical and physical properties. Although farmers and environment consultants routinely have soil chemical properties analyzed to make fertilizer recommendations and when reclaiming contaminated soils, continuous monitoring information about soil physical and biological properties is not readily available as only research laboratories have the equipment and expertise to carry out the complex and costly analysis involved. Therefore, there is a need for real-time soil sensing for timely management actions and long-term, continuous monitoring to understand the dynamic trends in the soil.

Most soil sensing technologies for field applications are either optical, electrochemical, or dielectric in nature.

Optical sensors

Included in the category of optical sensing are copper/cadmium reduction (CCR), near-infrared reflectance spectroscopy (NIRS), mid-infrared Fourier transform attenuated total reflectance (ATR) spectroscopy, and morphology-dependent simulated Raman scattering (MDSRS). The optical methods, such as NIRS, enable truly non-contact measurements. However, these sensors only measure properties of soil surface and the measurement is strongly affected by other factors that change the spectral reflectance of soil. Furthermore, these methods require considerable site-specific calibrations due to inherently variable optical features of different soil types. It was also found that the results were not satisfactory within the range the macronutrient usually applied through fertilizer (Kim et al., 2009).

Electrochemical sensors

The electrochemical techniques included nitrate ion-selective electrode (ISE), nitrate ion-selective field-effect transistor (ISFET), and combination of CCR and ISE. The ISEs have proven to provide higher accuracy and lower limits of detection. However, the tedious micronutrient extraction procedure, long response time, limited durability of the electrodes, low robustness, high maintenance requirements, and the needs for frequent calibration due to signal drift make the use of ISEs in in-situ, real-time applications difficult (Kim et al., 2009). Nevertheless, the electrochemical sensors have been the choice of researchers for real-time, on-the-go soil sensing for site-specific crop management. Several researchers used custom-designed soil samplers and commercially available ISEs for sensing nitrate and pH in soils (Kim et al., 2009). Although most research has not led to commercially available technologies, a soil pH mapping system is now commercially available (Adamchuk et al., 2014). In general, on-the-go sensing of soil fertility using the optical methods has been less successful mainly due to calibration and accuracy issues (Kim et al., 2009).

Dielectric sensors

Another technology with great potential in measuring soil fertility in-situ is dielectric spectroscopy (impedance spectroscopy) that measures the permittivity of soil. Different dielectric sensor have been developed for soil measurement, including time-domain reflectometry (TDR), frequency-domain reflectometry (capacitance probe), and the standing wave ratio (SWR) method, although most of these methods are limited to measuring soil VWC and EC (salinity).

Methodology

For many years, Dr. Zhang's group (KSU) has developed a unique, frequency-response (FR) -based permittivity sensor to simultaneously measure multiple properties of dielectric materials. Permittivity describes the response of a dielectric material, such as soil, to externally applied alternating electric fields. The response is characterized by polarization of the dipole molecules at lower frequencies, relaxation due to the binding force between atoms at higher frequencies, and conduction in both solid and liquid (ionic) phases. Thus, permittivity strongly depends on the composition of the material at the molecule, atom, and ion levels. Furthermore, because the polarization, relaxation, and conduction are frequency dependent, information specific to each component in soil may be extracted at specific frequencies or frequency ranges ("signature frequencies"). Due to the complexity in soil composition, statistical methods are often used to extract these "signature frequencies".

The FR-based soil sensor generates sinusoidal waves at multiple frequencies within a wide frequency range (from near DC to 400 MHz) and measures the responses of the probe filled with the dielectric material to these waves, hence forming "dielectric spectra". Because of the use of multiple frequencies, prediction models to measure different properties can be established based on the same spectra. As a result, multiple properties of the materials may be measured simultaneously. In the past, the sensor has been used to simultaneously measure soil VWC, density, and salinity (Zhang et al., 2004; Lee et al., 2007a, b), fossil fuel/biofuel mixing ratio (Xi and Zhang, 2011), air pollutants-glycerol, ethanol, and ammonia (Ware, 2012), nutrients in water (Shultz, 2009), and sediment concentration in water (Utley et al., 2012). However, these sensors had not been tested in measuring soil fertility before 2017.

Noticing Zhang's group's work on frequency-response based dielectric sensors, Chighladze et al. (2011) developed a similar sensor to measure soil solution Nitrate concentration. The sensor measured frequency responses of the soil and used the partial least squares (PLS) method for multivariate analysis. Instead of using an open probe, they used a closed, cylindrical sample holder to hold soil samples. For soil with relatively high

VWC and low salinity, they successfully measured NO^3-N concentration in soil. Using similar methods, Pluta and Hewitt (2013) measured soil moisture content and density, and Pandy et al. (2009) estimated individual components in soil, including air, water, and nitrate.

We consider the principle of the FR sensor parallel with that of the time-domain reflectometry (TDR): the TDR studies time responses of the probe-medium to an impulse input, whereas our FR sensor studies their frequency responses to sinusoidal inputs. Because measuring time response requires high-resolution time measurement, the TDR sensor imposes higher technical difficulties to design and manufacturing. Nevertheless, from the literature, frequency response measurement has been conducted using expensive impedance meters. Practical FR sensors, such as the one developed in our laboratory, is still unique.

Experiments

Two experiments were conducted to test the dielectric sensors: Real-time soil nitrate-N and Ammonium-N measurement.

Since 2017, Pl Zhang's group started testing the FR sensor in simultaneous measurement of three to four soil properties-VWC, bulk density, and the concentrations of soluble nutrients from one or two commercial fertilizers-ammonium sulfate [$(NH_4)_2SO_4$], ammonium nitrate (NH_4NO_3), and urea [$CO(NH_2)_2$]. The first two fertilizers contain available nitrogen in the forms of ammonium-N (NH_4 - N) and nitrate - N (NO_3 - N), which are typically used by agronomists as the indicators of soil N status and for the development of N fertilizer diagnostic tools and final recommendations. The latter is commonly used organic N fertilizer and is converted to NH_4 - N and NO_3 - N by urease for plant uptake. The probe used in these measurements has an open structure that can be pressed into soil at a certain depth. To emphasize the capacitive effect, the sensor probe was designed as a multi-section capacitor (Figure 1). For each fertilizer or fertilizer combination, soil samples were prepared by mixing water solutions of the fertilizer (s) with Smolan silty clay loam to commonly used concentration ranges. The samples were combinations of six fertilizer concentration rates and five VWC levels pressed to two densities. The dielectric spectrum data derived by the sensor were analyzed using the partial least squares (PLS) method.

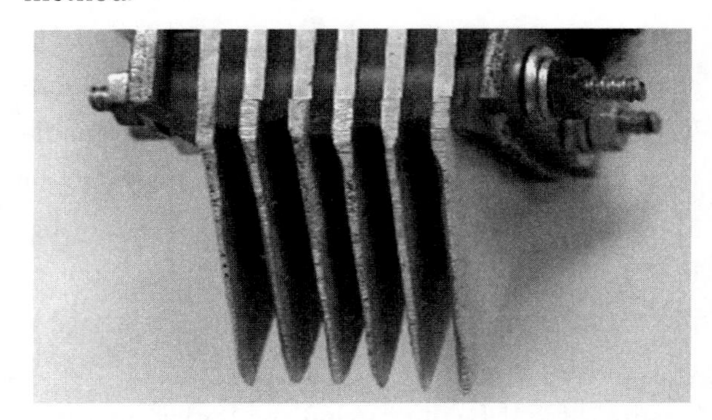

Figure 1 The probe that emphasizes the capacitive effect for soil measurement

Long-term monitoring of soil nitrate-N and ammonium-N

For practical, long-term monitoring of soil health, the sensor must meet the following requirements: (1) capable of taking measurements at different depths, especially in the crop root zone; (2) having a rugged sensor probe to sustain harsh outdoor and underground conditions and mechanical damage; (3) having an open probe that is in constant contact with soil so that dynamic variations in soil properties can be tracked. Additionally, sensors having the following capabilities are preferred for field application: (1) capable of real-time sensing to allow timely management decisions, such as fertilizer prescription; (2) capable of long-term deployment with minimum maintenance for continuous monitoring; (3) capable of measuring multiple properties; (4) measurement data can be easily downloaded. With all these requirements considered, our buried-in-soil FR sensor and associated data acquisition/storage units were modified for long-term monitoring.

(This is a currently ongoing study. We will add materials here for the presentation at the ICIA2019) .

Results and Discussion

The results of the real-time soil N test are summarized in Table 1.

Table 1 Results of simultaneous measurement of VWC, density, and one or two nitrogen fertilizers using a PLS model

Simultaneously measured variables	R^2 values for calibration/validation data sets						
	VWC	Density	$(NH_4)_2SO_4$	NH_4NO_3	$CO(NH_2)_2$	NH_4-N	NO_3-N
VWC, density, $(NH_4)_2SO_4$	0.98/0.89	0.88/0.73	0.98/0.84	N/A	N/A	0.98/0.84	N/A
VWC, density, NH_4NO_3	0.97/0.90	0.91/0.73	N/A	0.97/0.85	N/A	0.97/0.85	0.97/0.85
VWC, density, $CO(NH_2)_2$	0.98/0.77	0.92/0.65	N/A	N/A	0.90/0.79	N/A	N/A
VWC, density, $(NH_4)_2SO_4$, NH_4NO_3	0.89/0.86	0.64/0.59	0.75/0.67	0.74/0.71	N/A	0.74/0.65	0.74/0.71

It can be seen that, when there is only one type of N fertilizer applied, the measurements for VWC, bulk density, and the fertilizer all are satisfactory. When two types of fertilizers (in this case $(NH_4)_2SO_4$ and NH_4NO_3) were mixed in the samples, the accuracy in density measurement was reduced, but the two major components in the nitrogen fertilizers, NH_4-N and NO_3-N, could be simultaneously measured with sufficient accuracies. It needs to be pointed out that these tests were conducted in laboratory. When the sensor is buried in field, care must be taken to remove non-soil objects, such as plant roots and rocks from the spaces between the probe sections.

(Results of the long-term monitoring test will be added here for the presentation at ICIA2019).

Similar to many other soil sensors, the FR sensor measurement is influenced by other soil properties, of which soil type, soil texture, and organic matter may have the strongest effects. Thus, the sensor may need frequent calibration. However, when the sensor probe is buried in soil at a fixed location and a fixed depth for long-term monitoring, the type and texture of the soil surrounding the sensor probe would not significantly change. As a result, the sensor should not need frequent calibration. Moreover, if the soil bulk density at the sensor location does not vary significantly, the effect of bulk density on the measurement would also be minimized. Under these conditions, only changes in water content and macronutrients would have significant effects on the changes in the impedance spectra; hence, more accurate measurement of water content and macronutrients can be expected. Additionally, because of the simple and rugged mechanical design, the low sensitivity of FR dielectric assessment to probe surface contact-resistance changes, and the anti-corrosion material selected for the probe, we have good reason to believe that the FR sensor is more suitable for long-term monitoring of dynamic soil condition changes and for effective detection of adverse conditions such as drought, nutrient deficiencies, and compaction.

Conclusions

The FR-based dielectric sensor has been tested for real-time measurement and long-term monitoring of important soil properties-volumetric water content, density, and amounts of nitrate-N and ammonium – N. Real-time test has demonstrated that the sensor can simultaneously measure these properties with satisfactory accuracy. The rugged sensor probe design makes it suitable for long-term buried-in applications.

References

Adamchuk V I, Hummel J W J, Morgan M T, et al. 2014. On-the-go soil sensors for precision agriculture. Computers and Electronics in Agriculture, 44 (2004): 71 – 91.

Chighladze G, Kaleita A, Birrell S, et al., 2011. Estimating soil solution nitrate concentration from dielectric spectra using partial least squares analysis. Soil Science Society of America Journal, 76: 1536 – 1547. doi: 10. 2136/sssaj2011. 0391.

Kim H J, Sudduth K A, Hummel J W. 2009. Soil micronutrient sensing for precision agriculture. Journal of Environmental Monitoring, 2009, 11: 1810 – 1824.

Lee K H, Zhang N, Kuhn W B, et al., 2007a. A frequency-response permittivity sensor for simultaneous measurement of multiple soil properties: part I. the frequency-response method. Transactions of the ASABE, 50 (6): 2315 – 2326.

Lee K H, Zhang N. 2007b. A frequency-response permittivity sensor for simultaneous measurement of multiple soil properties: Part II. calibration-model tests. Transactions of the ASABE, 50 (6): 2327 – 2336.

Pandey G, Kumar R, Weber R, 2013. Real time detection of soil moisture and nitrates using on-board in-situ impedance spectroscopy. The 2013 IEEE International Conference on Systems, Man, and Cybernetics, Manchester: 1081 – 1086. doi: 10. 1109/SMC. 2013. 188.

Pluta S E, Hewitt J W, 2009. Non-destructive impedance spectroscopy measurement for soil characteristics. The 2019 GeoHunan International Conference, Challenges and Recent Advances in Pavement Technologies and Transportation Geotechnics. Changsha, Hunan, China: 144 – 149. https: //doi. org/10. 1061/41041 (348) 21.

Shultz S, 2009. Calibration of permittivity sensors to measure contaminants in water and in biodiesel fuel. M. S. USA, Kansas State University.

Utley B C, Wynn T M, Zhang N, et al., 2012. Evaluation of a permittivity sensor for continuous monitoring of suspended sediment concentration. Transactions of the ASABE, 54 (4): 1299 – 1309.

Ware B, 2012. Frequency response based permittivity sensors for measuring air contaminants, M. S. USA. Kansas State University.

Xi X, Zhang N. 2011. Measuring ethanol/gasoline mixing ratio based on the dielectric properties. Sensor Letter, 9 (3): 2011.

Zhang N, Fan G, Lee K H, et al., 2004. Simultaneous measurement of soil water content and salinity using a frequency-response method. Soil Science Society of America Journal, 68: 1515 – 1525.

Naiqian Zhang 博士，1969 年毕业于原北京农业机械化学院农机系；1981—1983 年担任普渡大学工学院助理研究员；1984—1987 年担任弗吉尼亚州立大学工学院助理研究员；1987—1990 年任弗吉尼亚州立大学助理教授；1990—1995 年任堪萨斯州立大学生物与农业工程系助教；1995—2001 年任堪萨斯州立大学生物与农业工程系副教授；2001 至今，堪萨斯州立大学生物与农业工程系教授，主管系研究生教育。他是 2003/2004 教育部批准引进的世界著名学者项目到中国农业大学工作的学者。2000 年在美国倡导建立了“海外华人农业、生物与食品工程师协会”，连任两届主席。Naiqian Zhang 教授是农业电子信息技术和智能农业机械研究的著名学者。在农业智能信息获取与传输技术方面具有坚实基础和丰富的实际经验，主要从事精细农业、智能导航、机器视觉、传感器技术开发、无线传感器网络技术方面的研究工作。

Dr. Naiqian Zhang, graduated from the Department of Agricultural Machinery of the former Beijing Agricultural Mechanization Institute in 1969; is an assistant researcher of Purdue University School of

Technology from 1981 to 1983; an assistant researcher of Virginia State University of Technology from 1984 to 1987; an Assistant Professor of Virginia State University from 1987 to 1990; an Assistant Professor at the Department of Biological and Agricultural Engineering, Kansas State University from 1990 to 1995; an Associate Professor at the Department of Biological and Agricultural Engineering, Kansas State University from 1995 to 2001; and a Professor of Department of Biological and Agricultural Engineering, and a director of Graduate School of Postgraduate Education, Kansas State University, Since 2001. He is one of scholars who have been approved by the Ministry of Education in 2003 and 2004, which aim at introducing world-renowned scholars to work at China Agricultural University. In 2000, he advocated the establishment of the "Overseas Chinese Association of Agricultural, Biological and Food Engineers" in the United States, and was re-elected for two terms. Professor Naiqian Zhang is a well-known scholar in agricultural electronic information technology and intelligent agricultural machinery research. He has solid foundation and rich practical experience in agricultural intelligent information acquisition and transmission technology, mainly engaged in research on fine agriculture, intelligent navigation, machine vision, sensor technology development and wireless sensor network technology.

空天地一体化的农业信息获取与精准管理

何　勇

（浙江大学，浙江杭州）

作物在不同的生长阶段，养分、水和药的管理是不一样的，一个是信息获取不一样，一个是农药、水的管理不一样。比如说油菜种植到后期要施叶面肥，地面的基质是根本进不去的。我们怎么来满足这种全天候的需要？地面测量很多都用传感器，它属于点测量，精度高但成本相对也比较高而且面积有限；无人机的主动性比较好，虽然它的面积有限，但根据作物需要的时间能够近地获取信息；卫星遥感作业面积大效率高，但是它会受卫星的运行轨迹或者天气的影响，所以它有分辨率的限制，我们怎么能够把地面的高精度、无人机的主动性、卫星的高效率结合起来，实现空天地一体化的农业信息获取系统、人机环境协调的作业系统、基于作物生长需求的肥水药管理系统。

第1个信息获取。对于地面信息获取主要是四方面的信息：一个是养分信息，一个是生理生态信息，以及病害信息和虫害信息。从地面获取信息的不同角度来说，我们要分不同的尺度，由一种器官、组织、单个植株和群体冠层来进行获取。比如说室内现在用得比较多的植物表型，通过高光谱、热红外、荧光来获取足够多的信息。如图1所示，是我去年去浦东大学的时候看到的，他们做的一个大型表型的获取系统，非常大，从玉米种苗开始一直长到2 m多高，都在这个系统里面来回定期的进行检测。

图1　浦东大学表型获取系统

从病害来说，病害的获取有不同的阶段，有跟人体一样的生物体入侵，第1阶段是在病害入侵以后，首先在它的细胞壁里面通过细胞入侵，它的多糖会发生变化，这是早期的诊断；第2阶段入侵以后，病毒处于一个潜伏期，潜伏期的时候外表症状看不出来，我们要用一些抗氧化酶指标来进行检测。再往后几个阶段它有一些病斑了，而且病斑比较明显，我们可以用光谱、高光谱成像系统来进行获取，我们用这些技术也进行了柑橘黄龙病的研究，取得了比较好的效果。

今天我们赵院士也介绍了人工智能应用这一块，在农业上我认为病虫害诊断是人工智能最容易应用的一个领域。因为从不同的背景，不同的大小，不同的正面、侧面，我们可以通过深度学习、通过网络上抓取进行自我学习，我们对水稻的8种害虫进行了深度学习，它的准确率可以达到95%。从田间信号获取来说，我们的手机将来无疑是一个非常好的信号获取手段，因为它有很好的通信能力，有很好的成像能力，而且还有一个基准的校正的问题。比如从叶片的冠层层面，通过反射光谱来获取它的信息。这个就讲到美国的 GreenSeeker 公司，它就是属于这一类的仪器。将来发展车载，需要解决的就是阳光的问题，因为自然光源的角度的变化，光强的变化，植物镜面的反射，车载的稳定性等，对稳定获取光谱都是需要解决的问题。

地面还有一个很好的载体就是物联网，它通过把分散的各种信息通过无线传感网络集成起来，如图 2 所示，如果是在温室里面，它可以根据植物的生长需要来控制温室里的设施，如通风、开窗、加温、肥水的管理等，整个是个闭环系统。通信技术的发展，使得我们通过物联网来管控各个地方的设备，不管是温室种的铁皮石斛，还是自然状态下种植的芒果，都可以进行全面的调控。

图 2　温室物联网测控系统

前面张教授也讲到了关于土壤信息的获取，国外现在研究的自动导航汽车就是一个智能性的通用底盘，把要测的仪器像积木一样的放进去，比如张教授讲的土底下的怎么来测？那就把测土壤底下的一个仪器装配到上面，然后自动导航到土壤里面定位的那个地方，到了指定地点把这个机构伸到土里面去，要测多少深度都可以，把这个深度的土量取出来再到仪器里面进行检测。这个机构还可以把这一部分换掉，换成一个除草机的喷洒系统进行除草剂的喷洒，所以它可以做一个通用的底盘来进行不同模块的组合。

讲到智能除草机器人，它的能源完全依靠太阳能，可以在整块田里面行走，碰到哪一个是杂草的话，就把除草剂对准杂草喷射，这样可以节省 90%的除草剂。虽然机器不大，它的下面有两个红外探测器，检测到杂草时喷洒除草剂的系统就会打开喷头，将除草剂喷到杂草上面。智能除草机器人，在温室里它有一个好处，它的行宽、高度都可以根据温室里面植物的需要来自动调节。还有大型的车载式的表型平台。那么土壤这块刚才也说了，土壤现在解决到测养分的问题，近红外光谱是一种手段，其他还有几种车载式的。

第 2 个我讲一下无人机。无人机是一种很好的载体，但无人机我们要用来获取信息的话，它的飞控系统非常重要，像一般喷农药的飞行器它的精度不够，所以我们第 1 是要精确的定位和路径规划，第 2 是要避让障碍物，第 3 是要自动飞行，自助飞行规划路径后，还要根据作物返行飞行。所以我们开发了适合信息获取的飞控系统，因为国外的飞控系统很贵，像加拿大的德国的系统都要十几万，而且对中国也是限制出口的。我们研发的各种获取信息的无人机需要跟地面系统相配合，需要和北斗导航系统结合起来。首先我们在室内的平台上来进行研究，用不同的作物模拟飞机的各种姿态来获取信息，然后我们开发了一个重量为 525 g、400～1 000 nm 间有 25 个成像波段的、与 RGB 波段组合的系统，如图 3 所示。

图 3　机载微光谱成像检测技术

飞机飞上去以后自动规划路径，飞行完成所获取的信息可以做什么呢？可以测生物量是多少，可以预测产量。例如在水稻的不同时期来预测产量，可以测量作物的高度，可以测作物的开花数，例如油菜的开花数。如图 4 所示，就是测了高度、生物量、氮和叶绿素，我们在整个田块一个个标准化的小区里，连续做了三年多的测试，对油菜和水稻每两个礼拜去测一次来获取它们的信息，这样就积累了大量数据进行信息的快速诊断。我们也在宁夏的枸杞园里面进行了信息的获取和应用，并且在应用以后对应的进行无人机的喷药。另外我们还尝试了应用 5G，因为浙江省 5G 发展得比较快，所以我们在跟电信联合，在我们的飞机上装了一个5G的基点，因为大家都知道获取的高光谱信息的数据量非常之大，这样在飞的时候通过5G可以实时的传到下面，我们收到数据马上利用计算机处理，就可以生成这块土壤的养分分布图，并实施决策。将来5G发展以后，在农业上面的应用，我认为还是有非常大的前景。

第3个讲一下怎么把地面和无人机、遥感卫星融合起来。如图5所示，因为遥感卫星现在发展得很快，特别中国的高分卫星发射以后，对农业信息的获取带来了很大的方便，我们怎么把这三者结合起来呢？遥感卫星获取的数据量大、效率高，但是它的分辨率比较低，而地面精度比较高，可以作为矫正，无人机作为一个中间层次，它主动性比较好，把这三者结合起来，可以满足对效率、精度和成本的要求。

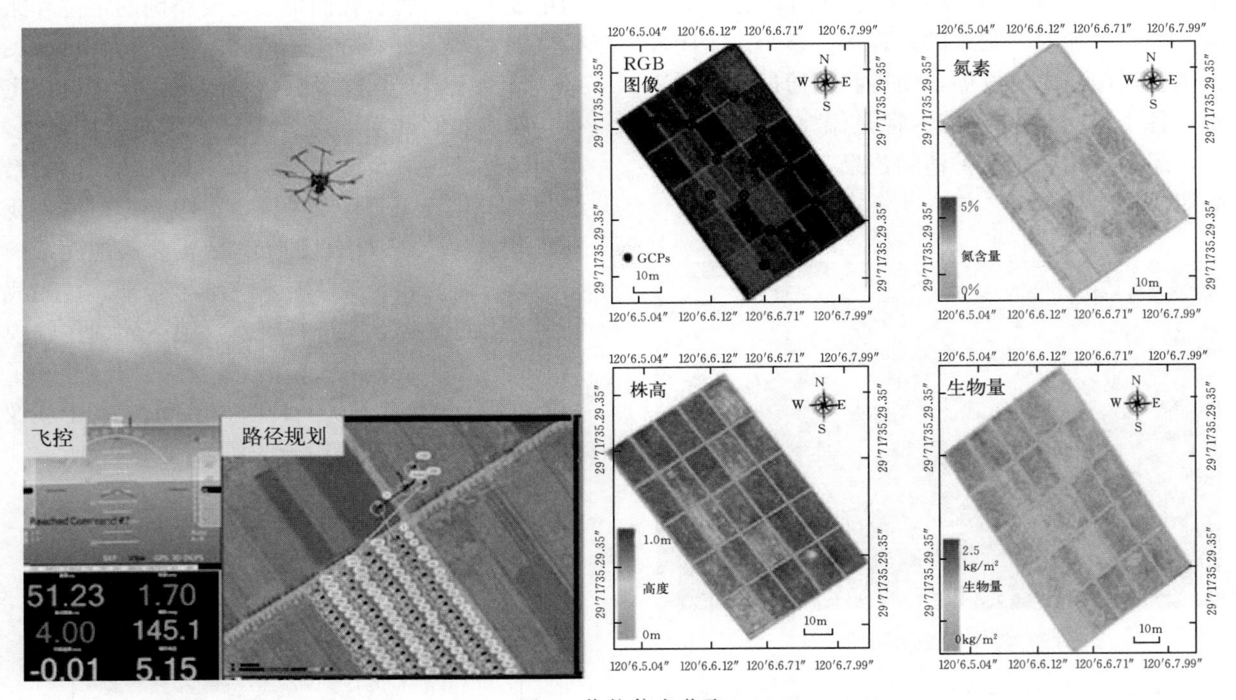

图4　作物信息获取

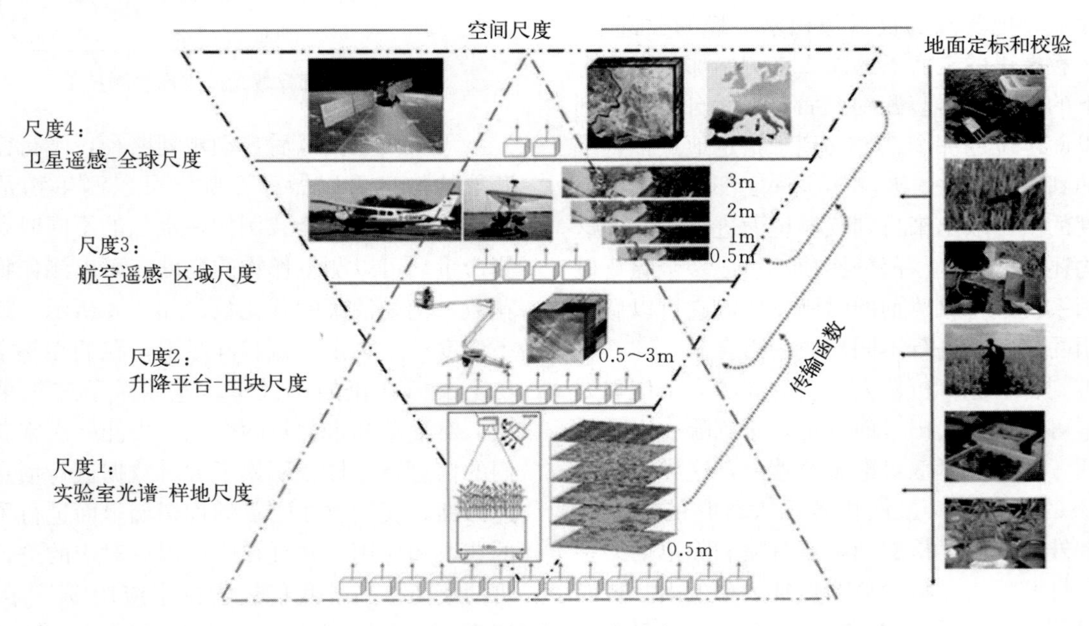

图5　多源信息融合技术

这里主要举两个例子，如图6所示，一个是我们在浙江省实施的全省土壤的水分测试。这个水分测试，利用遥感获取的植被指数的遥感图像和新安江的上水流模型，土壤里面的水从哪里来到哪里去，这个清楚以后，我们进行了空中遥感信息和地面信息的结合，浙江省每平方千米的水分预测原来是16 d预测一次，这几年开始我们可以做到每天预测一次，分辨率原来是每千米只有32个点，现在整个浙江省的土壤都可以做到全覆盖水分预测预报，这个都已经实际在应用了，还可以应用于抗灾，比如台风来的时候进行预测。

另一个像信息中心赵院士的团队做的，把遥感信息和地面信息结合起来，通过机理模型的结合，一是提高了分辨率，本来的分辨率是1 km，现在通过融合以后达到了30 m的分辨率，如果再把高分数据用上去，它的分辨率还会大大的提高。另外一个作用，本来一般的遥感信息只能是植物表层的反演，现在通过结合以后，可以到表层中间和下层的养分进行获取。另外我们还做了病虫害大数据的获取，病虫害的发生发展，它有一个外界的条件，好比我们人的流行病在春天和秋天容易发生，病虫害在一定的温度和适宜的湿度下很容易暴发。通过历史的大数据建模再结合实测数据，它的预测精度可以提高15%左右，这就是人工智能在这些方面的应用。所以我们把地面测量的信息、无人机的信息、遥感的信息这三者的优势结合起来，降低了成本提高了精度，还能满足作物在不同生长时期对信息获取的要求。

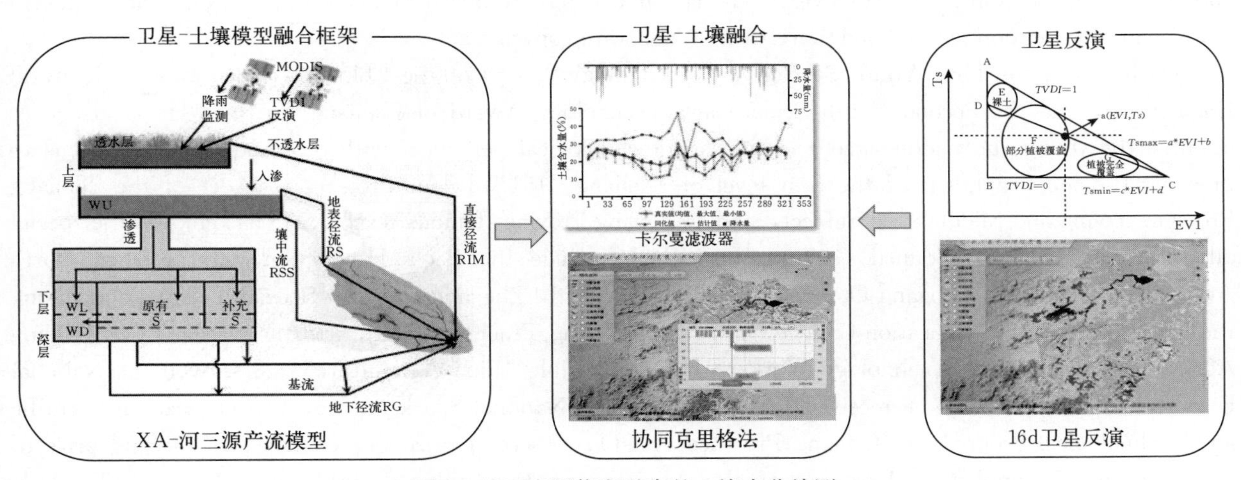

图6 基于多源信息融合的土壤水分检测

何勇 浙江慈溪市人，中共党员。博士、教授、博导，浙江大学求是特聘教授，现任浙江大学数字农业与农村信息化研究中心常务副主任。

主要从事数字农业与精细农业、农业物联网技术、农业机械装备智能化检测与节能、管理信息系统与专家系统等方面的科研和教学工作。主持国家863计划、国家自然科学基金、国家支撑计划及省部级重点科研项目50余项。发表论文380余篇，SCI收录160余篇，其中一篇论文入选ESI近10年农业科学高被引论文，另一篇论文入选ESI近两年55篇Hot Papers in Agricultural Sciences之一。出版著作和教材10多本，主编国家十五、十一五规划教材各1本。获发明专利30多项、软件著作权20多项。

获首届中国农业工程学会青年科技奖、浙江省第二届青年科技奖、浙江省突出贡献的中青年科技人员、浙江省151人才工程第一层次、浙江省中青年学科带头人、浙江省教学名师，享受国务院政府特殊津贴，获包氏基金、竺可桢北美基金、宝钢优秀教师奖、浙江省人才专项基金、第四届教育部高校优秀青年教师奖，全国优秀农业科技工作者。负责的“精细农业”课程荣获国家精品课程。获国家星火奖三等奖1项，浙江省科技进步一等奖2项（主持）、二等奖9项（主持7项）、教育部科学科技进步二等奖1项，国家教学成果一等奖1项、省教学成果奖一等奖1项、二等奖2项。

Yong He, who has born in Cixi, Zhejiang, is a member of the Communist Party of China. He is titled as PhD, professor, PhD Student Supervisor, and Zhejiang University Special Distinguished Professor, and is currently the Deputy Director of the Digital Agriculture and Rural Informatization Research Center of Zhejiang University.

He mainly engaged in scientific research and teaching of digital agriculture and precision agriculture, agricultural internet of things technology, intelligent detection and energy saving of agricultural machinery and equipment, management information systems and expert systems. He has presided over more than 50 projects like the National 863 Program, the National Natural Science Foundation, the National key Technology Support Program, and provincials and ministerial key scientific research projects. He has published more than 380 papers which SCI included more than 160 papers. One of paper was selected as one of ESI's highly cited papers in agricultural science in the recent 10 years, and another was selected as one of 55 ESI's Hot Papers in Agricultural Sciences in the last two years. He has published more than 10 books and textbooks, and obtained more than 30 invention patents and more than 20 software copyrights.

He has won the First Youth Science and Technology Award of the Chinese Academy of Agricultural Engineering, and the Second Youth Science and Technology Award of Zhejiang Province. He is also a of scientist the young and middle-aged scientific and technological personnel with outstanding contributions to Zhejiang Province, a talent of the first level of Zhejiang "151" Talent Project, a leader of the Zhejiang Province Young and Middle-aged Subject, and a Zhejiang Province famous teacher. He has enjoyed the special allowance of the State Council Government, which include the Bao's Foundation, Zhu Kezhen North American Foundation, Baogang Outstanding Teacher Award, Zhejiang Province Special Talent Foundation, the Fourth Ministry of Education College Outstanding Young Teacher Award, and the National Outstanding Agricultural Science and Technology Workers. His responsible "Fine Agriculture" course won the National Excellent Course. Besides, he received 1 third prize of the National Spark Award, 2 first prize of Scientific and Technological Progress in Zhejiang Province (host), 9 second prize (seven host), 1 second prize of Scientific and Technological Progress of the Ministry of Education, 1 first class National Teaching Achievement award, 1 first prize and 2 second prize of Provincial Teaching Achievement Award.

Precise Fertilizer Application for Maize Sowing

Till Meinel

(Technical University Dresden, Germany)

The project is funded from the Ministry of Food and Agriculture in Germany. Here's some information for the project. It includes two partners. One is the application of 30 university kolon and another is the company cabinet. There are four important points that going to be introduced. The first point is field trials. The second topic is the state of the art. The 3rd topic is requirement. In the last topic is about solutions and results. So the subject was included two goals. The first goal was to create a new approach. With the new approach, something better could be done. For example, earnings. Based on the new approach, people must be develop new machinery for the new approach in order to make the procedure more efficient. In Germany, people use the normally technology, meaning the farmer places fertilized bends below the seat. There are very much fertilized between two seats. But there are a lot of doubts of whether the fertilizer can be storage. To answer the question, the plants must be invested. It must investigate the root of the plans. After heavily investigations, it can see the root of a mace has a radius maybe 7～8cm, and the length of the road in the vertical direction is 5 cm. So the projection area along the road can be calculated. Here conclusion has been made: when the fertilizer are out of the projection area, then the fertilizers can be transferred to the body of the plants. So the fertilize between the both phase things can be saved (Figure 1) .

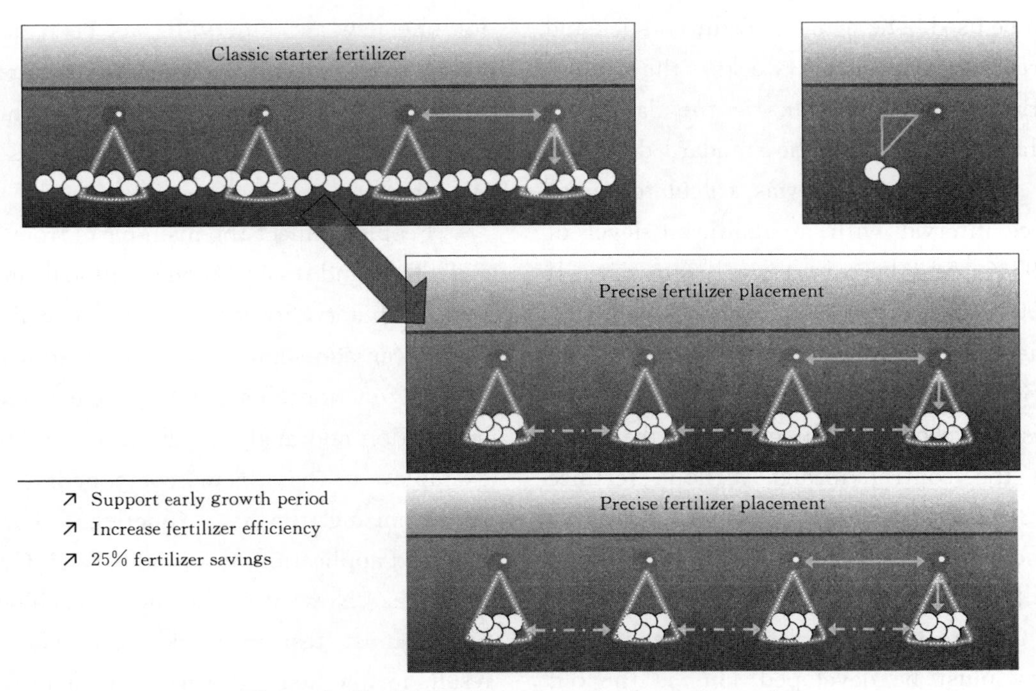

Figure 1 Precise fertilizer placement for maize sowing

But what will happen when fertilize is saved? This is another assumption (Figure 2). It will gain some benefits when doing this. For example, support early growth period or increase fertilizer efficiencies and so on. So there are some experiments. Three locations have been chosen in our best fields and these are the pyramids of the experiments. Use the pyramids it can make an experiment table based upon the design of experiment. And for this example, this is mathematical problem. When using the metrics, influence of different soil effects are wish to be avoided.

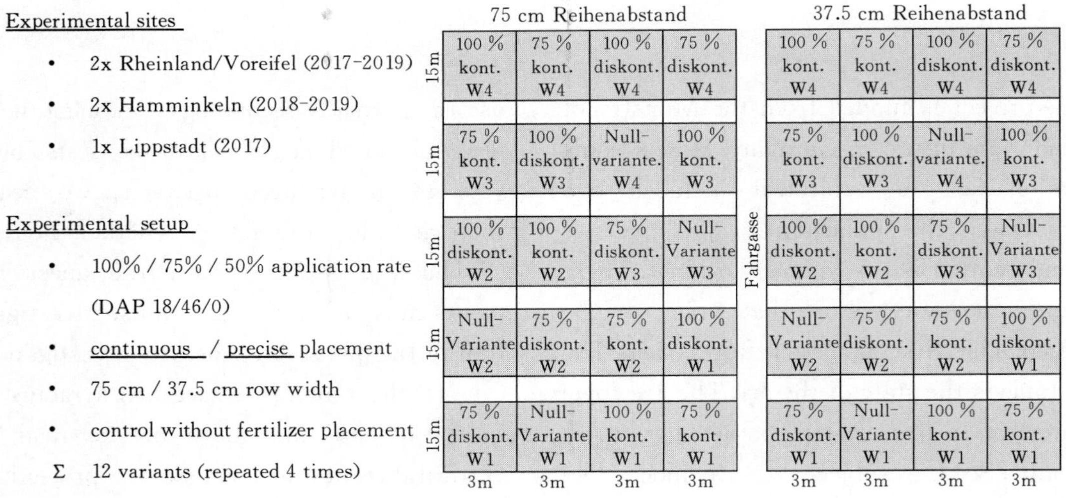

Experimental sites

- 2x Rheinland/Voreifel (2017-2019)
- 2x Hamminkeln (2018-2019)
- 1x Lippstadt (2017)

Experimental setup

- 100% / 75% / 50% application rate (DAP 18/46/0)
- continuous / precise placement
- 75 cm / 37.5 cm row width
- control without fertilizer placement

Σ 12 variants (repeated 4 times)

75 cm Reihenabstand

	3m	3m	3m	3m
15m	100 % kont. W4	75 % kont. W4	100 % diskont. W4	75 % diskont. W4
15m	75 % kont. W3	100 % diskont. W3	Null-variante. W4	100 % kont. W3
15m	100 % diskont. W2	100 % kont. W2	75 % diskont. W3	Null-Variante W3
15m	Null-Variante W2	75 % diskont. W2	75 % kont. W2	100 % diskont. W1
15m	75 % diskont. W1	Null-Variante W1	100 % kont. W1	75 % kont. W1

Fahrgasse

37.5 cm Reihenabstand

3m	3m	3m	3m
100 % kont. W4	75 % kont. W4	100 % diskont. W4	75 % diskont. W4
75 % kont. W3	100 % diskont. W3	Null-variante. W4	100 % kont. W3
100 % diskont. W2	100 % kont. W2	75 % diskont. W3	Null-Variante W3
Null-Variante W2	75 % diskont. W2	75 % kont. W2	100 % diskont. W1
75 % diskont. W1	Null-Variante W1	100 % kont. W1	75 % kont. W1

Figure 2 Investigation of Hypothesis

These are the experiments, and the approaches will be explained. In the first week, the route 1 and 4 are not being used. Then in the second step in row 1 and 4 had been moved away. Now it can be marked the position for the future, and the stick can be used. The name is fertilized stick and food fertilized. After some weeks, the results show. But what's important is the data here shows the error bar with the standard deviation (Figure 3). Every data was calculated with confidence interval with a significant level of 94%～95%. And here is a small surprise: If using 100% continues, application is not that best variant. There is another post variance, 75% and 100% are better.

These are photos for the growth to the plants showing the control means without fertilize (Figure 3). Now it shows this new approach is very good. There are some benefits like 44%; there will be 25% savings and becoming more efficient (Figure 3). With a new approach, new machinery must be developed. This is the old vision it shows distance decentralized the cuts. For example, the fertilized tank. This is a mention a names optimum Hardy front of company Campbell, and this was the 100% continuous applications. Now this is recommended for one new machinery. It has been decided to make an analysis of the function structures of the measuring. And it separates the machinery in subsystems. And every subsystem has a main function.

People connect the main parts from function together, and it can become a global function of the machinery. So it can tell in which point people can add some components and it can have all new functions. This shows the new competent in function and analysis (Figure 4). Here, for example, it has new components and for synchronizing the two functions, fertilization and seed application. It has added a PLC with the program. Now it's the new machinery. And people must test in workbench. Here are the results for the first test bench taste and the test is a

Figure 3 Photo and data results of plant growth from 2017 to 2018

key applicant which can work frequency. It can be seen that the seat line in the past the feed line in the same position with the fertilized (Figure 5) .

It added some new components. For example, the herd of the new measure is active electrical control. Now this bill to show people have worked very hard in the farmer to test is not very important. And this is the result. All in all, the seed laying the same line of the fertilizer in the interviewees a direction the meaning people have success on the project here.

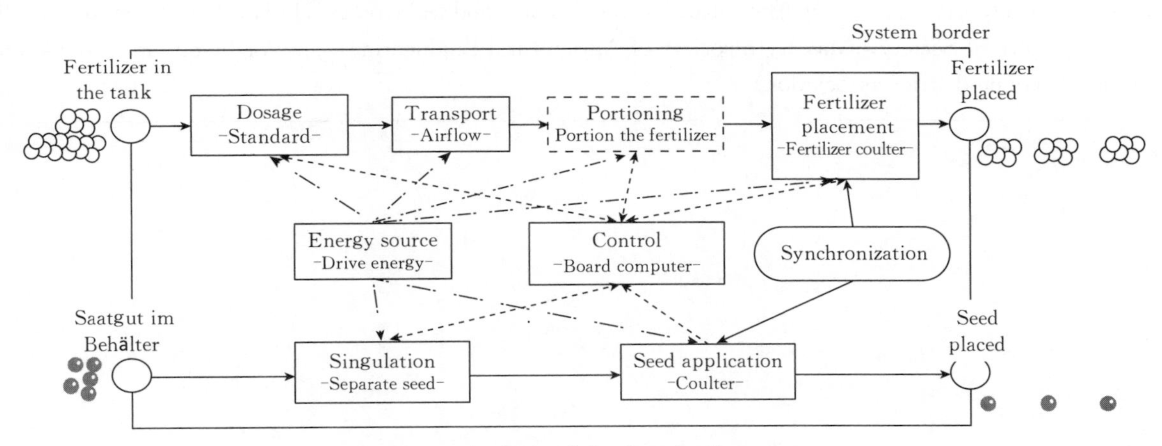

Figure 4 Analysis of the functional structure

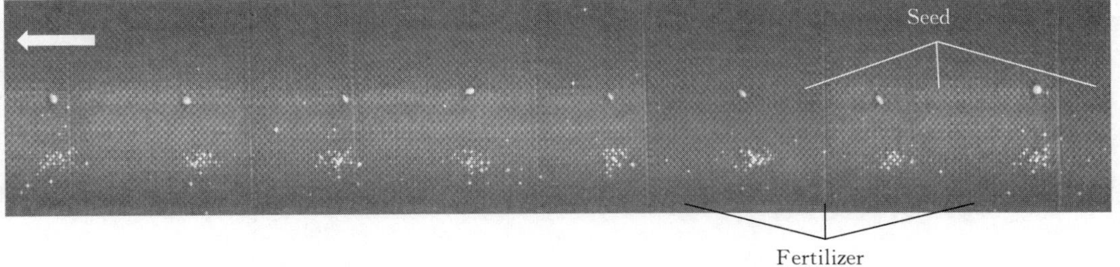

Figure 5 The technical solution—Synchronization

Till Meinel 自2009年起成为德国科隆应用科学大学农业工程与设计教授。在他的职业生涯中，1991—1998年担任设计工程师和技术编辑，1999—2009年在Kverneland Group Soest GmbH担任研发经理。此后，在2010—2016年任农业工程与可再生能源研究所所长，领导离散元法、能源作物收获、土壤耕作和播种机械等领域的研究项目，同时是Duesseldorf高校的客座讲师。

1992年，他发表了博士论文《木薯茎部刀具的优化设计》。1987—1991年在Karl-Marx University Leipzig、热带和亚热带农业研究所，完成了热带根茎作物收获专业的研究生项目。他是DLG德国农业协会的董事会成员，Max Eyth农业工程学会董事会成员，同时还是VDI德国工程师协会的科隆地区协会理事。

Till Meinel has been the professor for Agricultural Engineering and Design at Cologne University of Applied Sciences since 2009. In his professional experience, he was the design engineer and technical editor from 1991 to 1998; from 1999 to 2009, he became an associate researcher at the Manager Research & Development of Kverneland Group Soest GmbH. After that, he was the managing director of the Institute of Agricultural Engineering and Renewable Energies from 2010 to 2016. At the same period, he was also the leadership of research projects in the areas of Discrete Element Method, Harvest of Energy Crops, Soil Cultivation and Seeding Machinery, and a visiting lecturer at Hochschule Duesseldorf, UAS.

At 1992, he published the doctoral thesis *Optimum Design of Tools for Knife-cutting of Cassava Stems*. From 1987 to 1991, he finished postgraduate studies in Harvest of Tropical Root Crops in Karl-Marx University Leipzig, the Institute of Agriculture in the Tropics and Subtropics. He is a board member of DLG German Agricultural Society, Max Eyth society of Agricultural Engineering, and VDI German Association of Engineers (Cologne district association).

智慧农业中的土壤和作物传感器

李民赞

（中国农业大学，北京）

今天汇报的内容主要分 5 个部分：精细农业和智慧农业、土壤传感器方面的进展、作物传感器方面的进展、智慧温室方面的应用，最后以智慧农业比较好的英国和日本为例，介绍国外的传感器在智慧农业中的应用。精细农业距今有 20 多年的历史，它主要有 3 个环节：信息获取、信息处理决策以及变量作业。随着信息技术的发展，新的技术也为精细农业带来了变化，如大家耳熟能详的物联网、移动互联、大数据、云计算、农业机器人，还有人工智能等。

在农业生产过程中，需要利用这些大数据来支持精细农业，目前已经开始了基于云计算的精细农业管理、农机管理方面的研究。还有机器人，今天很多专家也讲到了。如图 1 所示，第 1 个是草莓收获机器人，这个机器人现在看来效率比较低，收获比较慢，但是它有它的作用。在收获的同时，传感器可以获得食品信息、农产品的信息，以前我们讲吃得要饱，或者吃得要好，最后吃得要安全，现在我们吃得要有信息。

图 1　草莓采摘机器人（Prof. Kondo 提供）

上午李德毅院士介绍了自主导航汽车，农业机械不仅可以自主导航完成作业，而且它可以全自主地回到机库，如图 2 所示，是 Noguchi 教授他们的研究成果。现在还有一个新兴的基于信息技术发展带来的新农具，就是大家手里拿着的手机。也就说信息技术、移动互联技术的发展，也为精细农业带来了新的变化，我们有了威力强大的新型农机。

图 2　自主导航拖拉机（Prof. Noguchi 提供）

概括一下，以前我们说到的是精细农业的 1.0 版本，后来有了物联网、有了大数据、有了云计算、有了机器人，这个是经常讲的精细农业的 2.0 版本，或者我们有另外一个名字叫智慧农业。在现代信息技术发展引领下，精细农业有了更强大的信息获取手段，包括无人机的应用。以前主要是靠计算机来实现信息处理和实现作业处方的生成，现在有了大数据，有了云计算。以前主要是靠自动农业机械来完成变量作业，现在有了农业机器人，有了各种各样的智能农机装备。因此，在新时代对农业传感器有了新的要求，第 1 个是要有更高的精度，更高的可靠性；第 2 个，传感器要有无线传感网络，有适应物联网发展的功能；第 3 个新的传感器要能够适应大数据和云计算的功能，要能够直接和云服务系统连在一起；第 4 个是要多信息数据融合，多传感器融合；第 5 个我觉得也很重要，开发的传感器要尽量的能够直接用在手机上。现在手机诊断作物的、植物的品种已经很容易，将来手机会有更多的功能，让农业传感器和手机配套。

在这个背景下，我们团队的研究也有了长足进展，这些土壤传感器是我们团队以前研究开发的。一个是转盘式的土壤氮素便携传感器，通过分析之后获得了土壤氮素的敏感频率，转盘上放置不同的LED，都是单波段的LED，通过转动圆盘可以获取土壤的全氮含量。这一个是固定式的土壤氮素传感器，在圆盘上事先放好6个或者7个单波长的LED，最后通过中间的敏感元件获得信息来分析土壤氮素含量。由于LED的功率比较小，使得测量的精度很难保证，现在有了海洋公司新开发的钨灯，它的功率很强，我们团队基于这种钨灯开发一款新型传感器。利用主光纤把光源引导在地底下，后边连接有六、七根反射光纤把地面土壤生成的反射光收集回来，然后通过滤光片、敏感元件，以及嵌入模型给出土壤氮素的含量。这款新研发的便携式仪器精度有了明显的提高。我做博士的时候在导师指导下研发了一个车载式的土壤氮素监测系统，但它的核心是用一个光谱仪来测量，尽管它可以连续进行光谱监测但是价钱很贵，尽管也商品化了但买得人不多。我们团队之前就做过车载式的土壤氮素监测系统，也是用LED做光源，测量精度受到限制。现在我们团队把刚才说的光纤的方法结合进来，也用钨灯做光源，钨灯通过光纤传到底板之后，通过底板的俯视图可以看到中间是光源，周围一圈就是滤光片，反射光纤可以取消从而增加精度，整个系统装在机器上之后就可以测量，出来的效果也比较好。以上是我们团队在土壤氮素传感器方面的进展。

在作物方面，我们团队研究了一种带有无线传输网络，然后利用滤光片和传感器来测量作物的冠层反射而进行监测的仪器。这个仪器也采用了无线传感器网络和车载式设计，通过这样测量之后，就可以生成一块地的NDVI分布图，进而给出变量施肥的处方。进一步根据是无人机和电子技术的发展，进一步改进了作物传感器。首先仪器做的更小巧了，也是6个波段，它是以光学为主的一个仪器。另外研发了4个镜头的多光谱照相机，可以获得RGB、红边和两个近红外波段等6个波段的图像。整个仪器主要是搭载在无人机上，通过无人机来获取冠层反射，同时它具有云功能，测量数据可以直接传到云端，通过云端的程序给出分析结果，再反馈给用户或者反馈给数据库。以这些成果为基础，我们提出来一个叫做半实时的精准施肥系统，如图3所示，以前是先测量形成处方图，现在是用无人机测量冠层之后，它可以立即把信息传到云端进行分析，云端生成的作业处方图，再通过云服务传给拖拉机，拖拉机大概等侯2～3 min之后，就能得到一块地的分布图，它的实时性好还比以传感器为主的变量施肥系统造价要低。

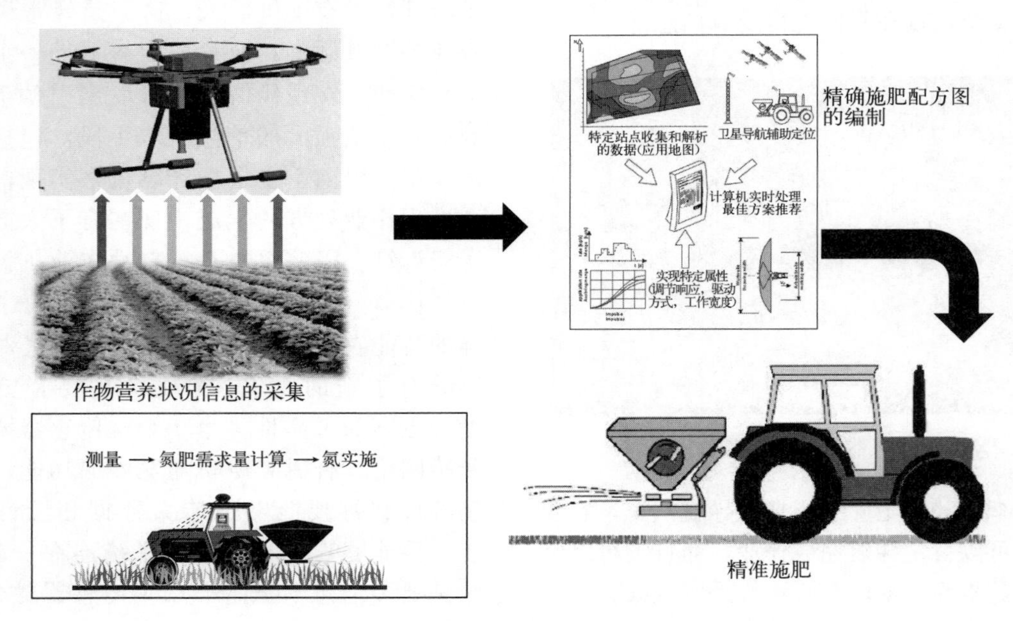

图3 半实时精准施肥系统

我们团队还另外开发了一种新的传感器，是借助于电子技术的发展，用RGB摄像头和一个芯片作为采集装置。1个芯片就可以同时获得6个波段的反射率，不需要再做光学系统了。在这基础上开发了一种非常小巧的传感器，借助于中国人非常爱用的自拍杆可以方便地完成测量。如图4所示，测量时不用去按机器上的按钮，直接按下自拍杆的按钮就可以点测量。

图4　便携式作物传感器

如图5所示，是这款新型作物传感器的测量参数和测量指标，这个系统我们已经在田间做了大量的实验，在东北和南方应用效果都很好。

另外我们以自己研发的仪器为基础，开发了基于传感器的实时变量施肥系统，在拖拉机前面搭载传感器进行田间作业，因为新的传感器有图像信息，可以把作物从背景里面分离出来，最后可以直接计算作物的植被指数，避免了土壤背景的干扰，精度大大提高。另外这套系统也用到了颗粒肥料的变量施肥机上，也在田间做过很多实验。我们团队也开展了表型方面的研究，利用自己开发的表型系统来测量，主要是以田间的玉米为主。比如可以通过顶视图的图像来分析作物的高度，达到了相当高的精度。

探测器	波段	610 nm、680 nm、730 nm、760 nm、810 nm、860 nm
	带宽(FWHM)	20 nm
	图像	RGB
	图像大小	160×120
	内存	16G
	体积	80 mm×48 mm×50 mm
电池	电压	3.7 V
	容量	1 000 mAh
	类型	可充电锂电池
操纵杆	接口	3.5 mm

可测指标
1.VI：不同波长组合的NDVI、RVI、SAVI
2. 植被覆盖率：C%
3. 其他增长指标

图5　新型作物传感器测量范围与参数

这是关于温室的研究，如图6所示，我们实验室和希腊雅典农业大学教授开展了合作研究，研究的原则是用信息技术改造传统的日光温室，主要是研发了基于传感器的精准水肥一体化系统。这套系统可以测量环境参数、作物生长参数，然后调节氮磷钾的肥料比例，系统里面的模型也都是雅典农业大学Nick教授研究的成果。另外我们实验室也在开展基于传感器的温室二氧化碳浓度调控研究。

最后是国外智慧农业的两个例子，一个是英国的“Hands Free Hectare”项目，我们中国翻译成无人农场，我觉得叫全自动农场更合适一点。他们从整地开始就是无人机器进行整理，然后施肥、播种都是无人作业机器人来完成。等到种植的作物发芽，再一次利用无人机除草和喷药，以及利用无人机来获取植物的生长信息，生成生长信息分布图，最后利用协同作业的无人机器来实现收获。在日本也有一个智慧农业的示范农场，日语叫一气贯通，意思就是所有的作业都是机械化，全面展示了 6 个技术：第 1 个是远程控制的自动自主农业机械，第 2 个是基于无人机遥感的精准施肥、精准施药，第 3 个是适用于智慧农业的土地整理，第 4 个是基于 ICT 的农田水利管理，第 5 个是智能手机在农业中的应用，第 6 个是大数据的应用和共享。它把这些新技术在示范农场进行集成应用，效果非常好。

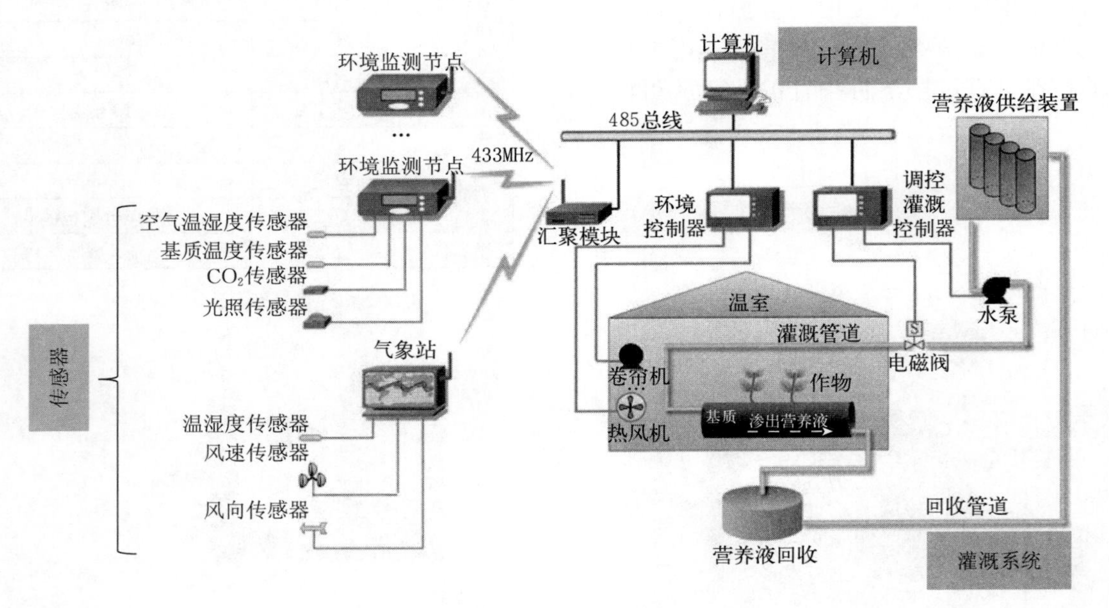

图 6　温室耕作系统

李民赞　中国农业大学精细农业专业教授，现代精细农业系统集成研究教育部重点实验室主任。2000 年获得日本东京农工大学农业工程学博士学位。发表期刊论文 200 多篇，申请农业信息学和光谱学领域专利 20 多项。他是 CSAM（中国农业机械学会）基础技术委员会的副主席，也是 CSAE（中国农业工程学会）农业航空委员会的副主席。他目前的研究领域包括精细农业，智能农业，光谱学应用，农业信息学，农业物联网。

Minzan Li is a professor from China Agricultural University on precision agriculture, and the director of the key laboratory on precision agriculture, Ministry of Education, China. He received his PhD degree in 2000 in agricultural engineering from Tokyo University of Agriculture and Technology, Japan. He has published more than 200 papers and filed more than 20 patents in agricultural informatics and spectroscopy. He is a vice-chairman of the Committee of Basic Technologies, CSAM (Chinese Society for Agricultural Machinery) and a vice-chairman of the Committee of Agricultural Aviation, CSAE (Chinese Society of Agricultural Engineering) . His current research interests include precision agriculture, smart agriculture, application of spectroscopy, agricultural informatics, agricultural IoT.

Data for Better Agrifood Chain: From Field to Consumer

Jose Luis Molina Zamora

(Grupo Hispatec IE, S A, Spain)

First of all, there's an introducing of the company of mine which is focused on software solutions for agricultural food industry. The company had been working for 30 years in generating software for this sector. So the company has been working for more than 400 organizations with companies and competitors. Then it has more than a hundred experts in software and data analytics in precision farming which working in five countries in Spain, Morocco, Chile, Peru, and Mexico. It has been working with external partners and more than happy to work with new partners in China. Customers they make more than 10 billion euros in agricultural and food production, especially as mentioning in fruits and vegetables and working with multi market segment solutions with many of the technologies that people has been seen here.

So the topic will be slightly different to others because quite a lot technology has been seen up to this moment and it's time to discuss how to implement this technology in real world and real life. So people have to think in the future and how to get closer to the future as well. First of all, identifying the challenges has been done during the different sessions. There are three main challenges in this sector that are previously to understand. The first of all is feeding the world and this is not only a matter of quantity. Instead, the main challenge is much more in quality. In the year 2000 where there were two hundred fifty million people with an income of higher than sixteen thousand dollars per year to where with more than two billion people with that level of income. And the level of income means people eating whatever they want whenever they want, like fish meat, fruits, and vegetables. So apart from very basic things which is giving food to everybody has been done. But then people need to be given better food to everybody and the importance to protect the environment cannot be neglected. People cannot make all kinds of food production at whatever cost because there is only one planet. And third is it has to be profitable. So apart from having very nice machines and nice technology they need to make these three things at a time. Some trends impacting in the early food industry is that in the product demand people want to produce healthy products. They want to make consumers pleasant and they need to bring some identity factors to consumers. Then the company has a very clear globalization process where they see big trade of food products all over the world, especially in the fruits and vegetables. There has been a huge change in the last 20 or 30 years when people exchanged quite a lot of fruits and vegetables all over the world.

This is one of the most intense sectors in terms of energy consumption especially when people go to a mechanized world and the energy world is changing quite a lot. So this is going to impact in the future then it needs to be sustainable. Social sustainability is in all the agendas. Traceability is a key point from all points of view then it needs to be transparent to our consumers. Genetics are progressing quite heavily and then automation and more examples today. Automation is progressing quite fast then from the point of view of ICT technologies. So there are a number of technologies that are impacting heavily as well in agriculture food sector. So the company has internet of things, the graphical information system, image processing technologies, cloud technologies, gamification measuring devices, and mobile technologies that are all over the world which has impact of changing everything. So it also has big data technology, artificial intelligence and machine learning. It has real time technologies impacting in the processes and it is very important they have user experience methodologies and technologies that make it easier of using technology for the farmers and for cooperatives. So internet connectivity and bandwidth is pretty important. It's really a pity that 5G, which everybody is talking about, it is not thinking in full integrating satellite in such a way that people could bring a message of hundreds percent coverage all over the world. So by the time people have to live in a world where they have places with bandwidth and some other without internet. Then ICT solutions they have to be really specializing in the agro sector. It has to be robust mature user oriented; they have to be affordable and they have to be focused on the business. So it's not worth to bring any kind of technology from some other sectors and trying to land in this sector because this is very special sector which need to be deeply acknowledged.

It's very important to have reliable technical support and proximity partners. That's one of the reasons why the company works in different geography's with different partners and it wants to be local everywhere. Farming is an industry that is always related to geography, region, and the country. It has to keep in mind that always the production and distribution chain integration from the farm and up to the consumer. So it can't be forgotten that this is something to feed people and this is not something just to produce a higher profit. So it is always focus on producing a higher deal. Please always keep in mind the full chain from the farm to the consumer. It requires some certain regulatory support from the point of view of transparency, data ownership, balance value chain in such a way that the farmers they can have a good way of life making money out of this activity, and the consumers have a nice products. But if people want to make this a reality they need to think in human capital digital skills, analytic culture or word for impact. This digital revolution means deciding based on another data and analysis. So otherwise where deciding intuitively that is pretty frequent in this sector so still people need to change that. At the end of the day they need to think always in social and economic benefits. There are a couple of key drivers for adoption of these technologies. One of them is cost control and profitability. So that is one very important reason why the farmers or the cooperatives or companies they adopt these new technologies. Second one that they will mention is quality and transparency consumer demand. So basically people need to provide higher quality for the consumers with more transparency and this is really related with data. Also human capital needs to take into account.

This is something that it is using successfully as a couple of key roles. One of them is the agronomist has to be a key professional helping for farmers to introduce all these technologies in a practical way. Second one is highly food elevators so the comparatives companies that have to help the farmer as the economies to make it happen. And in the middle of all, farmer is absolutely the key in this process. So basically people find here the new farmer role that is someone really focuses on performance orchestration to the consumer point of view and back in such a way that it can be seen that data flowing from the farm to the consumer and the other way around. That's absolutely the key for the future. Next, there are some differences in adoption and speed of these technologies. So it is normally faster in food industry processes. It requires much more capital, so the industry is focusing on agricultural food in big firms. Like some customers are the biggest avocado producer in the world or the biggest blueberry producer in the world or extra virgin olive oil producer in the world. But the real challenge is to bring these technologies to small farms to a small comparative. There is where it is more difficult if the company achieve some kind of integrated chain, linking production to quality labels when producing higher value products in principle products normally this is faster. And it is a much more giant sector whenever it needs tractability or transparency, or whenever it has global products trade. So exports imports, it's the level of the need of technologies higher enroll products in highly mechanized automated farming postharvest processes.

Whenever the people managing this has the right digital skills and the other way around for lower speed adoption. But here is a question: in agriculture both micro and macro level do people take the decisions based on accurate data analysis? This is what the company is doing today. So think seriously about that how close people are from precision agriculture paradigm in terms of practical terms. In this paradigm how much do people fully understand the implications and benefits of this new digital technology and the sizing of those implications? And then are they using or promoting digitalization towards social goals? That's pretty important that people think in that aspect then how can the company benefits both consumer and farmer? Those are the two extremes in supply chain through digitalization in the food chain. And then last is which should be the government a role in this digitalization in the arrow sector.

Jose Luis Molina Zamora 农业领域ICT解决方案方面领先的西班牙公司（Hispatec）的董事长兼首席执行官。他的专业经验长达25年，在ICT和业务转型领域的不同管理职位上为多家公司服务，包括埃森哲、Cap Gemini、Globeflow、Kewill Systems、Matchmind和Telvent。Jose Luis Molina Zamora还是一家国家技术企业组织——智慧农业集团AMETIC主席，他同时担任以分析、人工智能和大数据领域领先的商学院（MBIT学校）的董事会成员；此外，他还是大数据和分析咨询公司Tinamica的董事会成员。他在马德里理工大学学习农业工程，并在伦敦商学院、乔治敦大学和西班牙IE商学院等商学院和大学学习了多个高级管理课程。

Jose Luis Molina Zamora is Chairman & CEO of Hispatec, a leading Spanish company in ICT solutions for the agro sector. His professional experience spans more than 25 years of working in different management positions in the area of ICT and business transformation for various companies, including Accenture, Cap Gemini, Globeflow, Kewill Systems, Matchmind and Telvent. Jose Luis Molina Zamora is also Chair of Smart Agro Group in AMETIC, a national technology enterprise organization; Board Member at MBIT School, a leading business school of analytics, AI and big data; and Board Member at Tinamica, a big data and analytics consulting firm. He studied agricultural engineering at the Universidad Politecnica de Madrid, and involved in several advanced management programs at different business schools and universities, including London Business School, the Georgetown University and the IE Business School in Spain.

动物行为分析研究与应用

李　森

（中国科学院合肥智能机械研究所，安徽合肥）

本文内容主要分为5个部分，第1个是介绍一下我们国家畜禽养殖目前的基本状况；第2个是介绍我们基于视频的奶牛的体况评分的研究；第3个是介绍胡蜂在蜜蜂群中的基于视频的胡蜂攻击检测；第4个是汇报一下我们对动物行为分析研究的一些思考和所面临的挑战；第5个是汇报一下我们目前具备的公共资源，希望能够得到更好地利用。

第1个介绍目前我国的畜禽情况，分为三个部分：一是我国畜禽的整体状态；二是畜禽的一些行为是什么样的表现状态；三是关于我们无损检测方面所能够帮助解决的一些问题。根据动物学的分类，我国的鸡、鸭、兔、牛、马、羊等，大概有30多个养殖种类，会涉及250多种不同的传染病、非传染病、寄生虫以及生殖过程当中的一些疾病，这些疾病有700多种的表现形式，这是目前动物行为的一些基本状况。

2010年，中国政府提出推进规模化养殖，计划经过4～5年的时间，规模化养殖从44%上升到52%，因为前期有很多基础，预计在未来两年，规模化养殖将能够达到80%。随之而来的是一些问题，比如疫病的快速传播问题，如果一头畜禽生病了会在12 h内迅速传遍整个的群；还有就是养殖人员的成本，在新疆，聘请一个专业的养殖人员管理1 000头牛或者500头猪，每年要花费10万元，而且技术人员的缺口是非常大的。

目前我国80%的规模化畜禽养殖场，都是通过人工的观察和一些植入式的方式来获取畜禽行为的一些信息，这里就会产生一些应激问题和人工成本增加的问题。何勇教授也为此专门发表了文章，对整个无损检测和目前的一些检测状态进行了调研。文章告诉我们，无损检测可以帮助我们降低人工成本，也可以降低动物的应激反应，提高养殖效率。无损检测设备包括语音的、视频的、红外的和传感器，它可以监测动物的声音、行为、动作和体温等。我们利用计算机无损检测，来跟踪动物的轨迹，并对它的行为进行判断。

动物行为包括大声鸣叫、爬墙、离群索居，还有它的表情、眼睛会没神，还有它的羽毛会很脏，这些都是它外在的一些表现。有些动物会发生鸣叫，会发出一些尖锐的咳嗽的声音，还有动物的一些体态和温度，这些都是计算机无损检测能够监测到的一些情况。

第2个是基于视频的关于牛的体况评分。这部分工作主要是分为4个部分，即系统设计、数据选择、模型训练和计算方法。首先就是牛的体况评分，这是在1984年提出来的，简称叫做BCS，它是通过查看图片的方式来分析牛的脂肪的储存和能量的平衡，通过这样方式分析它的营养状况。这里主要观察的是牛的脊椎、牛的尾部和牛的肋骨，这三个是我们重点要观测的地方。通过视频的方式来找到不合格的牛，如这些牛太胖了，不要给他吃很多东西；牛太瘦了，要对他加强营养。如图1所示，整个BCS是5分制，1表示最弱的，3～4表示比较好的，5就是比较胖的。在这里我们是基于深度学习数据集来进行评分的。我们有459 000个数据来进行分析，其中公共数据就占了449 000多，还有我们自己做的标注数据，是我们对牛屁股拍摄得到的真实数据，经过标注的2 000多个数据来源于800多头牛，其中分为训练集和测试集。在449 000的公共数据集里面，我们是从ImageNet、The Oxford-IIIT Pet Dataset、Animal Image Dataset、Animal、Hacker earth beginner DL Challenge dataset等5个数据库里提取的数据进行训练的，其中ImageNet的贡献是比较大的。在这个训练当中，我们需要考虑选择用什么方法，哪一种方法能够解决我们的问题，因为我们知道深度学习有很多种方法。

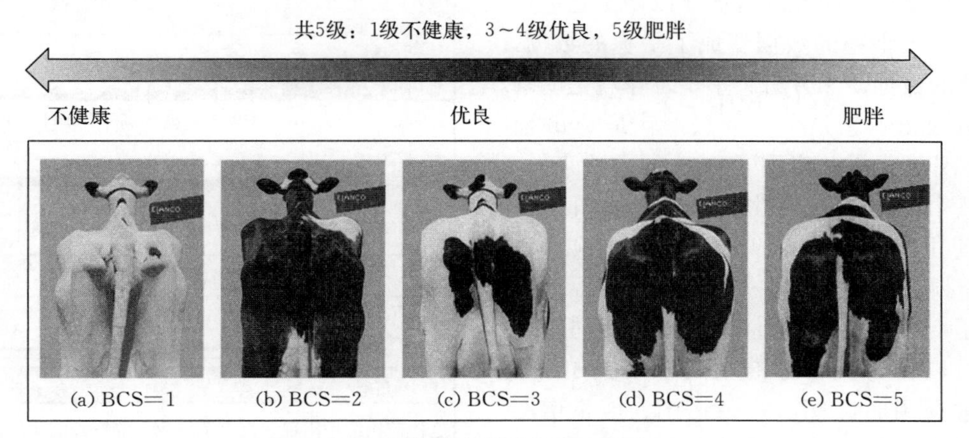

图1　牛身体状况评分 BCS 标准

第一次我们所面对的对象是牛，需要连续观察它，因为是连续的行走的对象，同时牛的体积比较大，因此我们在选择算法方面，在考虑速度和精度两方面，要选择速度，希望速度第一，精度可以稍许低一点。Faster CNN 是 2016 年在连续视频评价方面最好的一种方法，而 2017 年评价最好的方法是 YOLO2。我们用459 000的数据图像来做了实验，发现 YOLO2 比 Faster CNN 在速度上快了 3.75 倍，但它的精度损失了 10%。这种情况下我们就要取舍到底用什么？考虑到监测的数据，我们需要它的速度，因此我们选择了 YOLO2 进行训练。训练时首先要解决的是牛屁股的问题，我们要看到牛屁股。因此第 1 次的训练要捕捉牛屁股，用的是 YOLO2 深度学习来解决的这个问题。这里共用了 12 万张图像，也是 ImageNet 的图像，两台服务器花了 45 h 的时间训练，目的就是拿到牛的轮廓，包括牛的四肢、头，还有皮毛；第 2 次训练我们用了 2 000 多张图像，是我们自己标注的 BCS，共训练了 16 h。最终我们训练出来了这样的一个模型，这个模型解决 1～n 个牛的轮廓识别，实验结果可以把牛屁股这块能够准确的找到，因为牛屁股就是脊椎加上一个尾骨再加上一个肋骨，这三个点就能准确的找到牛屁股。第 2 个训练模型比较复杂，因为涉及评分跟踪的问题，我们利用 ResNet50 分类神经网络模型，主要解决评分的问题，评分之后建立了一个库，将问题牛的 ID 保存起来，方便今后能快速找到它。因此首先我们要做网络训练，把拿到的 1～n 个牛，进行特征训练，获得了 1～k 个特征；第 3 步要将这 1～k 个特征进行分类，共分 5 类，并存入数据库中；第 4 步对牛进行一个真正的评分了，它到底是几级牛？经过了这么 4 步的训练，获得了具体每一头牛的 ID，之后就要开始对体况不好的牛进行跟踪。所谓的跟踪就是对 1、5 级进行跟踪，因为 3～4 级是好的，我就不跟踪它了。那么我只对 1、5 级的牛进行跟踪。我们利用训练出来以后的 BC 值，它建立成一个特征库，进行跟踪把特征库定位，在特征库里面找到这头牛，1～n 个牛，然后就一直跟踪它，形成一个跟踪的轨迹，最后他又来了，这个来是在什么地方？其实我看的地方是在牛挤奶的挤奶厅里，因为每只奶牛都要到挤奶厅去，因此这个地方就是在它的活动场。我们可以根据 BC 值当时就可以告诉牛厂主说这个牛是比较瘦，需要进行相关的处理。

第 3 个是胡蜂攻击，这里是胡蜂对蜜蜂的一种攻击。我国是养蜂最大的国家，在中国我们大概有 700 万个意大利的意蜂，还有 100 万的中华蜜蜂。我们是利用视频来分析它的信号，这个系统设计是基于 stm32 的微处理器来进行的系统设计、硬件设计和软件设计，考虑了温度、湿度、进出巢数、显示屏、无线传感器，以及音频数据的采集，一共是 28 个传感器。实验用了 8 163个数据做了一个分类，这里面是两种类型，一种是攻击的，一种是没有攻击的。一组实验是对蜜蜂进出巢数进行采集并判断对错，经过 4 段数据可信度达到了 88%；另一组是声音的，其温度的和湿度的变异系数是 0.035，这些都证明它是正确的。第 2 个部分我们要考虑整个数据的预处理，我们通过滤波、分帧、加窗和重叠把非周期性的数据变成周期性的数据，以便于它进行相关的分类，不平稳的数据变成了平稳的数据，形成周期性的数据便于分析。整个工作就是胡蜂攻击和没有攻击，它是个二分法，就是 svm 监督学习的二分类，因此启用了 svm 的方法来做，是我们对整个数据的正确性的分析。如图 2 所示，通过傅里叶变换，从 100～500 音频的数据，5 段音频数据进行了一个分析，最后它可信度达到了 90%，证明我们用系统采集的胡蜂数据，它可以作为一个标准基线来用。如图 3 所示，通过利用时频图、声音谱图、能量谱图证明了它，整个用 5 个蜂群做了 3 种实验，每一个没有胡蜂攻击的它是一个条状的，经过胡蜂攻击的它是一个团状的。这个能量谱也是非常明显的，它基本上是在 100～700 Hz 的幅度内进行变化。

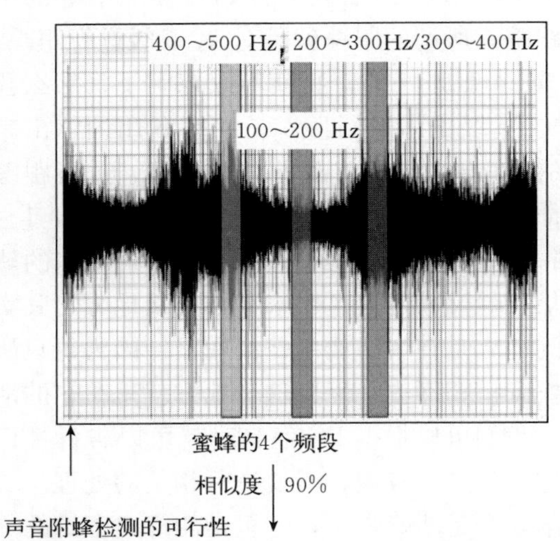

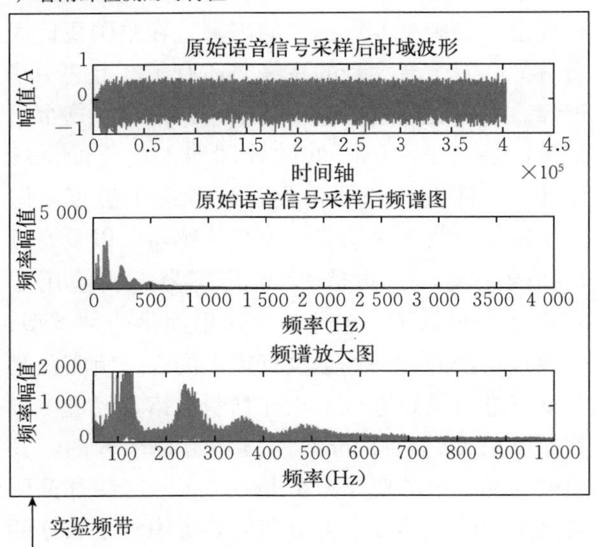

图 2　收集数据的正确程度分析

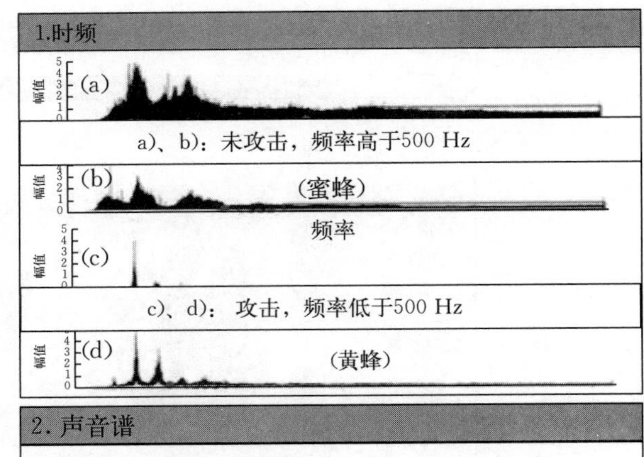

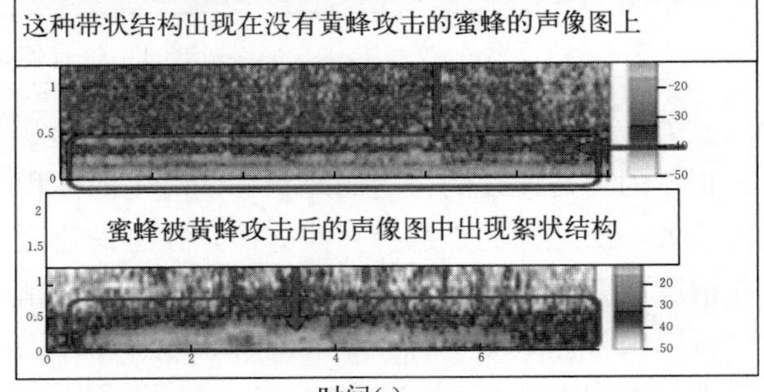

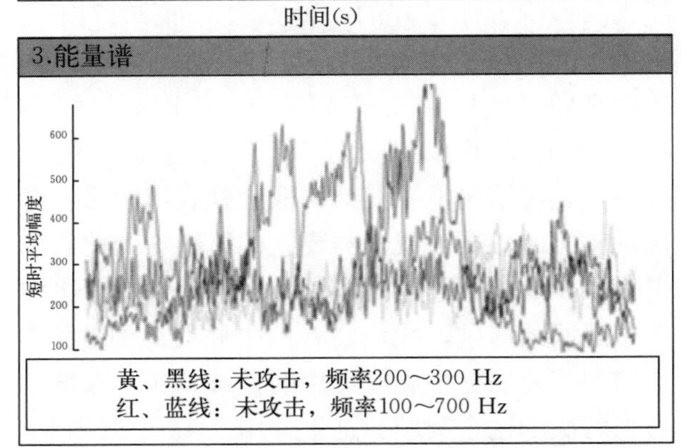

实验：从时频、声音谱、能量谱3个方面对5个蜂群的声音进行了研究

结论：能量和时频有助于检测蜜蜂是否被黄蜂攻击。

Jianjun Liao, Miao Li, Hualong Li. Attacted bees detection based on voiceA[J]. Instrument Technology, 2018(9): 1-5

图 3　特征地图集分析

第 4 个所面临的一些挑战。第一个是我们目前的深度学习对数据高度依赖，我们做的牛的工作，牛屁股是可以给大家公共的使用的，是对社会、对学界有一定的贡献度。但是对定位来讲，要真正找到牛场的哪头牛可能还需要做大量的数据工作，这就是它的应用推广的局限性。第 2 个就是蜜蜂的问题，目前我们是 8 163 段数据，这个数据实际上还是不够多。另外这里我们受到一个启发，如果我们把音频数据变成声谱数据，这也就意味着声谱数据可以用图像的方式来识别处理，这样就增加了一种处理方法，可以把音频数据转变成图像数据的方法来处理。

第5个是公共的资源。我们公共测评的有微软的，有Google的，还有一个就是imagne.et的，这些数据资源都是可以被我们利用的，做深度学习要有这些数据支持。我们国内的一些大学和研究机构，比如西北农林的何东健教授团队，国家农业信息化工程技术研究中心的董大明研究团队，还有中国农业大学李宝明团队，以及我们的内蒙古大学等，据我了解，他们分别有很多的视频和图像，如果能够拿来公用那是最好的。还有我们其实有很多的颜色图谱，这些是纸质的，如果我们能把它变成电子的，那就更好了。最后一个建议，希望我们能建立一个公共数据库同时开展测评，更快地促进我们国家农业的发展。

李淼　研究员，博士生导师，1985年毕业于中国科技大学计算机班。从20世纪80年代开始从事人工智能和农业知识工程的研究工作，主持开发的“农业专家系统开发平台DET”和“智能化农业软件开发环境”经鉴定达到国际先进水平。该智能农业信息系统应用于国家“863计划”“智能化农业信息技术应用示范工程”，在云南、甘肃、四川示范区取得很好的经济效益和社会效益。获中国科学院科技进步二等奖和科技部表扬。现分别担任云南省电脑农业推广领导小组特聘专家、甘肃省智能化农业应用示范工程技术总体组组长、四川省凉山州农业专家系统应用示范工程小组特聘专家。目前任国家“863计划”智能机主题重大课题的负责人。

Miao Li, who is a researcher and doctoral tutor, graduated from the University of Science and Technology of China in computer in 1985. Since the 1980s, she has been engaged in the research of artificial intelligence and agricultural knowledge engineering. The “Agricultural Expert System Development Platform DET” and “Intelligent Agricultural Software Development Environment”, which she has developed, have been certified to reach the international advanced level. The intelligent agricultural information system has been applied in the “Intelligent Agricultural Information Technology Application Demonstration Project” of the 863 Program and achieved good economic and social benefits in Yunnan, Gansu, and Sichuan Demonstration Areas. She has won the second prize of Scientific and Technological Progress of the Chinese Academy of Sciences and praise from the Ministry of Science and Technology. Now she is a Distinguished Expert of Yunnan Province Computer Agriculture Extension Leading Group, the head of Gansu Province Intelligent Agriculture Application Demonstration Engineering Technology Group Leader, and a Distinguished Expert Liangshan Prefecture Agricultural Expert System Application Demonstration Engineering Group of Sichuan Province. At present, she is the person in charge of the intelligent machine theme of the national 863 Program.

Indoor Climate and Air Quality Control in Intelligent Livestock Farming

Guoqiang Zhang

(Department of Engineering, Aarhus University, Aarhus, Denmark)

Abstract: A major goal of intelligent livestock farming (ILF) is to provide an optimal thermal climate and air quality in the animal occupant zones for promoting animal production and wellbeing, and the same time to reduce gases and dust emission from using system to mitigate the environmental impact. For optimal climate control, smart climate models that can reflect the needs of different animal species and ages or feasible sensor techniques that can measure animal perceived (felt) thermal environment are essential. Ideally, such a model or sensor should be able to identify the perceived thermal environments by integrating all the effects of air temperature, humidity, air speed (including turbulence) and thermal radiation on animal thermal comfort/wellbeing, and consequently, animal productions. In this context, smart design and control of ventilation is crucial. Similarly, such a smart design and control is important for indoor air quality and housing emission control. In this paper, a design principle of such a sensor and methods for the modelling, defined as effective/equivalent perceived temperature for different farm animals are presented and discussed; varied ventilation design and control techniques are reviewed and discussed; and remained challenges are addressed.

Keywords: thermal index, intelligent thermal sensor, farming animals, climate control, effective temperature, heat transfer

Introduction

In conventional indoor climate control of farming animal housing, it is common to use indoor air temperature at a chosen location as a reference for system regulating of ventilation, heating or cooling facilities or units. A major disadvantage of such a reference is that it ignores the possible effects *via* force convection, evaporation or thermal radiation between the animals and the surroundings. Those effects could be very important for both monitoring and control of the thermal condition in animal occupant zone to ensure it is remained within the thermal neutral levels for the animals. However, the information and knowledge of the integrated effects due to the varied air speed and thermal radiation together with air temperature and humidity is not directly available in literature.

The objective of this paper is to establish a concept of such an integrated thermal index model and introduce a form of such a model based on literature review and theoretical analysis.

An integrated thermal sensor

The basic principle of an integrated thermal environmental sensor should be able to identify all the effects of air temperature, air humidity, air velocity and thermal radiation on animals in the room space. This can be a set of the sensors or a new innovative sensor that can measure the integrated effects of these climatic parameters.

However, there are several practical challenges to apply a sensor set in a production housing system. e. g. , most air velocity sensor are based on the principle of measuring the convection heat loss from a heated sensor head, and such a sensor head is very tiny and dedicate but be easily damaged in field operation. Besides, it can be covered by dust by a short time in a production room space and consequently lose the measurement accuracy. A globe temperature can be calculated by a combination of the contributions by the temperatures of mean radiation and surrounding air. That can be measured at a centre of black globes with diameters ranging 25～150 mm. Such a sensor, however, does not give any information on force convection effect on the perceived thermal environment.

For an engineering application in precision livestock framing, it is very useful to develop a new innovative sensor that can provide an integrated thermal conditions in animal zone. The integrated information on thermal environment can directly used for an intelligent on-line thermal control in an animal production building. One of design concepts would be to build a sensor that is geometrically larger than an air velocity sensor of hot sphere, on which the effects by both force convection and thermal radiation are significantly reflected when its temperature is higher than surrounding room space. At the same time, the sensor surface should have a connection to the centre heat source and can remain at a constant surface (skin) temperature that similar to an animal. In practices, such a design can be done through an innovation based on a "black bulb" temperature sensor with an additional heating unit and feedback control to regulate the heating to ensure the surface temperature at a constant level similar to animal skin temperature under varied air speed and heat convection loss, and the same time to monitoring the power consumption.

In design of such a sensor for practical application, however, some issues should be considered: the installation location of the sensor; scale effects of the sensor to reflect "animal perceived environmental temperature; etc.

Perceived Temperature Model

For a given weight/age of housing animal, the heat loss is determined by a combination of air temperature, air humidity, air speed and thermal radiation. The effects of air speed is important for ventilation system design and control, since it is linked directly with airflow rate and airflow patterns in the ventilated room space. A model that can directly describe the effects of the air speed in around animals on the effective temperature that animal may responds could provide fundamental knowledge for smart design and control of ventilation for an optimal thermal condition for animals in houses.

Currently in farming animal production, a temperature-humidity index (THI) is often used for expressing the combined effect of air temperature and air humidity, where a dry bulb and a wet bulb temperature were used in calculation:

$$THI = \alpha t_{db} + (1-\alpha)\ t_{wb} \tag{1}$$

Where a is weighting of dry-bulb temperature;

t_{db} is dry-bulb temperature, ℃;

t_{wb} is wet-bulb temperature, ℃.

In the proposed perceived temperature model, the integration term of the thermal effects of varied climate factors are convert to natural convection effects of the given temperature difference between animal body and the local air in AOZ, effective temperature, ET (Bjerg et al., 2017).

$$ET = at_{db} + (1-a)t_{wb} + f(v)(t_a - t_{db}) + g(t_a - t_r) \tag{2}$$

Where

f is function that related to force heat convection: air speed, animal species and ages;

g is a function that related to radiation heat loss;

t_a is a temperature that related to animal skin surface temperature and evaporation potential in room; it is temperature where increased velocity no longer results in increased heat release, ℃;

t_r is radiant surface temperature, ℃.

Please notice that the effect of thermal radiation is not included in the model described in Equation (2) . That is generally true in an confined livestock building.

Considering the differences of poultry, pigs and cattle, the modelling of the integrated effect of the aforementioned climate parameters has been recently reported by Bjerg et al. (2017) and Wang et al. (2018) based on literature review, analysis of the data available and theoretical consideration.

A effective temperature model for poultry and pigs

Based on literature review and data analysis, Bjerg et al. (2017) has developed an ET model for poultry and pigs without considering thermal radiation effects:

$$ET=ET_{v=0.2}-c\ (d-t_{db})\ (v^e-0.2^e) \quad (3)$$

Where

$$ET_{v=0.2}=0.794t_{db}+0.25t_{wb}+0.70 \quad (4)$$

and

c is a constant that may depend on animal species, sizes and animal density;

d is the temperature where ET no longer can be reduced by increased air velocity, ℃;

e is a constant that control the influence of velocity.

A effective temperature model for cattle

Similarly, Wang et al. (2018) has developed an ET model for housed cattle by considering the thermal radiation:

$$ETIC=T_a+a\cdot T_a\cdot(100-rh)+e\cdot u^{0.707}\cdot(T-T_a)+j\cdot T_a\cdot sr \quad (5)$$

即

$$ETIC=T_a-0.0038\cdot T_a(100-rh)+0.1173\cdot u^{0.707}\cdot(T_a-39.20)+1.86\times10^{-4}\cdot T_a\cdot sr \quad (6)$$

where

a, e, j are constants;

T_a is air dry bulb temperature, ℃;

rh is relative humidity of air, %;

u is air velocity, m/s;

sr is solar radiation, W/m^2.

Feasibility and application of the model

Bjerg et al. (2017) found that using ET give better description on bird body temperature rising in hot environments by using the data used for comparing a THVI, a temperature, humidity and velocity index, defined by Tao and Xin (2003) (Figure 1) .

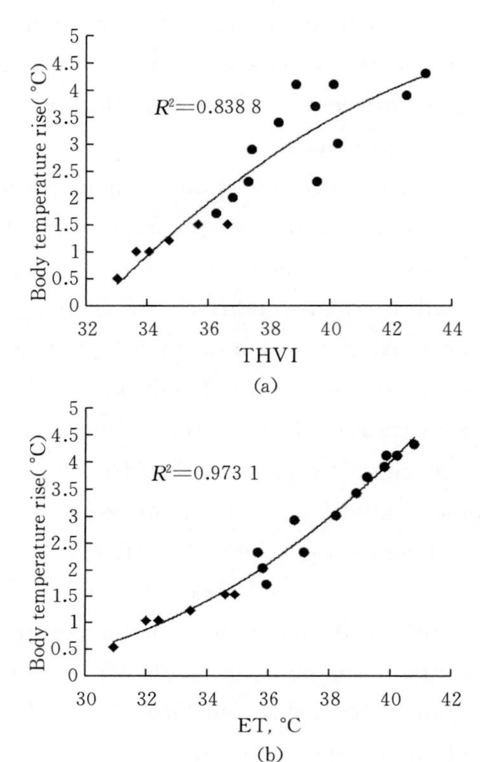

Figure 1 Comparison of measured and predicted body temperature rise for broilers exposed to 18 different combinations of dry-bulb temperature, dew point temperature and air velocity as function of (a) THVI (THVI= $(0.85t_{db}+0.15t_{wb})\ v^{-0.058}$, $(0.2\leqslant v\geqslant 1.2)$) and (b) ET (in Equation (3), with $c=0.7$, $d=43$ ℃ and $e=0.5$) .

Wang et al. (2018) showed that using ET instead of THI (adjusted) (Medor et al. , 2006) can better describe animal bio-responds in hot climate conditions and defined ET as EThc. Following is the example of reparation rates of cows versus EThc or THI.

Figure 2 shows the ET model is better than the adjust THI model, however only little data was available to be used. The suitability and accuracy of ET need be verified with more data.

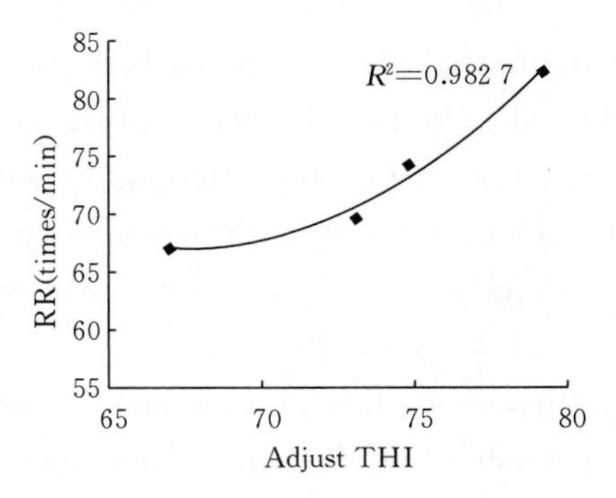

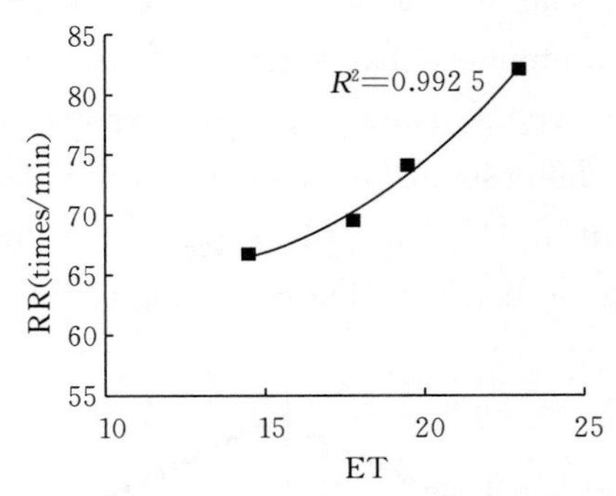

Figure 2 The comparison of the respiration rate (RR) in the ETh model and adjust THI model

Note: Symbols in figure, experimental data was by Yamamota et al. (1994); –, trend line of regression.

Advantage of using ET model to estimate the thermal environment directly effect on animal in houses is that it can provide a direct measure of how the animals is expected to perceive the climate. Such a measure can be used to regulating the ventilation and cooling system for further proper action to bring the climate within/close to the thermal neutral zone for the animals.

Intelligent ventilation system design & control

Precision ventilation-to increase air motion in AOZ

There are several techniques which have been applied or can be applied for increasing air speed in AOZ to enhance the force convection of heat removal from animals to improve theirs thermal comfort/mitigate heat stress.

Recirculation fans

Recirculation fans are often seen in naturally ventilated dairy cattle buildings to increase the air movement in AOZ during warm and calm weather condition (Figure 3) . This is often in combination with water vapour cooling together in extrema hot weather to cool down the surrounding air temperature as well as increase heat removal *via* water evaporation of the wet animal skin.

Figure 3 A recirculation fan installed on ceiling for a downward flow

Configurations (control) of ceiling/wall air inlet opening

A ventilation air supply inlet can be in varied form (Figure 4) . A smart system should be able to create very low air speed in AOZ in winter period to avoid draught, and create higher air speed in AOZ (in an accepted level) to enhance convective heat removal from animals.

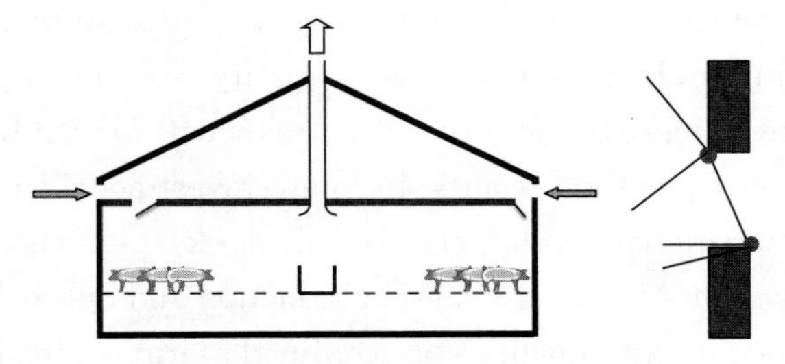

Figure 4 Varied air inlet configuration for changing air momentum to control air motion in AOZ

Zone precision air supply

Zone precision ventilation air supply is an

approach to send fresh air directly to animal as close as possible with a high air jet momentum (Figure 5) . The method has the advantages of providing fresh and cooler air direct to animals with controlled air momentum to create thermal comfort for animals effectively. The method can be combined with other type room ventilation, if it is needed.

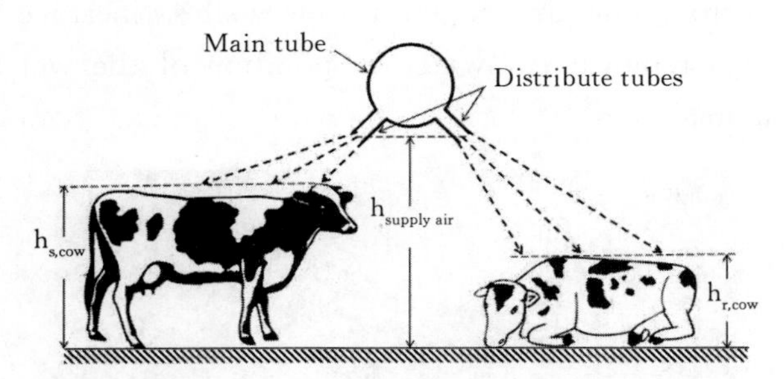

Figure 5 A precision air supply system investigated by Wang et al. (2018)

Important issues that should be noticed for increasing airflow speed in AOZ are supply air temperature, pressure loss, and nose. The supply air temperature has to be enough lower than animal skin temperature, otherwise air cooling needed.

Precision zone ventilation for pollutant air removal and exhaust air cleaning

Partial pit ventilation

The partial pit air exhaust in an integrated ventilation system of livestock housing was introduced for partial air cleaning of exhaust ventilation air to reduce the negative environmental impact. It requires large capacity of the air cleaning unit for the total exhaust air and, consequently, results in high investment and operational costs of the livestock production system. Aiming at emission reduction and optimal indoor air quality of confined farm animal buildings, a concept of partial pit ventilation has been investigated in varied conditions in Denmark. Partial pit ventilation is based on the hypothesis that the most polluted air can be removed by a separate air exhaust near the pollution sources in pit head space, while the room air exhaust is kept as a major ventilation exhaust and controlled according to indoor thermal conditions. The airflow rate of the partial pit air exhaust is designed and controlled as only a small portion of the designed ventilation capacity of the building. By cleaning the pit exhaust air only, the required capacity for a cleaning unit will be significantly reduced (Zhang et al., 2006, 2017) .

The investigations in Denmark, mostly in growing-finishing pig housing, have shown that partial pit air exhaust can remove a large share of the ammonia, hydrogen sulfide, and odor from the room using a pit air exhaust rate of 10% of the designed ventilation capacity, which is equivalent to 10 [m^3/(h · pig)] for growing-finishing pig housing (Figure 6, Figure 7) .

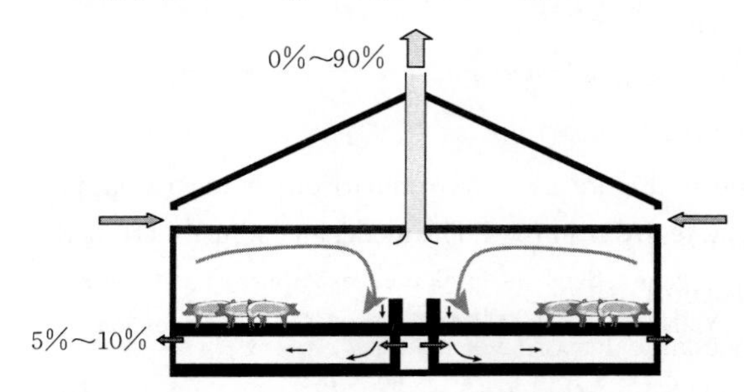

Figure 6 A partial pit air exhaust ventilation layout with ceiling diffusion inlet-fully slatted floor

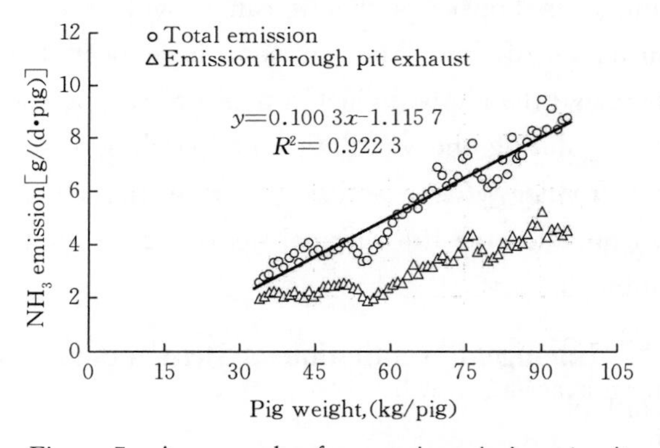

Figure 7 An example of ammonia emission *via* pit air exhaust and total emission from the production system

Hybrid ventilation for airflow pattern control-thermal comfort

A ventilation system can be complex due to the varied animals species, growing stages and local weather conditions. The first automatically controlled hybrid ventilation system was investigated in Denmark in 1980s to overcame the drawback of airflow trajectory control in a fattening pig house using natural ventilation (Zhang et al., 1992). The system introduced an mechanical fan in a natural ventilation housing and the mechanical system will take over the natural ventilation in cold calm winter days to supply air momentum control so that to avoid the issue of cold draught in AOZ.

Hybrid ventilation with partial pit air exhaust-emission and air quality control

To extend the experience of the partial pit air exhaust in a mechanically ventilated pig housing, the partial pit air exhaust can be applied in a naturally ventilated system for collection of the most pollutant air for further cleaning treatment. This is a smart way to treat the exhaust air from such a system. This system combines all the advantages of the hybrid system aforementioned and the partial pit exhaust in mechanical room ventilation housing. An example of such a system application was reported in Rong et al. (2014, 2015).

An overview of investigations and applications of the partial pit air exhaust in animal housing can be found the review by Zhang et al. (2017).

Conclusions

The dependence of velocity is treated as an additional term in the suggested ET equation. This term is assumed to be proportional to the difference between animal body temperature and the room air temperature, and reported data are analysed to determine whether a linear or a square root relationship with velocity best reflected the data.

Published data has been selected to improve and validate ET. A better correlation was observed comparing with other heat stress indices based on the limited available published data. The ET need to be further improved with further experimental data from laboratory or field measurement. The data from studies on animals in groups are less clear, but indicate that the wind shading among the animals reduces effect of air velocity.

Partial pit air exhaust that integrated in the livestock housing ventilation is an effective approach to reduce pollutant concentrations in livestock rooms and to improve effectiveness of air cleaning systems. Five full-scale case-control studies conducted in commercial pig units in Denmark showed that it reduced concentrations of ammonia, hydrogen sulphide, and odour at the ceiling exhaust by 31%～65% and reduced the emission through the ceiling exhaust by 48%～84%.

References

Bjerg B, Zhang G, Pedersen P, et al., 2017. Modeling skin temperature to assess the effect of air velocity to mitigate heat stress among growing pigs. Paper written for presented in 2017 ASABE International Annual Meeting, July 16 - 19, 2017, Spokane, Washington, USA; Paper number: 1700631.

Mader T L, Davis M, Brown-Brandl T, 2006. Environmental factors influencing heat stress in feedlot cattle. Journal of Animal Science, 84 (3), 712 - 719.

Rong L, Liu D, Pedersen E F, et al., 2014. Effect of climate parameters on air exchange rate and ammonia and methane emissions from a hybrid ventilated dairy cow building. Energy and Buildings, 82: 632 - 643. http: //dx. doi. org/10. 1016/j. enbuild. 2014. 07. 089.

Rong L, Liu D, Pedersen E F, 2015. The effect of wind speed and direction and surrounding maize on hybrid ventilation in a dairy cow building in Denmark. Energy and Buildings, 86: 25 - 34. http: //dx. doi. org/10. 1016/j. enbuild. 2014. 10. 016.

Tao A, Xin H. 2003. Acute synergistic effects of air temperature, humidity and velocity on homeostasis of market-size broilers. Transaction of the ASAE, 46 (2), 491 - 497.

Wang X, Gao H, Gebremedhin K G, et al., 2018a. A predictive model of equivalent temperature index for cow (ETIC). Journal of Thermal Biology, 76 (2018):

165 - 170. https://doi.org/10.1016/j. jtherbio. 2018. 07. 013.

Wang X, Gao H, Gebremedhin K G, et al., 2018b. Corrigendum to "A predictive model of equivalent temperature index for dairy cattle (ETIC)" [Journal of Thermal Biology (2018) 265 - 270], Journal of Thermal Biology, 82: 252 - 253. https://doi.org/10. 1016/j. jtherbio. 2018. 12. 012.

Yamamoto S, Young B A, Purwanto B P, et al., 1994. Effect of solar radiation on the heat load of dairy heifers. Australian Journal of Agricultural Research, 1994, 45, 1741 - 1749.

Zhang Guoqiang, Morsing, Svend, Strøm, Jan S. 1992. Design principle and control strategy for an automatically controlled hybrid ventilation system// Proceedings of AgEng92 International Conference on Agricultural Engineering, Uppsala, 1992: 180 - 181.

Zhang G, Bjerg B, Zong C, 2017. Partly pit exhaust improves indoor air quality and effectiveness of air cleaning in livestock housing-a review. Applied Engineering in Agriculture, 33 (2): 243 - 256. https://dx. doi. org/10. 13031/aea. 11751.

张国强 2003年获中国科学技术大学(USTC)学士学位，并于2006年获香港大学哲学(M. Phil.)硕士学位。他曾在皇家理工学院学习并于2010年获博士学位。之后，他在代尔夫特理工大学(Delft Technology University)担任博士后研究员，直到2014年底全职，并于2016年底兼职。2015—2016年，他在Ercisson AB担任高级研究员。目前，他在悉尼科技大学担任高级讲师，主要研究大规模优化、多媒体处理和机器学习。

Guoqiang Zhang received his bachelor degree from the University of Science and Technology of China (USTC) in 2003, and a master of philosophy (M. Phil.) from the University of Hong Kong in 2006. He studied at the Royal Institute of Technology-KTH and obtained his PhD degree in 2010. He then worked as a post-doctoral researcher at the Delft University of Technology full time until the end of 2014 and part time until the end of 2016. From 2015 to 2016, he worked as a senior researcher at Ercisson AB. He is now working as a senior lecturer at the University of Technology Sydney, His research interests include large scale optimisation, multimedia processing and machine learning.

Fertigation: A method for Precise Application of Nutrients

Uri Yermiyahu

(Gilat Research Center of Agricultural Research Organization, Israel)

Plant nutrition is one of the strongest tools for farmers to play with crops. Actually with plant nutrition, it can increase crop productivity and affect the quality, environmental stress and plant protection. In the last 20 years, the writer has been worked with different crop. It is just few examples of results that what people can do in a plan to plant nutrition. The plants need different elemental for different times. For example, the broccoli needs different amount of nutrients in different days. They also need the different ratio between the elements (Figure 1) .

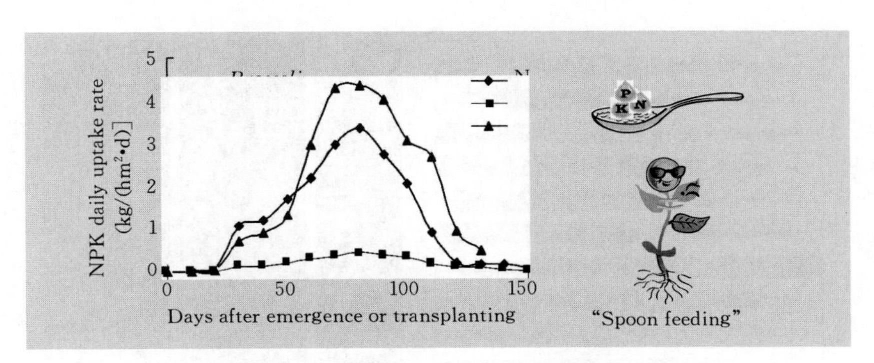

Figure 1 Broccoli NPK consumption curve

So if people want to supply for the plants what they need, it is not possible to give them everything at the same time.

For tomato, they need the same ratio of NPK in the beginning. But the ratio is changed with the growing time (Figure 2) . Therefore, they need a tool to give to the plants the exact amount and ratio of elements, which is very difficult. They have two common ways for fertilization. One is an application of solid fertilizer to the soil. Another method is fertigation. In Israel, most of the crops are growing under fertigation, which means that people apply the fertilizer together with the water through the drip. It can be sprinkler or dripper, but water and fertilizer are supplied to the plant at the same time and location. This is a very strong tool. It's good when farmers have an irrigation system. Fortunately, in Israel, most of the crops are irrigated. So people are using these tools in order to supply the plants what they need at the right time. And this is what going to be illustrated. Furthermore, how people can minimize the pollution will be talked about. This is not only nitrogen, but it can be with other elements too.

For example, different pH affects the amount of nutrients (Figure 3) . But just for nitrogen, when the pH is going from 4 to 6, their availability is increasing. Can people affect pH in the rhizosphere? Normally people cannot do it, but if they are using ammonium nitrate fertilization the pH is changing. And by this, people can change the availability of minerals. It's not possible to do it by applied solid fertilizer on the leaf, and it's definitely can be done if it is used for fertigation.

For example, under different levels of ammonium nitrate ratio, the total nitrogen is the same: It has 70%, 50% and 30% of ammonium, the pH changed from 5.2 to 7.7 (Figure 4). The total nitrogen in the chives are the same with the other mineral consideration is changed. So just by changing ammonium and nitrate ratio, they can change the uptake of mineral. This is a very strong tool. And here are a few examples.

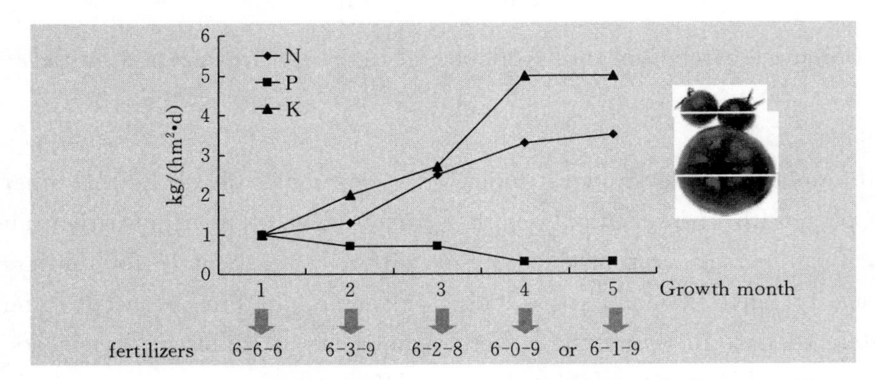

Figure 2 Fertigation plan for open field tomatoes

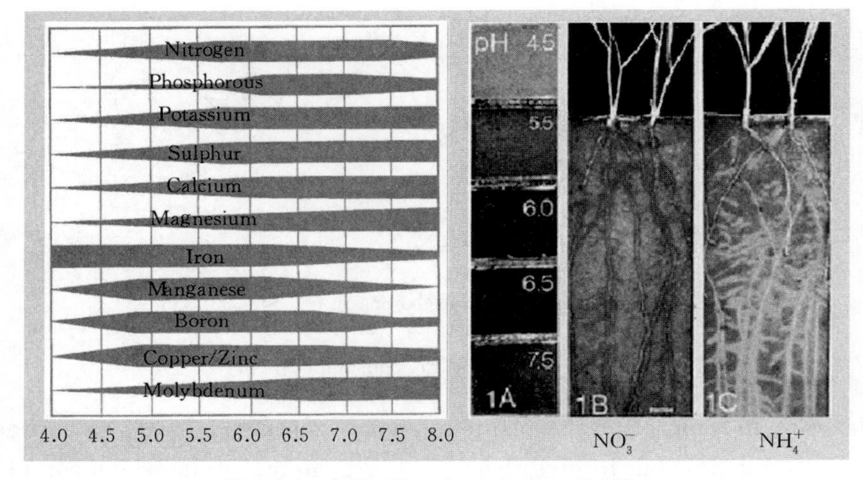

Figure 3 Soil pH and nutrient availability

Leaf minerals

Cu	B	Zn	Mn	Fe	K	P	N	Rhizosphere acidity	NH_4 (%)
(mg/kg)					(%)				
3.4	29.3	25.9	91.0	109.7	3.8	0.52	4.1	5.2	70
3.9	24.3	30.6	103.4	100.4	4.3	0.53	4.1	6.5	50
2.7	22.9	44.7	115.1	86.8	4.5	0.51	4.1	7.7	30

Figure 4 pH in the rhizosphere

By fertigation it can change the culture optic and people notice calcium is very important for the blossom and the root (Figure 5). And this is a known phenomenon in Israel when people are growing tomato in the summer (Figure 2). They know that if they increase the calcium in the fruit, the blossom end rot decreased, and they can see results that they manipulate the plans to take more calcium. And by that they have much less blossom end rot. This is another example from different area: it is botrytis in Brazil, one of the main problems for Brazil's crop. And by manipulation of calcium, it can decrease the maturity severity and increase calcium in the plants. This is not something that it can be done very easy, but with fertigation people can manipulate and they can increase it in the fruit. In the last twelve years, the writer works in olive cultivation. It's one of the biggest crop fields in Israel and people discover that actually they don't know how to fertilize the olive tree. If they develop the fertilization management for olive in fertigation system. It can be done by control container system or field experiment which just published lately eight years of experiment in the field after they have some data from the container experiment and here are a few results. This is typical growth in a crop. And as much as people increase the nitrogen in their irrigation solution, they increase the yield up to the maximum. However, what is very surprising as it is to see the depletion of the year when the nitrogen is increased. The nitrogen is the only element that is changed in this condition. They have all the other elements are constant. So this is the phenomenon of nitrogen toxicity.

In the field experiment, there is no effect on the growth in the left side but in the right side again effects of the yield are after eight years of an experiment in the field that showing the same phenomena (Figure 6) . Without nitrogen people get fewer yields. But they have these phenomena of toxicity of nitrogen. People learn about what's the reason and it is just published last month. The physiologic effect was deeply explained. From that people can learn what they can do and how they can avoid this problem.

Another phenomenon that is very important is the oil quality of olive. So oil quality is one of the most important parameters (Figure 7) . And for example, nitrogen, increase the acidity in the

Figure 5 Importance of Ca to fruit quality and plant resistance

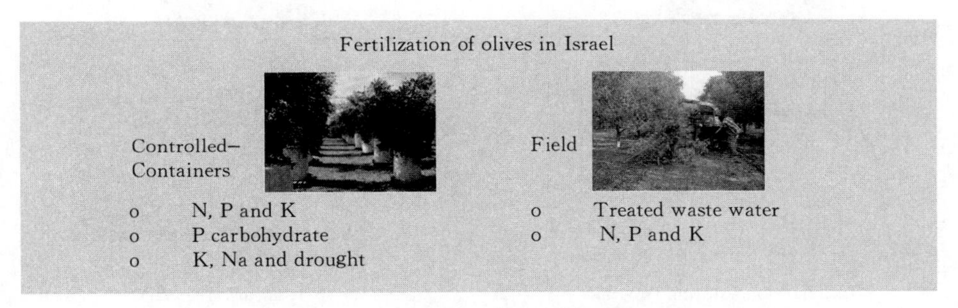

Figure 6 Differences in containers and field of olives in Israel

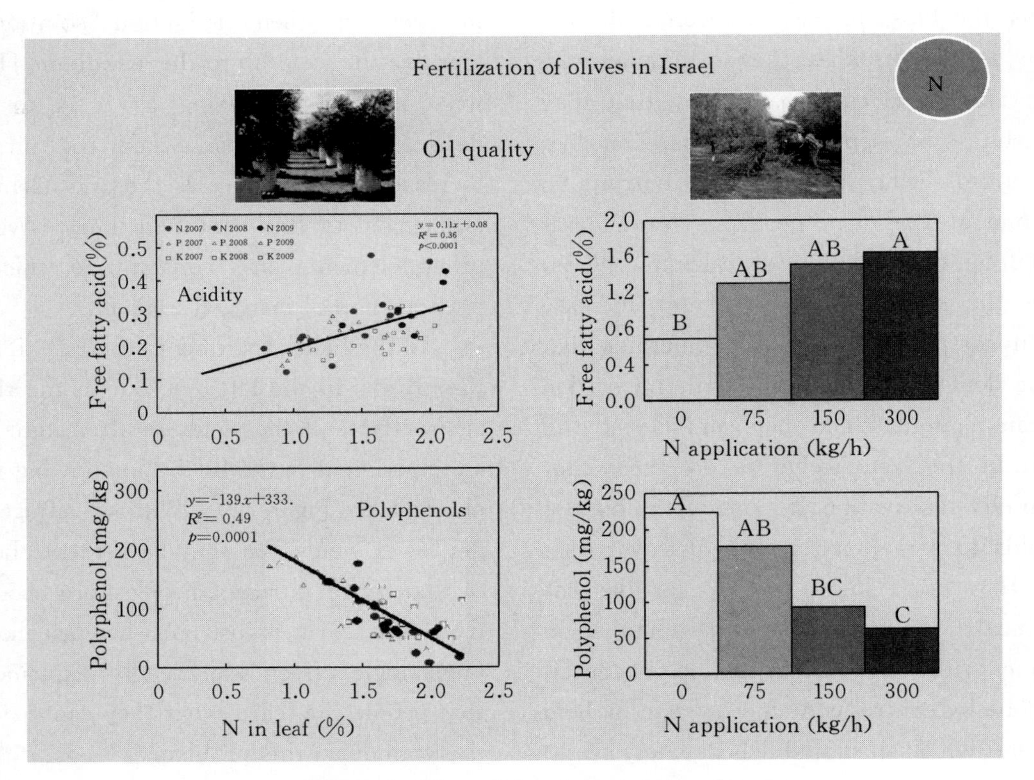

Figure 7 Oil qualities of olives in Israel

content experiment as well as the field. So if they want to optimize the system, they need to be very careful about the nitrogen they apply. They need to be to know exactly the amount. And they need to be very careful to be about the quality. These are the two main parameters, but it's important of showing that the application of nitrogen. And just think that with fertigation, people have the tools to decide how much nitrogen to apply. For example, to stuff nitrogen only just when they have accumulation stage of olive oil or only in the very nice result in force.

It's very important as much as more phosphorus will have more yield in the field or the container. People know exactly what is the phosphorus doing (Figure 8a). It was a surprising to know that the effect is mostly on the fruits set (Figure 8b). Now if they know that the fruit set is the sensitive period. So what they can do in this stage in order to have more

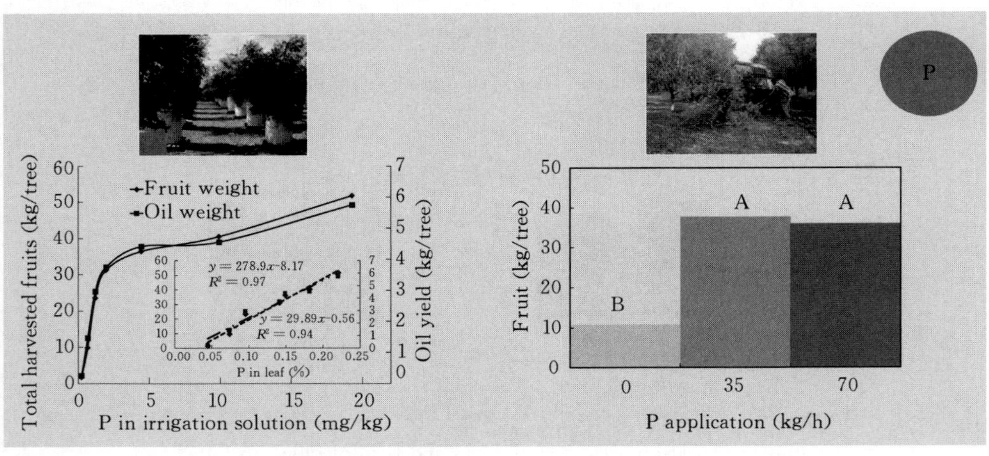

(a)

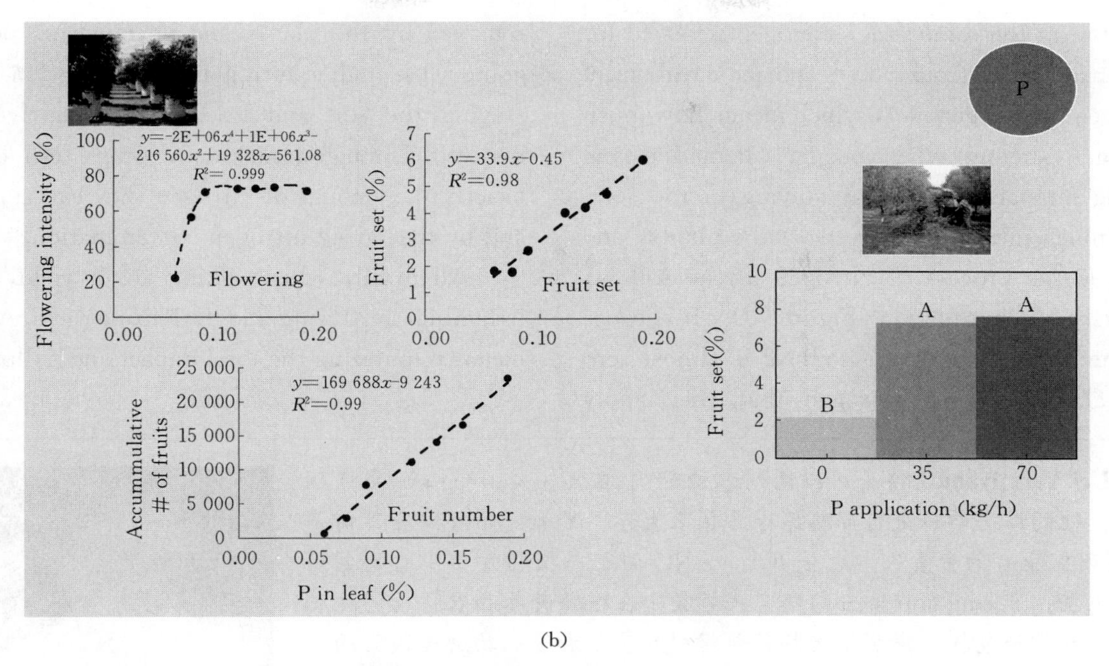

(b)

Figure 8 The effect of phosphorus in yield

phosphorus, which is the most interesting element. But however, just by develop the management schedule, they cut off the nitrogen application by 3% in Israel increasing the first by decreasing the later twice and cut the potassium by half. And fertigation give people the ability to do this management. Now there is an example of how fertigation can minimize pollution. This experiment was in the desert for level of nitrogen, almost 10 mg/kg in the irrigation solution. Remember what has been talking about fertigation, people are talking about the consideration of the mineral in the water up to 160 mg/kg, which is pretty much high (Figure 9a) . And there is visible difference of these two crops. N2 which is less than 50 mg/kg, give it the highest yield (Figure 9b).

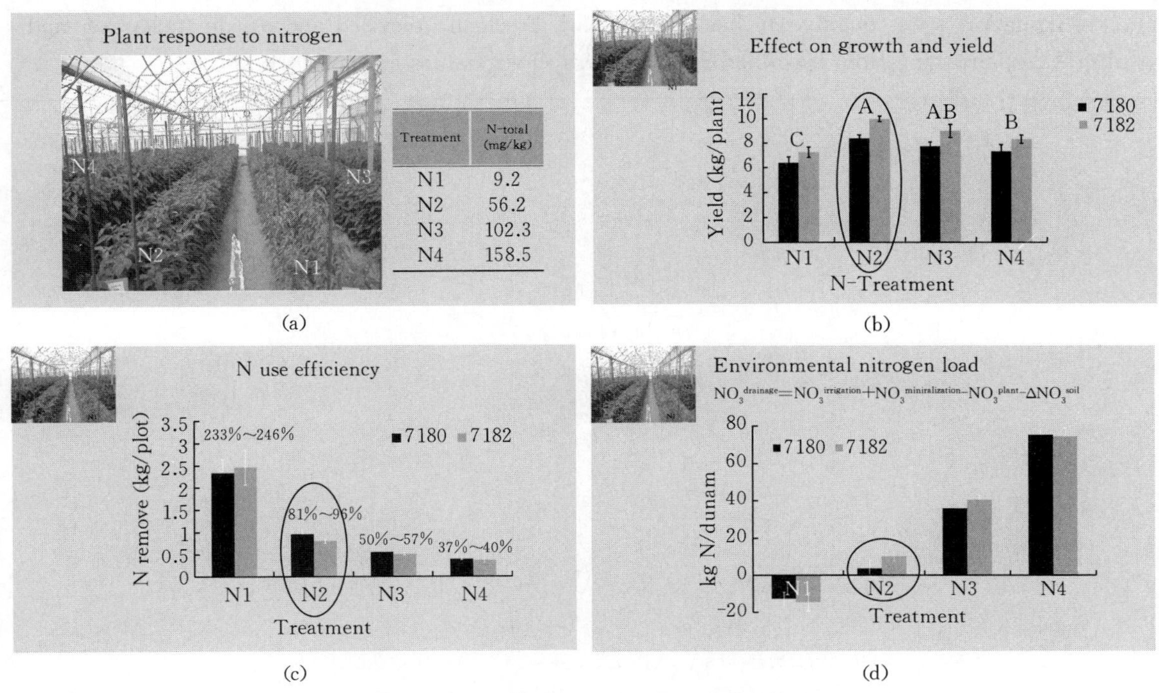

(a) (b)

(c) (d)

Figure 9 Plant responses to nitrogen

But at the same time, nitrogen removed for this treatment is around 80% and the environment nitrogen load (Figure 9c), which means how much nitrogen staying when people calculating and taking into account, what staying in the soil, how much nitrogen removed by the plants, and what is the process of nitrogen in the soil. N1 has very low production (Figure 9d). It is cause by the nitrogen from the soil. N2 is almost zero and almost all the nitrogen that they apply removed by the plants and as much as people going with higher nitrogen more nitrogen were staying the soil and leaching to the river or reservoir. Through fertilization, people can decide exactly the amount of nitrogen they can supply, and by that avoid nitrogen contamination.

All in all, when talking about yield, it is irrigating, fertilizing and optimizing yield. And it means minimizing the total impact and pollution.

Uri Yermiyahu 博士，以色列农业研究组织（火山中心）高级研究员。他的博士学位来自耶路撒冷希伯来大学。Yermiyahu 博士目前是 Gilat 研究中心的负责人，也是 ICL－ARO 施肥与植物营养中心的创始人兼主任。Yermiyahu 博士的研究兴趣集中在植物营养和农作物的施肥上。他的贡献包括：探明了植物营养对引起生物和非生物胁迫因素的影响，沙漠环境中农业对矿物质的需求，植物的盐度和毒性，以及根据灌溉水质量管理营养素。他曾研究过咸水、再生水和淡化水，研究对象遍及新鲜的药草、花卉、蔬菜和果树等园艺作物。

Doctor Uri Yermiyahu is a Senior Researcher at the Agricultural Research Organization (Volcani Center) of Israel. His PhD is from the Hebrew University of Jerusalem. Dr. Yermiyahu currently serves as the head of the Gilat Research Center and is a founder and the director of the ICL－ARO Center for Fertilization and Plant Nutrition. Dr. Yermiyahu's research interests focus on plant nutrition and fertilization of crops. His contributions include understanding influences of plant nutrition on biotic and abiotic stress causing factors, mineral requirements in agriculture in desert environments, salinity and toxicity in plants, and managing nutrients as a function of irrigation water quality. He has worked with brackish, recycled and desalinated water and with horticultural crops ranging from fresh herbs and flowers to vegetables and fruit trees.

作物氮素定量遥感机理与应用

李振海，杨贵军，李贺丽，宋晓宇，徐新刚，陈立平

（北京农业信息技术研究中心，北京）

1 研究意义

我国是一个拥有13亿人口的农业大国和发展中国家，在我国耕地资源日益减少、水资源严重短缺、人口不断膨胀、需求快速增加、环境问题日益突出的大背景下，如何保证粮食安全和农业可持续发展？确保国家粮食安全始终是经济发展、社会稳定和国家自立的基础，是直接关系到国计民生的大事，是我国农业今后相当长的一个时期内必须面对和解决的重大问题。从2004—2017年中央连续十四年发布关于“三农”1号文件，将发展现代农业、提高农业信息化水平、提升农科科技创新能力作为重要战略加以布置，提出大力发展现代农业、实施精准田间管理、提升农业信息化总体水平是实现国家粮食安全、生态安全重大战略目标的优先途径。国务院2016年发布的全国现代农业发展规划（2016—2020年）明确提出“大力推进互联网＋现代农业、农业机械化、智慧农业、现代农业创新等现代信息技术在农业农村的应用”。

氮在作物生命活动中占有首要地位，称为“生命元素”，在作物生长中所需的七种主要矿质元素（氮、钾、钙、镁、磷、硫、硅）中所占比例超过40％，且氮素是作物体内氨基酸、蛋白质及核酸等的组成元素，也是叶绿素、植物激素及维生素中的主要成分。作物氮素状况也是指导氮肥施用的重要评价指标，当氮肥供应适量时，作物叶片大而鲜绿，叶片功能期延长，营养体健壮，产量高。而长期传统形成的“施肥越多越增产”误区导致的氮肥过量施用越来越严重，当前我国耕地化肥用量已达到397.5 kg/hm^2，在占世界7％的耕地上消耗了全世界30％以上的氮肥，氮素当季利用率仅为30％～35％，大大低于欧美和日本的氮素利用率（可达60％～70％），过量氮肥施用不仅造成了农业资源的巨大浪费，而且引发了作物植株徒长、易倒伏和感染病虫害、贪青晚熟、籽粒易发生霉变等问题，同时造成了作物减产还影响了农产品质量。因此，如何快速大面积进行作物氮素信息精确诊断、提供准确的产量和品质信息预报及氮肥决策配方成为农业信息应用的“瓶颈”问题。

传统的氮素养分诊断决策等多基于常规的室内生化分析方法，该方法主要缺点在于点状取样，耗时费工，成本昂贵，无法应用于空间大面积决策。遥感技术作为目前唯一能够在大范围内实现快速瞬时获取空间连续地表信息的手段，对于发展高产高效和环境友好型现代农业的重要性已被普遍认可。国内外学者在作物养分遥感诊断与决策方面进行了大量的研究，但仍存在以下关键问题亟待解决：当前的养分光谱探测多为统计经验模型，模型普适性差，时空扩展稳定性不强，难以大范围应用，尚缺乏具有普适性的养分光谱响应机理模型；当前的养分光谱探测主要针对作物冠层整体的养分，作物养分胁迫初期首先表现在中下层，但此时冠层顶部并不明显，导致早期的养分胁迫探测困难；相应监测、诊断关键技术有待突破；当前，作物养分光谱探测多以瞬时的遥感观测数据为主，作物生长过程养分连续监测的时效性不足，缺乏作物模型与多时相遥感监测融合的养分动态监测预测方法。在国家“973计划”、国家自然科学基金等20多项基础研究课题支撑下，农业遥感机理与定量遥感重点实验室紧密关注国内外养分光谱探测研究的前沿领域，面向养分实时、动态和有效监测应用中迫切需要解决的问题，围绕养分光谱定量监测的基础理论、遥感反演方法和共性关键技术，开展多

学科交叉的技术创新研究，以期实现作物氮素养分从“表层”向冠层垂直分布“三维立体”拓展和冠层养分诊断从“遥感瞬时”向“时相连续”的四维拓展，具有重大现实意义。为推动精准农业、植物营养、作物栽培及农田生态学学科发展提供养分早期诊断和决策理论支撑，对提高肥料利用效率，避免化肥对环境、水源等的污染，确保粮食和环境安全具有重要意义。

2 国内外研究现状

2.1 作物氮素遥感信息解析

近20年来，国内外学者围绕植物氮素遥感机理、监测方法及技术等方面研究取得了较大进展，目前关于作物氮素遥感监测方法主要包括：①光谱特征分析法，基于作物氮素在不同波段的敏感性，提取作物氮素敏感光谱波段或者光谱特征的方法。Kokaly 等（1999）研究表明，可利用 2 154 nm 和 2 172 nm 的光谱吸收特征来估算水稻叶片的氮含量；牛铮等（2000）选择2 120 nm 和 1 120 nm 处叶片光谱反射率一阶导数的线性回归方程进行鲜叶含氮量的预测；冯伟等（2008）研究了小麦叶片氮含量与冠层高光谱参数的定量关系，确定红边及面积参数 REPIE、SDr－SDb 和 FD729 与叶片氮含量的关系密切；Zhang 等（2013）分析连续统去除曲线、吸收谷深度及其对数变化与红树林叶片氮含量的关系并进行反演。②植被指数筛选法，即通过波段之间的组合，实现消除土壤、大气等条件的影响，进而提高反演精度的作用。Chen 等（2010）基于红边位置的双峰特征，提出双峰冠层氮指数（DCNI）用于植株氮素含量的反演；Feng 等（2016）构建的 WRNI 消除了不同生育时期水分含量对叶片氮含量的影响，提高了不同生育时期的叶片氮素含量反演精度；另外，MTVI、RVI、GNDVI、PRI、NDRE 等植被指数也被大量应用于作物氮素监测（Karnieli，2000；Tian et al.，2011）。③高级数据挖掘方法，在作物氮素反演模型构建过程中，通过主成分分析（PCA）、神经网络（ANN）、支持向量机（SVM）及小波分析等方法构建波谱信息与作物氮素参数的统计模型（Hansen et al.，2003；Karimi et al.，2006；Li et al.，2016）。④物理模型法，主要是借助遥感物理及辐射传输模型对叶绿素含量进行反演，并且通过叶绿素和氮素含量的高度相关性，实现作物氮素状况的监测（Debaeke et al.，2006；Lemaire et al.，2008；Jacquemoud et al.，2009）。Yang 等（2015）通过将 PROSPECT 模型中叶绿素吸收系数替换为氮素相关吸收系数，构建 N－PROSPECT 模型，实现氮素的直接定量反演。

2.2 作物氮素垂直分布

作物光合生产不仅依赖于植株氮素总吸取量，还与冠层内氮素垂直分布密切相关（Werger and Hirose，1991；Connor et al.，1995）。改善和调节氮素在冠层内的垂直分布可作为提高作物生产力的一种可行途径，其作用在未来 CO_2 浓度不断升高的气候条件下更加重要（Bertheloot 等，2008）。冠层氮素垂直分布的非均一性自 20 世纪 80 年代以来引起国内外学者的大量关注。优化学说认为植物根据冠层内的光分布对氮素进行分配，即给光照条件好的叶片分配较多的氮素而给受光条件差的叶片分配较少的氮素，以优化冠层光合生产（Hirose and Werger，1987）；协调学说认为植物分配至每个叶片的氮量与该叶片维系二磷酸核酮糖羧化酶（Rubisco）限制的羧化速率和电子传输限制的羧化速率平衡所需的氮量有关（Chen et al.，1993）。

尽管目前从植物生理学角度对冠层氮素垂直分布的非均一性开展了不少研究，但在遥感作物氮素状况时对于冠层氮素垂直分布的考虑还相当有限。通常将冠层氮累积量、植株氮浓度或叶氮浓度作为主要监测目标（Ecarnot et al.，2013；Feng et al.，2014；Hansen and Schjoerring，2003），主要原因在于遥感观测难以获取大面积作物冠层不同层次的光谱反射信息。鉴于作物不同层次叶片氮含量的差异分布以及不同层次叶片对氮素胁迫的敏感性不同（陆景陵，2003），已有研究者认识到遥感作物冠层不同层次的氮素含量对于指导实际生产的重要性，并对其探测方法进行了多种尝试。王纪华等（2007）运用偏最小二乘算法（PLS）基于垂向观测的冬小麦冠层光谱反演了不同层次的叶氮浓度。王之杰（2004）利用冬小麦差值植被指数（DVI）结合冠层各层次的光能截获量来推算不同叶层的氮密度。但对于大面积的作物遥感监测，冠层各层次的光能截获信息亦不易获取，可能会限制该法的应用。赵春江等（2006）基于多角度冠层反射光谱构建了冬小麦上、中、下叶层的叶绿素浓度反演指数，取得了较好的精度。

建立机理性强而又可靠的作物氮素垂直分布遥感监测模型最终离不开遥感信息与农学知识模型的结合。通过耦合冠层氮分布数学模型与成像或非成像光谱信息为遥感估算作物冠层氮素垂直分布提供了一种可行途径，从而可基于较易获取的光谱信息估算作物不同层次叶片的氮素含量（Li et al.，2013）。研究团队近年来对此开展了相关工作，在冠层垂向异质性光谱响应及氮素垂直分布遥感解析方面取得了一些比较重要的结果。

2.3 作物氮素时空动态变化

作物的生长信息是联系土壤与作物品质、产量的重要因素，作物在不同的土壤肥力条件下，受土壤、田间小气候及作物养分吸收利用能力等差异的影响，植株会表现出形态特征、生化组分的差异，进而造成作物长势参数及产量、品质指标均存在空间差异性。通过对作物体内营养状况的诊断，确定植株体内养分的丰缺状况，便可以此作为追肥决策的依据，通过施肥进行调控。空间变异性本是作为研究土壤特性的一种性质而普遍存在，并且研究土壤特性的空间变异，对于环境预测、精准农业和资源管理起着重要的作用（Burrough，1993；Stark et al.，2004），近些年来已有较多研究人员将空间变异理论用于研究作物的长势信息。许红卫等（2003）探讨了牧草干物质量与氮素产量的空间变异情况以及两者之间的关系，并指出在不同的季节干物质量与氮素产量的空间分布变化很大，但这两者的空间结构基本一致。李为萍等（2004）对向日葵株高和茎粗进行了空间变异性分析，发现向日葵株高和茎粗具有明显的空间结构特征。薛亚锋等（2005）探讨了水稻抽穗期叶面积指数及产量的空间结构性，指出叶面积指数和产量均具有明显的空间结构特征。此外通过传统回归统计方法得出，抽穗期叶面积指数与产量呈抛物线关系且相关性显著，因此可通过对抽穗期叶面积指数的调控来提高产量。陈树人等（2008）研究表明，碱解氮含量是影响小麦产量的主要因素，速效磷、速效钾含量与产量没有显著相关性。吴素霞等（2005）探讨了冬小麦拔节期、孕穗期、抽穗期和灌浆期叶片绿度的时空变异，指出冬小麦叶片绿度在拔节期、抽穗期和灌浆期均具有中等程度的空间相关性，孕穗期空间相关性弱。相关研究多依靠田间采样分析，要真实反映农田中作物养分水平及长势的空间变化，需要大量样点数据支持。Song等（2009）已将空间变异理论用于研究冬小麦的长势及品质，分析了变量施肥条件下冬小麦长势及品质变异遥感监测；喻铮铮等（2014）也研究了许昌地区冬小麦长势空间变异性。

由于遥感技术可较为准确地监测作物生长动态，对于生物量、叶面积指数等的监测技术已趋于成熟，因此结合遥感技术研究作物长势信息空间变异成为新的趋势。现有研究表明，不同波段及光谱参数对作物养分及长势空间变异的敏感性不同，作物在不同生育阶段，其生物量、植被覆盖度、养分分布情况等特征发生明显变化，如何根据需要选择合适的波段及光谱参数来表征作物长势的空间异质性特征，对于研究作物养分及长势空间异质性的地统计学规律有重要意义。Yang等（2004）分析了航空高光谱影像数据和棉花产量之间的关系，研究表明，窄波段比宽波段更能够反映棉花产量的变异程度；Abdullah等（2003）利用多年航空高光谱影像（AVIRIS）数据对于灌木丛和草地的空间异质性特征进行了分析对比，研究表明，不同植被参数NDVI、PRI、WBI（分别反映叶面积指数，光化学活性以及水分含量）的半方差曲线形态不同，且变程在不同年度中存在变化；Yang等（1996）采用混合像元线性光谱分解的方法对航空高光谱影像进行了分析，研究结果显示非强迫植被分量更能够很好表征高粱产量的空间变异特性；Garrigues等（2008）利用SPOT－HRV时间序列影像建立了基于冬-夏两季作物的时空变化模型，表征了季节更替状态下作物空间异质性特征；Dobermann和Ping（2004）以多光谱卫星影像为辅助变量，运用克里格、协同克里格等多种插值技术对玉米及大豆试验田绘制产量等值线图。Tomer等（1997）利用航空近红外影像进行了玉米产量的空间变异研究。Govaerts等

（2007）基于NDVI探讨了管理措施对作物长势空间变异的影响。Verhulst等（2009）基于NDVI植被指数探讨了在不同田间管理措施下作物长势小区内空间变异情况。宋晓宇等（2009）开展了基于Quickbird遥感影像的冬小麦长势及品质变异遥感监测研究，研究结果表明反映冬小麦群体长势的植被参数和反映叶绿素密度的植被指数在指示作物空间长势变异上有所不同；宋晓宇等（2010）基于多时相航空高光谱仪（PHI）遥感影像进行冬小麦长势空间变异研究，结果显示红边及近红外反射平台附近光谱对长势空间变异最为敏感。李树强等（2011）基于地统计学对冬小麦返青期和拔节期冠层NDVI值空间分布特征进行研究，为冬小麦生育期内精确管理提供了决策支持。

2.4 作物品质遥感监测与预测

作物籽粒蛋白质形成与植物碳氮代谢的合成与转运密切相关，通过运用遥感技术监测作物长势及营养状况，从而实现作物蛋白质含量预测具有可行性（于振文，2005；王纪华等，2008；陆景陵，2003；李振海，2016）。作物品质遥感预测研究起步较晚，自20世纪末期才逐步开始。当前，针对作物籽粒蛋白质含量遥感预测已经开展了一些研究工作，并构建了一系列的模型与方法，依据模型特点主要概括为以下四类：

（1）基于“遥感信息-籽粒蛋白质含量”模式的经验模型。该模式通过分析作物关键生育时期遥感信息（敏感波段、植被指数、红边参数等光谱特征）直接构建籽粒蛋白质含量的统计经验模型。Hansen等（2002）和王纪华等（2003）在前期的模型构建中通过选择与籽粒蛋白质含量敏感的波段进行模型构建。由于单一波段冠层反射率估测存在不确定性，后续的研究过程中基于植被指数或者光谱特征信息在不同生育时期构建了大量的籽粒蛋白质含量预测模型（Liu et al.，2006；Overgaard et al.，2010；Jin et al.，2014；薛利红等，2004；田永超等，2004）。基于该模式的籽粒蛋白质预测模型研究较多，操作简单且易实现，虽然模型具有较好的相关性，但机理性解释性不强，在区域间及年际间扩展应用时，容易产生较大的偏差。

（2）基于“遥感信息-农学参数-籽粒蛋白质含量”模式的定量模型。该模式主要根据遥感信息与关键生育时期农学参数的定量关系以及农学参数与籽粒蛋白质含量的定量关系，建立“遥感信息-农学参数-籽粒蛋白质含量”模式的籽粒蛋白质含量预测。Wang等（2004）和Xue等（2007）通过建立叶片含氮量与籽粒蛋白质含量模型，然后耦合较优光谱参量，实现籽粒蛋白质预测。Huang等（2005）以植株总氮含量作为农学参数进行光谱特征与籽粒蛋白质含量的链接参数。陈鹏飞等（2011）引入反映作物氮素营养状况的氮素营养指数（ntrogen nutrition index，NNI），并基于遥感参数- NNI -籽粒蛋白质含量估测蛋白质含量。Lu等（2005）考虑混合光谱的因素，针对穗层光谱及穗层氮素含量进行分析，研究表明利用开花期穗层光谱-穗全氮含量-籽粒蛋白质含量之间耦合进行籽粒蛋白质模型构建，效果较理想。肖春华等（2007）根据不同叶层光谱特征参量与冠层氮素分布、籽粒蛋白质含量的定量关系，建立了叶层比值植被指数梯度-叶层氮素含量梯度-籽粒蛋白质含量的反演模型。基于该模式的籽粒蛋白质预测模型分析了农学参数与籽粒蛋白质含量的定量关系，机理性解释性较前者有所提高，但构建的农学参数与籽粒蛋白质含量模型仅仅停留在线性模型构建，而籽粒蛋白质是一个比较复杂的性状，既受到品种本身遗传控制，更受到环境条件的影响（曹卫星等，2005）。因此，有必要综合考虑其他因素的影响，实现籽粒蛋白质含量的综合预报。

（3）基于遥感数据和生态因子的籽粒蛋白质含量半机理模型。研究者尝试对籽粒氮素运转原理进行模拟，并且加入生态因子实现年际与空间差异的校正。Guasconi等（2011）和Orlandini等（2011）研究表明降水量与蛋白质含量的关系为负相关，而温度与籽粒蛋白质含量的关系为正相关，利用气象数据与NDVI进行大面积籽粒蛋白质监测具有可行性。王大成等（2013）综合利用遥感数据和生态因子构建籽粒蛋白质含量经验模型，研究表明结合遥感数据和生态因子的监测结果比单独利用遥感数据或单独利用生态因子的精度高。李卫国等（2008）结合小麦灌浆期间气候环境条件和土壤条件对籽粒蛋白质含量形成的影响机制，建立基于NDVI和籽粒氮素累计生理生态过程的籽粒蛋白质含量预测模型。李振海等（2014）通过分析籽粒氮素累积量的两个主要来源及其之间的比例关系，构建氮素运转机理简化模型，并且考虑温度影响因子对籽粒氮素运转的影响，实现籽粒蛋白质含量预测。该模式考虑氮素运转机理和生态因子对籽粒蛋白质含量的影响，有一定的机理性，年际扩展性和空间转移性有所改善，但该模式或者以线型回归模型的某一个自变量，或者某一段生育时期内某一个生态因子作为权重因子进行建模，模型的构建过于简单，考虑的生态因子也比较少，有必要对该项研究进行深一步的探索研究。

（4）基于遥感信息和作物生长模型结合的机理解释模型。通过遥感信息和作物生长模型耦合的同化方法，调整模型模拟变量与遥感观测值的误差达到最小以调整作物模型的初始参数和状态变量，进而实现最终作物籽粒蛋白质含量的预测。Li 等（2015a）尝试以植株氮素累积量（plant nitrogen accumulation，PNA）作为状态变量，采用粒子群算法（particle swarm optimization，PSO）耦合遥感数据和 DSSAT 模型实现冬小麦籽粒蛋白质含量的预测。Li 等（2015b）在此基础上对比叶面积指数（leaf area index，LAI）和 PNA 分别作为状态变量以及 LAI＋PNA 作为状态变量进行籽粒蛋白质含量预测的研究，结果表明 LAI＋PNA 作为状态变量具有更加的预测精度。该模式综合考虑籽粒蛋白质形成过程中各种生态因子的影响，具有较强的机理性，但该研究还处于初步探索阶段，研究者较少，采用的同化策略单一，并且还仅仅停留在田块尺度籽粒蛋白质含量预报研究，区域尺度同化方法进行籽粒蛋白质含量预报还有待于进一步尝试。

2.5 作物氮素亏缺诊断及决策

氮肥施用合理与否对作物产量水平与品质性状的最终形成会产生显著的影响。氮肥决策实施一般由氮素营养信息诊断、氮肥处方决策和精准变量作业三个环节组成。因此，实时、动态和准确地监测作物植株体内的氮素状态，诊断作物体内的氮素丰缺状况，是氮素决策处方和精准变量施肥的前提和基础。

作物氮素亏缺监测诊断技术经历了从植株外部形态诊断、营养化学测试分析到无损检测的发展过程（郭建华等，2008）。①基于植株外部形状的养分诊断（郭庆法，2004；陶勤南等，1990；Evans 等，1984），如叶色卡法、肥料窗口法等，主要从植株的叶色、形状和症状等方面进行营养丰缺状况的判断和分析，尽管直观、简单和便捷，但当作物处于潜在营养缺乏时，作物植株外形变化不明显，而当作物形态变化显著时，作物营养缺乏已达较严重状况，因此该法往往具有较大滞后性。②养分化学诊断方法（陈新平等，1997，1999；李志宏等，1997），主要分为植株全氮诊断、硝态氮诊断和氨态氮诊断等，该方法诊断氮营养丰缺状态比较可靠，尽管精度较高，但测试耗时、费力和成本高，也难以满足按需施用和实时精准管理的需求。③随着光谱探测技术的发展，基于光谱无损探测的养分快速诊断和原位监测技术得到快速发展（何勇等，2015；宋丽娟等，2017；薛利红等，2003；Jia 等，2004），面向不同养分诊断应用需求，各种养分监测诊断仪器装备不断问世，特别是便携式养分诊断仪如 SPAD 色素快速诊断仪、GreenSeeker 监测仪等得到广泛应用，一些基于车载平台的养分无损检测技术装备近年来也得到应用，但便携式和车载平台养分诊断仪在小田块点上应用具有较高的精度，在大范围监测上则力不从心。随着卫星和无人机传感平台技术的发展，基于卫星和无人机遥感养分监测技术得到快速发展，并已为大范围、动态和实时作物养分无损监测诊断方面的研究热点。

总体上看，不同养分监测方式各有优势，如便携式具有“点上”高精监测优势，车载平台具有“条带”监测特征，而卫星及无人机遥感具有“面上”广监测特点，如何将多种养分监测信息进行有效尺度转换和数据融合，通过“点-线-面”优势互补，实现实时、动态和大范围的养分的原位监测和快速诊断，为作物水肥适时、精准管理提供空间决策支持信息，是当前养分信息快速监测与诊断的重点和难点问题。

3 作物氮素遥感监测需求

党的十九大提出的“加快生态文明体制改

革，建设美丽中国”的重要任务，《国家中长期科学和技术发展规划纲要（2006—2020 年）》《全国农业可持续发展规划（2015—2030 年）》及近年来中央 1 号系列文件中关于农业科技创新工作部署，均把“农业精准作业与信息化”“全面加强农业面源污染防控”作为优先重点任务，尤其是提出“到 2020 年实现化肥农药施用量零增长”。围绕作物氮素养分遥感监测与预测方面的一系列研究，必将在作物生产过程的“高产、高效、优质、安全、生态”研究中发挥不可或缺的作用。以卫星遥感、无人机、地面传感为代表的“地-空-星”多平台遥感在及时、快速和高效获取农田信息方面具有无可比拟的优势，也为促进传感、信息、装备与农业生产过程深度融合提供了关键纽带。尤其是随着高分辨率对地观测系统重大专项的实施和建设，初步具备了全天候、全天时、全球覆盖的高分辨率对地观测能力，为解决农业生产的迫切信息需求提供了契机。所以，及早布置面向作物精准管理信息获取与诊断决策需求的理论与方法研究，既有破解农田信息获取与解析“瓶颈”的现实性，也具有农业信息学向着数字化集成感知和协同认知发展的前瞻性。

参考文献

曹卫星，郭文善，王龙俊，等，2005. 小麦品质生理生态及调优技术［M］. 北京：中国农业出版社：289 - 307.

陈鹏飞，王吉顺，潘鹏，等，2011. 基于氮素营养指数的冬小麦籽粒蛋白质含量遥感反演［J］. 农业工程学报，27（9）：75 - 80.

陈树人，肖伟中，朱云开，等，2008. 土壤养分和小麦产量空间变异性与相关性分析［J］. 农业机械学报，39（10）：140 - 143.

陈新平，李志宏，王兴仁，等，1999. 土壤、植株快速测试推荐施肥技术体系的建立与应用［J］. 土壤肥料（2）：6 - 10.

陈新平，周金迟，王兴仁，等，1997. 应用土壤无机氮测试进行冬小麦氮肥推荐的研究［J］. 土壤肥料（5）：19 - 21.

党蕊娟，李世清，穆晓慧，等，2008. 施氮对半湿润农田冬小麦冠层叶片氮素含量和叶绿素相对值垂直分布的影响［J］. 西北植物学报，28（5）：1036 - 1042.

冯伟，姚霞，朱艳，等，2008. 基于高光谱遥感的小麦叶片含氮量监测模型研究［J］. 麦类作物学报，28（5）：851 - 860.

郭建华，赵春江，王秀，等，2008. 作物氮素营养诊断方法的研究现状及进展［J］. 中国土壤与肥料，2008（4）：10 - 14.

郭庆法，王庆成，2004. 玉米栽培学原理［M］. 上海：上海科学技术出版社：407 - 409.

何勇，彭继宇，刘飞，等，2015. 基于光谱和成像技术的作物养分生理信息快速检测研究进展［J］. 农业工程学报，31（3）：174 - 189.

黄文江，2005. 作物株型的遥感识别与生化参数垂直分布的反演［D］. 北京：北京师范大学.

鞠昌华，田永超，朱艳，等，2008. 小麦叠加叶片的叶绿素含量光谱反演研究［J］. 麦类作物学报，28（6）：1068 - 1074.

李树强，李民赞，李修华，等，2011. 冬小麦冠层叶片 NDVI 获取方法及其空间分布研究［C］//中国农业工程学会 2011 年学术年会.

李为萍，史海滨，霍再林，等，2004. 向日葵株高和茎粗的空间结构性初步分析［J］. 农业工程学报，20（4）：30 - 33.

李卫国，王纪华，赵春江，等，2008. 基于 NDVI 和氮素积累的冬小麦籽粒蛋白质含量预测模型［J］. 遥感学报，12（3）：506 - 514.

李振海，徐新刚，金秀良，等，2014. 基于氮素运转原理和 GRA - PLS 算法的冬小麦籽粒蛋白质含量遥感预测［J］. 中国农业科学，47（19）：3780 - 3790.

李振海，2016. 基于遥感数据和气象预报数据的 DSSAT 模型冬小麦产量和品质预报［D］. 杭州：浙江大学.

李志宏，张福锁，王兴仁，1997. 我国北方地区几种主要作物氮素诊断及追肥推荐研究Ⅱ植株硝酸盐快速诊断方法的研究［J］. 植物营养与肥料学报，3（3）：268 - 274.

陆景陵，1994. 植物营养学（上册）［M］. 北京：北京农业大学出版社.

陆景陵，2003. 植物营养学［M］. 北京：中国农业大学出版社.

马吉锋，朱艳，姚霞，等，2007. 水稻叶片氮含量与荧光参数的关系［J］. 中国水稻科学，21（1）：65 - 70.

苗以农，姜艳秋，朱长甫，等，1988. 大豆不同节位叶片全氮含量的变异性［J］. 大豆科学，7（2）：113 - 118.

牛铮，赵春江，2000. 叶片化学组分成像光谱遥感探测分析［J］. 遥感学报，4（2）：125 - 130.

石祖梁，殷美，荆奇，等，2009. 冬小麦冠层氮素垂直分布特征及其与籽粒蛋白质的关系［J］. 麦类作物学报，29（2）：289 - 293.

宋丽娟，叶万军，郑妍妍，等，2017. 作物氮素无损快速营养诊断研究进展［J］. 中国稻米，23（6）：19 - 22.

宋晓宇，王纪华，黄文江，等，2009. 变量施肥条件下冬小麦长势及品质变异遥感监测 [J]. 农业工程学报，25 (9)：155-162.

宋晓宇，王纪华，阎广建，等，2010. 基于多时相航空高光谱遥感影像的冬小麦长势空间变异研究 [J]. 光谱学与光谱分析，30 (7)：1820-1824.

陶勤南，方萍，吴良欢，等，1990. 水稻氮素营养的叶色研究 [J]. 土壤，22 (4)：190-193.

田永超，曹卫星，王绍华，等，2004. 不同水、氮条件下水稻不同叶位水、氮含量及光合速率的变化特征 [J]. 作物学报，30 (11)：1129-1134.

田永超，朱艳，曹卫星，等，2004. 利用冠层反射光谱和叶片 SPAD 值预测小麦籽粒蛋白质和淀粉的积累 [J]. 中国农业科学，37 (6)：808-813.

王大成，张东彦，李宇飞，等，2013. 结合 HJ1A/B 卫星数据和生态因子的籽粒品质监测 [J]. 红外与激光工程，42 (3)：780-786.

王纪华，黄文江，劳彩莲，等，2007. 运用 PLS 算法由小麦冠层反射光谱反演氮素垂直分布 [J]. 光谱学与光谱分析，27 (7)：1319-1322.

王纪华，黄文江，赵春江，等，2003. 利用光谱反射率估算叶片生化组分和籽粒品质指标研究 [J]. 遥感学报，7 (4)：277-284.

王纪华，赵春江，黄文江，2008. 农业定量遥感基础与应用 [M]. 北京：科学出版社.

王之杰，2004. 冬小麦冠层氮素分布与品质遥感的研究 [D]. 北京：中国农业大学.

吴素霞，毛任钊，李红军，等，2005. 冬小麦叶片绿度时空变异特征研究 [J]. 中国生态农业学报，13 (4)：82-85.

肖春华，李少昆，卢艳丽，等，2007. 基于冠层平行平面光谱特征的冬小麦籽粒蛋白质含量预测 [J]. 作物学报，33 (9)：1468-1473.

许红卫，王人潮，2003. 牧草干物质量和氮素产量的空间变异研究 [J]. 中国草地，25 (6)：6-11.

薛利红，曹卫星，2003. 基于冠层反射光谱的水稻群体叶片氮素状况监测 [J]. 中国农业科学，36 (7)：807-812.

薛利红，曹卫星，李映雪，等，2004. 水稻冠层反射光谱特征与籽粒品质指标的相关性研究 [J]. 中国水稻科学，18 (5)：431-436.

薛亚锋，周明耀，徐英，等，2005. 水稻叶面积指数及产量信息的空间结构性分析 [J]. 农业工程学报，21 (8)：89-92.

于振文，2013. 作物栽培学各论 [M]. 北京：中国农业出版社.

喻铮铮，徐永新，李京忠，等，2014. 许昌地区冬小麦长势空间变异研究 [J]. 湖北农业科学，53 (15)：3508-3511.

赵春江，黄文江，王纪华，等，2006. 用多角度光谱信息反演冬小麦叶绿素含量垂直分布 [J]. 农业工程学报，22 (6)：104-109.

Ackerly D D, 1992. Light, leaf age, and leaf nitrogen concentration in a tropical vine [J]. Oecologia, 89 (4): 596-600.

Archontoulis S V, Vos J, Yin X, et al, 2011. Temporal dynamics of light and nitrogen vertical distributions in canopies of sunflower, kenaf and cynara [J]. Field Crops Research, 122 (3): 186-198.

Basnyat P, McConkey B G, Selles F, et al, 2005. Effectiveness of using vegetation index to delineate zones of different soil and crop grain production characteristics [J]. Canadian Journal of Soil Science, 85 (2): 319-328.

Bertheloot J, Martre P, Andrieu B, 2008. Dynamics of light and nitrogen distribution during grain filling within wheat canopy [J]. Plant Physiology, 148 (3): 1707-1720.

Bindraban P S, 1999. Impact of canopy nitrogen profile in wheat on growth [J]. Field Crops Research, 63 (1): 63-77.

Burrough P A, 1993. Soil variability: a late 20th century view [J]. Soils and Fertilizers, 56: 529-562.

Chen J L, Reynolds J F, Harley P C, et al, 1993. Coordination theory of leaf nitrogen distribution in a canopy [J]. Oecologia, 93 (1): 63-69.

Chen P F, Haboudane D, Tremblay N, et al, 2010. New spectral indicator assessing the efficiency of crop nitrogen treatment in corn and wheat [J]. Remote Sensing of Environment, 114 (9): 1987-1997.

Connor D J, Sadras V O, Hall A J, 1995. Canopy nitrogen distribution and the photosynthetic performance of sunflower crops during grain filling—a quantitative analysis [J]. Oecologia, 101 (3): 274-281.

Debaeke P, Rouet P, Justes E, 2006. Relationship between the normalized SPAD index and the nitrogen nutrition index: application to durum wheat [J]. Journal of Plant Nutrition, 29 (1): 75-92.

Dobermann A, Ping J L, 2004. Geostatistical integration of yield monitor data and remote sensing improves yield maps [J]. Agronomy Journal, 96 (1): 285-297.

Ecarnot M, Compan F, Roumet P, 2013. Assessing leaf nitrogen content and leaf mass per unit area of wheat in the field throughout plant cycle with a portable spectrometer [J]. Field Crops Research, 140: 44-50.

Evans J R, Seemann J R, 1984. Differences between wheat genotypes in specific activity of ribulose-1, 5-bisphosphate carboxylase and the relationship to photosynthesis [J]. Plant Physiology, 74 (4): 759 - 765.

Feng W, Guo B B, Wang Z J, et al, 2014. Measuring leaf nitrogen concentration in winter wheat using double-peak spectral reflection remote sensing data [J]. Field Crops Research, 159: 43 - 52.

Feng W, Zhang H Y, Zhang Y S, et al, 2016. Remote detection of canopy leaf nitrogen concentration in winter wheat by using water resistance vegetation indices from in-situ hyperspectral data [J]. Field Crops Research, 198: 238 - 246.

Field C, 1983. Allocating leaf nitrogen for the maximization of carbon gain: leaf age as a control on the allocation program [J]. Oecologia, 56 (2 - 3): 341 - 347.

Garrigues S, Allard D, Baret F, 2008. Modeling temporal changes in surface spatial heterogeneity over an agricultural site [J]. Remote Sensing of Environment, 112 (2): 588 - 602.

Govaerts B, Verhulst N, Sayre K D, et al, 2007. Evaluating spatial within plot crop variability for differentmanagement practices with an optical sensor? [J]. Plant Soil, 299: 29 - 42.

Guasconi F, Dalla M A, Grifoni D, et al, 2011. Influence of climate on durum wheat production and use of remote sensing and weather data to predict quality and quantity of harvests [J]. Italian Journal of Agrometeorology, 16 (3): 21 - 28.

Hansen P M, Jorgensen J R, Thomsen A, 2002. Predicting grain yield and protein content in winter wheat and spring barley using repeated canopy reflectance measurements and partial least squares regression [J]. Journal of Agricultural Science-Cambridge, 139 (1): 61 - 66.

Hansen P M, Schjoerring J K, 2003. Reflectance measurement of canopy biomass and nitrogen status in wheat crops using normalized difference vegetation indices and partial least squares regression [J]. Remote Sensing of Environment, 86 (4): 542 - 553.

Hirose T, Werger M J A, 1987. Maximizing daily canopy photosynthesis with respect to the leaf nitrogen allocation pattern in the canopy [J]. Oecologia, 72 (4): 520 - 526.

Huang W, Wang J, Liu L, et al, 2005. Study on grain quality forecasting method and indicators by using hyperspectral data in wheat [C]//Fourth International Asia-Pacific Environmental Remote Sensing Symposium 2004: Remote Sensing of the Atmosphere, Ocean, Environment, and Space. International Society for Optics and Photonics: 291 - 300.

Jacquemoud S, Verhoef W, Baret F, et al, 2009. PROSPECT + SAIL models: A review of use for vegetation characterization [J]. Remote Sensing of Environment, 113: 56 - 66.

Jia L, Chen X, Zhang F, et al, 2004. Use of digital camera to assess nitrogen status of winter wheat in the northern China plain [J]. Journal of Plant Nutrition, 27 (3): 441 - 450.

Jin X, Xu X, Feng H, et al, 2014. Estimation of Grain Protein Content in Winter Wheat by Using Three Methods with Hyperspectral Data [J]. International Journal of Agriculture & Biology, 16 (3).

Karimi Y, Prasher S O, Patel R M, et al, 2006. Application of support vector machine technology for weed and nitrogen stress detection in corn [J]. Computers and Electronics in Agriculture, 51 (1): 99 - 109.

Karnieli A, 2010. SWIR-based spectral indices for assessing nitrogen content in potato fields [J]. International Journal of Remote Sensing, 31 (19): 5127 - 5143.

Kokaly R F, Clark R N, 1999. Spectroscopic Determination of Leaf Biochemistry Using Band - Depth Analysis of Absorption Features and Stepwise Multiple Linear Regression [J]. Remote Sensing of Environment, 67 (3): 267 - 287.

Lemaire G, Jeuffroy M H, Gastal F, 2008. Diagnosis tool for plant and crop N status in vegetative stage: Theory and practices for crop N management [J]. European Journal of Agronomy, 28 (4): 614 - 624.

Li H, Zhao C, Huang W, et al, 2013. Non - uniform vertical nitrogen distribution within plant canopy and its estimation by remote sensing: A review [J]. Field Crops Research, 142: 75 - 84.

Li Z, Jin X, Zhao C, et al, 2015a. Estimating wheat yield and quality by coupling the DSSAT - CERES model and proximal remote sensing [J]. European Journal of Agronomy, 71: 53 - 62.

Li Z, Nie C, Wei C, et al, 2016. Comparison of four chemometric techniques for estimating leaf nitrogen concentrations in winter wheat (*Triticum aestivum*) based on hyperspectral features [J]. Journal of Applied Spectroscopy, 83 (2): 240 - 247.

Li Z, Wang J, Xu X, et al, 2015b. Assimilation of two variables derived from hyperspectral data into the DSSAT-CERES model for grain yield and quality estimation [J]. Remote Sensing, 7 (9): 12400 - 12418.

Liu L, Wang J, Bao Y, et al, 2006. Predicting winter wheat condition, grain yield and protein content using multi-temporal EnviSat-ASAR and Landsat TM satellite images [J]. International Journal of Remote Sensing, 27 (4): 737 - 753.

Lu Y, Li S, Xie R, et al, 2005. Estimating wheat grain protein content from ground - based hyperspectral data using a improved detecting method [C]//Proceedings of 2005 International IEEE, 3: 1871 - 1874.

Milroy S P, Bange M P, Sadras V O, 2001. Profiles of leaf nitrogen and light in reproductive canopies of cotton (*Gossypium hirsutum*) [J]. Annals of Botany, 87 (3): 325 - 333.

Nguyen H T, Lee B W, 2006. Assessment of rice leaf growth and nitrogen status by hyperspectral canopy reflectance and partial least square regression [J]. European Journal of Agronomy, 24 (4): 349 - 356.

Orlandini S, Mancini M, Grifoni D, et al, 2011. Integration of meteo-climatic and remote sensing information for the analysis of durum wheat quality in Val d'Orcia (Italy) [J]. Idojaras, 115 (4): 233 - 245.

Overgaard S I, Isaksson T, Kvaal K, et al, 2010. Comparisons of two hand - held, multispectral field radiometers and a hyperspectral airborne imager in terms of predicting spring wheat grain yield and quality by means of powered partial least squares regression [J]. Journal of Near Infrared Spectroscopy, 18 (4): 247 - 261.

Rahman A F, Gamon J A, Sims D A, et al, 2003. Optimum pixel size for hyperspectral studies of ecosystem function in southern California chaparral and grassland [J]. Remote Sensing of Environment, 84 (2): 192 - 207.

Song X Y, Wang J H, Huang W J, et al, 2009. Monitoring spatial variance of winter wheat growth and grain quality under variable - rate fertilization conditions by remote sensing data [J]. Transactions of the Chinese Society of Agricultural Engineering, 25 (9): 155 - 162.

Stark C H E, Condron L M, Stewart A, et al, 2004. Small-scale spatial variability of selected soil biological properties [J]. Soil Biology and Biochemistry, 36 (4): 601 - 608.

Tian Y C, Yao X, Yang J, et al, 2011. Assessing newly developed and published vegetation indices for estimating rice leaf nitrogen concentration with ground- and space-based hyperspectral reflectance [J]. Field Crops Research, 120 (2): 299 - 310.

Tomer M D, Anderson J L, Lamb J A, 1997. Assessing corn yield and nitrogen uptake variability with digitized aerial infrared photographs [J]. Photogramm etric Engineering and Remote Sensing, 63: 299 - 306.

Verhulst N, Govaerts B, Sayre K D, et al, 2009. Using NDVI and soil quality analysis to assess influence of agronomic management on within-plot spatial variability and factors limiting production [J]. Plant and Soil, 317 (1 - 2): 41 - 59.

Wang Z J, Wang J H, Liu L Y, et al, 2004. Prediction of grain protein content in winter wheat (*Triticum aestivum* L.) using plant pigment ratio (PPR) [J]. Field Crops Research, 90 (2): 311 - 321.

Werger M J A, Hirose T, 1991. Leaf nitrogen distribution and whole canopy photosynthetic carbon gain in herbaceous stands. Vegetatio, 97: 11 - 20.

Xue L, Cao W, Luo W, et al, 2004. Monitoring leaf nitrogen status in rice with canopy spectral reflectance [J]. Agronomy Journal, 96 (1): 135 - 142.

Xue L, Cao W, Zhang L, et al, 2007. Predicting grain yield and protein content in winter wheat at different N supply levels using canopy reflectance spectra [J]. Pedosphere, 17 (5): 646 - 653.

Yang C, Anderson G L, 1996. Determining within-field management zones for grain sorghum using aerial videography [C]//Proceeding of the 26th Symposium on Remote Sensing of Environment: 606 - 611.

Yang C, Everitt J H, Bradford J M, et al, 2004. Airborne hyperspectral imagery and yield monitor data for mapping cotton yield variability [J]. Precision Agriculture, 5 (5): 445 - 461.

Yang G, Zhao C, Pu R, et al, 2015. Leaf nitrogen spectral reflectance model of winter wheat (*Triticum aestivum*) based on PROSPECT: simulation and inversion [J]. Journal of Applied Remote Sensing, 9 (1): 095976 - 095976.

Zhang C, Kovacs J M, Wachowiak M P, et al, 2013. Relationship between hyperspectral measurements and mangrove leaf nitrogen concentrations [J]. Remote Sensing, 5 (2): 891 - 908.

李振海 山东东营市人，国家农业信息化工程技术研究中心助理研究员。2011年获山东农业大学农学院农学学士；2016年获浙江大学环境与资源学院农学博士；2017年1月至2018年8月英国纽卡斯尔大学工程学院博士后。主要从事作物养分时空动态监测及在精准农业中的应用研究。获2017年度北京市优秀人才项目资助。主持国家自然科学基金、农业部农情项目等7项，作为项目骨干参与国家重点研发计划、中英科技合作牛顿基金、国家自然科学基金、中欧"龙计划"国际合作项目等7项。近5年来，作为前三作者发表SCI/EI论文近58篇（其中以第一/通信作者发表SCI论文10篇，EI论文6篇），撰写专著1部。

Zhenhai Li, who has born in Dongying, Shandong, is assistant professor in China National Engineering Research Center for Information Technology in Agriculture (NERCITA). He obtained his Bachelor degree in Shandong Agriculture University in 2011, and PhD degree in Zhejiang University in 2016. From January 2017 to August 2018, he also worked in School of Engineering in Newcastle University in UK. He has been engaged in the research of quantitative remote sensing of crop nitrogen nutrient and its application. He is now host 7 projects granted from NSFC, MOARA, Beijing Excellent talents, etc., and also attend 7 projects granted from NSFC, China-UK Newton, China - ESA Dragon, etc. In the past 5 years, He published about 58 papers of SCI/EI including 10 SCI papers and 6 EI as first/corresponds authors. He also published one book in Science Press.

Aerial Application Technology and Remote Sensing for Developing Sustainable Agriculture

Yanbo Huang

(USDA-ARS Crop Production Systems Research Unit, Stoneville, Mississippi, USA)

Abstract: Sustainable agriculture relies on consistent agricultural productivity and environmental conservation at the same time. Precision agriculture is critical for developing sustainable agriculture. Precision agriculture has been modernized from strategic monitoring operations in the 1980s to tactical monitoring and control operations in the 2010s and is advancing into the stage of smart agriculture with high intelligence and automation. This paper overviews the general situation of aerial application and remote sensing research and applications in the united states and discusses some important aspects for further development and practices for advancing research and development in the next ten years.

Keywords: agricultural aviation, precision agriculture, application technology, remote sensing, big data

1 INTRODUCTION

Sustainable agriculture is the ultimate goal for all agricultural operations to meet society's food and textile needs at the present without compromising the ability of future generations to meet their own needs[1]. For developing sustainable agriculture any agricultural operations should make effort to reduce input, maximize output and protect environment at the same time, which is what precision agriculture has pursued. Modern precision agriculture has been developed and practiced since the late 1980s in the U. S. with the integration of global positioning system (GPS), geographic information system (GIS) and remote sensing. With the development of information and electronic technologies, agricultural production and management are advancing into a new stage for so-called smart agriculture. Although a scientific and unified definition of smart agriculture does not exist yet[2], the operations of agricultural production and management have moved to levels that can be supported with supercomputing, inter-networking, machine or artificial intelligence and massive data resources, which makes the integration and optimization of agricultural production systems and resources greatly advanced.

Aerial application and remote sensing are two key technologies in developing precision agriculture, and they are still fundamental in the process to advance to smart agriculture. Aerial application of crop protection and production materials is critical to ensure agricultural productivity in the areas where are often under abnormally wet weather conditions during growth seasons, such as the Midsouth and Midwest areas in the U. S. Remote sensing provides a tool to rapidly monitor and prescribe where, when and how much needed to treat a certain area/zone/spot of crop fields and feedbacks effective information of the treatment to adjust and improve precision agricultural operations.

This paper overviews the general situation of aerial application and remote sensing research and applications in the U. S. and discusses some important aspects for further development and practices.

2 AGRICULTURE IN THE UNITED STATES

The U. S. is a net exporter of food[3]. In 2007, the production of America's farms contributed $132.8 billion, which is about 1 percent of U. S. gross domestic product (GDP)[4]. Although agricultural activity takes place in every state in the U. S., the most concentrated agricultural area in the U. S. is the Great Plains. The Great Plains is a vast expanse of flat, arable land in the center of the nation in the region west of the Great Lakes and east of the Rocky Mountains, with the major crops of corn, soybean, cotton and wheat in the regions known as the Corn Belt, the Wheat Belt and the Cotton Belt[5].

3 AGRICULTURAL AVIATION IN THE UNITED STATES

As defined by the National Agricultural Aviation Association (NAAA) (Alexandria, Virginia, USA) agricultural aviation is an industry that "consists of small businesses and pilots that use aircraft to aid farmers in producing a safe, affordable and abundant supply of food, fiber and biofuel" while "aerial application is a critical component of high-yield agriculture"[6].

According to the Federal Aviation Administration (FAA) (Washington, DC, USA), there are approximately 3 600 agricultural aircraft in service in the U. S.[7]. A 2012 survey report by the NAAA indicates approximately 87% of the agricultural aircraft fleet in the U. S. is composed of fixed wing aircraft and helicopters comprise the remaining 13%[7]. Now, every year aerial application pilots treat approximately 127 million acres of cropland in the U. S., which equates to 28% of all commercial cropland in the country[8].

There are two aspects worthy to note for agricultural aviation in the U. S.[9]:

1. 12% of aerial application operators use remote crop sensing or aerial imaging as part of their operations. This trend is growing for the aerial application industry doesn't want to fall behind the technology curve and delay in embracing aerial imaging and precision agriculture/application[10], and 14% of operators performed either liquid or dry variable rate application and 30% and 64% of ag aircraft were equipped with dry flow control and liquid flow control application equipment, respectively[11].

2. 4% of them use unmanned aircraft systems in their operations. Japan developed the Yamaha technology in 1980s for UAV (Unmanned Aerial Vehicle) aerial application to conduct crop protection[12]. In early 2010s China began to rapidly develop UAV plant protection technology[13]. However, Ken Giles, then, made comments that "In the U. S. right now there is no commercial use of this technology—it's strictly a research and development effort"[14].

4 AERIAL APPLICATION AND REMOTE SENSING

To ensure effective precision agriculture aerial imaging or remote sensing should work cooperatively with aerial application to ensure the crop production and protection materials being delivered at right time, needed location, and appropriate amount for desired results. The cooperative workflow should be as:

1. Remote sensing for pre-determination of risk management zones.

2. Convert the zonal analysis data into prescription map.

3. Spray application with the map in terms of experimental design from spray modeling and weather conditions.

4. Remote sensing for post-evaluation of efficiency and efficacy of the spray application operation.

5. If the results are not satisfactory, can go back to step 1 to adjust and re-run the process if necessary; otherwise the operation terminates.

The entire process forms a closed-loop feedback structure. Based on this structure, information and data communication can be systemically streamed to monitor and control the process smoothly.

For developing aerial variable-rate application, a key technology for crop protection in precision agriculture, flow controllers have been evaluated on agricultural aircraft[15,16,17]. The similar systems have been commercialized and widely used in the ground-based platform, typically tractor mounted systems[18]. However, aerial variable-rate application is still on research and development effort with the challenge of sprayer control timely response to remote sensing prescription[16,17,19] although quite amount of flow controlled equipped on agricultural aircraft[11].

5 UAV SPRAY APPLICATION

Due to strong ground-based and manned aerial spray application capabilities, UAV-based spray systems have been limitedly developed and applied in the states, except in a few spray systems and performance studies over agricultural fields[20,21,22]. In recent years UAV-based aerial technology is gaining traction for applying pesticides and fertilizers in the U. S. because it offers several advantages to the users. With the technology the spray applicator is removed from the spray process. UAVs can reach areas inaccessible to man and at times inaccessible to aircraft and ground sprayers. They provide an opportunity to get better spray coverage, especially for rotor-winged systems. UAVs can hover over a specific area while applying pesticides. In addition, the UAV does not come into direct contact with the soil surface. Thus, it does not contribute to soil compaction.

To develop UAV spray application technology for the U. S. the agricultural aviation industry is considering a number of technical issues[8,10,11]:

1. Product payload and flight speed-In the U. S. the capacities of aircraft ranges holding from 400 to 800 gallons (1 500~3 000 liters) of product, with 1 000 gallon (3 800 liters) aircraft being developed. UAVs do not have payloads approaching anywhere near this size, nor do they achieve speeds even close to the 90 to 150 mph (145 ~ 240 km • h) speeds manned agricultural aircraft travel across a field during an application

2. Average farm size-It should be noted the average farm size in Japan is approximately 5 acres (2 hm^2), compared to 441 acres (178 hm^2) in the U. S. This is where UAVs can complement manned aircraft nicely, by making applications on small plots of land that are not suitable for traditional airplanes or helicopters. The UAVs used in Japan have found their uses in the U. S. as well, making applications to small vineyards on steep terrain where they offer an effective replacement to backpack spraying, areas larger manned aircraft are unable to reach

3. Coverage-It was estimated that the DJI Agras UAV (DJI, Shenzhen, China) can treat up to 100 acres (40 hm^2) per day while a single manned aircraft can spray upwards of 2 000 acres (800 hm^2) a day, which resulted in a 1/20 ratio of working efficiency. This is another of the benefits of manned aerial application that is unmatched by current UAV technology.

4. Penetration-There is no available evidence to suggest UAVs make more efficacious applications and create less unintentional drift than manned aircraft. Those promoting UAVs for aerial application have described UAVs' downwash effect as "unique," enabling products to penetrate deeper into the crop canopy. The same aerodynamics applies to manned aircraft. Actually, the downwash effect is much greater with manned aircraft, causing more air to be displaced moving the applied products deep into the crop canopy.

5. Spray with multiple UAVs-It is of course possible to use multiple UAVs to spray a single field, however that would require licensed UAV pilots unless specifically granted an exemption by the FAA to allow one remote pilot to operate multiple UAVs. Even then, each UAV would require being loaded individually. Manned agricultural

aircraft have hopper capacities up to 800 gallons. At a rate of two gallons of spray per acre, a single load from an agricultural aircraft with an 800-gallon hopper can treat 400 acres.

Therefore, in the U. S. aerial application by manned aircraft is still the fastest and most effective method of application. At the same time UAVs can be considered to develop and use to complement manned aircraft.

6 THE FUTURE

In the next ten years or so agriculture will advance with intelligent machinery and management through high-performance process and operation automation. Research and development for sustainable agriculture with precision operations will focus on:

1. Develop dual-function system on agricultural aircraft and UAV platforms to allow the system to be able to quickly switch and interact between aerial application and remote sensing system

2. Create information management schemes to streamline data communication in the feedback closed-loop of remote sensing and aerial plication interaction

3. Create platforms of remote sensing big data dissemination in terms of crop field management schemes with absolute radiometric calibration of airborne imaging sensors in terms of high-resolution satellite imagery

References

[1] ASI. What is sustainable agriculture. Davis: University of California. https://asi.ucdavis.edu/programs/ucsarep/about/what-is-sustainable-agriculture, 2019.

[2] SA. Editorial Interview: Dr. Yanbo Huang talks about from precision agriculture in the United States to future smart agriculture in China. Smart Agriculture (SA), 2019-03-25.

[3] USDA-ERS. Latest U. S. agricultural trade data. https://www.ers.usda.gov/data-products/foreign-agricultural-trade-of-the-united-states-fatus/us-agricultural-trade-data-update, 2019.

[4] USDA-ERS. What is agriculture's share of the overall U. S. economy? https://www.ers.usda.gov/data-products/ag-and-food-statistics-charting-the-essentials/ag-and-food-sectors-and-the-economy, 2019.

[5] J Hatfield. Agriculture in the Midwest//J Winkler, J Andresen, J Hatfield, et al. U. S. National Climate Assessment Midwest Technical Input Report/Great Lakes Integrated Sciences and Assessments (GLISA) Center. http://glisa.msu.edu/docs/NCA/MTIT_Agriculture.pdf. 2012.

[6] NAAA. About Ag Aviation. https://www.agaviation.org/aboutagaviation. 2019.

[7] S Bretthauer. Aerial applications in the USA. Outlooks on Pest Management, 2015, 26 (5): 192-198.

[8] A Moore. A realistic look at UAVs and aerial application in agriculture. https://www.precisionag.com/in-field-technologies/drones-uavs/a-realistic-look-at-uavs-and-aerial-application-in-agriculture, 2019.

[9] A Moore. Major corporate players embrace precision ag/aerial imaging. Agricultural Aviation, 2019, 46 (4): 6-8.

[10] A Moore. NAAA responds to agricultural drone spraying in Iowa. https://www.croplife.com/precision/naaa-responds-to-agricultural-drone-spraying-in-iowa, 2019.

[11] M Eckelkamp. Aerial application by the numbers. https://www.agprofessional.com/article/aerial-application-numbers, 2019.

[12] A Sato. The RMAX Helicopter UAV. Public Report. Aeronautic Operations. Yamaha Motor Co., Ltd., Shizuoka, Japan, 2003.

[13] Z Zhou, Y Zang, X Lu, et al. Technology innovation development strategy on agricultural aviation industry for plant protection in China. Transactions of the CSAE, 2013, 29 (24): 1-10.

[14] D Kelemen. The future of unmanned aircraft systems: is there a niche in aerial application? Agricultural Aviation, 2013, 9 (10): 15-21.

[15] Y Huang, W C Hoffmann, Y Lan, et al. Development of a spray system on an unmanned aerial vehicle platform. Applied Engineering in Agriculture, 2009, 25 (6): 803-809.

[16] Y Huang, W C Hoffman, Y Lan, et al. Development of a low-volume sprayer for an unmanned helicopter. Journal of Agricultural Science, 2014, 7 (1): 148-153.

[17] D K Giles, R Billings. Unmanned aerial platforms for spraying: deployment and performance. Aspects of Applied Biology, 2014, 122: 63－69.

[18] A Smith. Automatic flow control for aerial applications. Applied Engineering in Agriculture, 2001, 17 (4): 449－455.

[19] S J Thomson, L A Smith, J E Hanks. Evaluation of application accuracy and performance of a hydraulically operated variable-rate aerial application system. Transactions of the ASABE, 2009, 52 (3): 715－722.

[20] S J Thomson, Y. Huang, J E Hanks, et al. Improving flow response of a variable-rate aerial application system by interactive refinement. Computers and Electronics in Agriculture, 2010, 73: 99－104.

[21] R Grisso, M Alley, W Thomson, et al. Precision farming tools: Variable-rate application. Virginia Cooperative Extension Publication, 2011: 442－505.

[22] C Yang, D E Martin. Integration of aerial imaging and variable-rate technology for site-specific aerial herbicide application. Transactions of the ASABE, 2017, 60: 635－644.

黄岩波 美国农业部农业研究服务局作物生产系统研究所高级研究员，航空施药技术和遥感首席科学家，是国际知名的农业信息化专家，主要从事农业遥感数据处理与分析、农业智能装置及系统开发的应用研究工作。曾任美国农业与生物工程师学会海外华人农业生物食品工程师协会主席，美国 Texas A&M University、Mississippi State University、Delta State University 等高校的兼职教授。

Yanbo Huang, Senior Researcher in the Crop Production Systems Research Unit of the Agricultural Research Service of the U. S. Department of Agriculture, Lead Scientist of Aerial Application Technology and Remote Sensing. He is an internationally renowned expert in agricultural information. He mainly engaged in the application research of agricultural remote sensing data processing and analysis, as well as agricultural intelligent devices and systems development. He was the President of the Association of Overseas Chinese Agricultural, Biological, and Food Engineers (AOCABFE) of American Society of Agricultural and Biological Engineers (ASABE), and Adjunct Professor at Texas A&M University, Mississippi State University, and Delta State University in the United States.

Automatic Profiling Precision Orchard Spray Technique Based on Variable Chemical Flow Rate and Air Volume with LiDAR

Xiongkui He[1], Longlong Li[1], Jianli Song[1], Yajia Liu[1], Aijun Zeng[1]

([1]College of Science, China Agricultural University—100193 Beijing, China;
[2]Beijing Research Center of Intelligent Equipment for Agriculture—100097 Beijing, China.
Email address: xiongkui@cau. edu. cn)

1 Introduction

As a powerful and effective plant-protection approach to achieve high yield and better quality produce, pesticide spraying is widely adopted in nurseries and orchards (He et al., 2003; Qiu et al., 2015). Tree shapes, sizes and canopy density vary greatly in different growth periods and different locations. This variability requires adjusting flow and blow rate to match trees with different shapes, heights, canopy volume and density, from location to location. Flow rate and air volume were changed in real-time according to the canopy parameters of fruit tree acquired by laser scanning sensor. Big air flow and flow rate for big and dense tree, on the contrary small air flow and flow rate for small and sparse tree, no-spraying in the gap between trees were realized. The technique improves the uniformity of the deposit and reduces drift. VARS spray deposition is 1.26 fold greater compared to CABS and 1.12 fold greater than DAJS. Off-target loss on the ground in the 3 neighbouring rows is 2.5 $\mu L/cm^2$ with VARS, 6.8$\mu L/cm^2$ with DAJS and 8.6$\mu L/cm^2$ with CABS.

2 Materials and methods

Prototype: The structure of the prototype is shown in Figure 1. The sprayer was traction type, which forms a complete set of 22kW-power tractor. For the convenience of realizing the function of automatic control, the system power

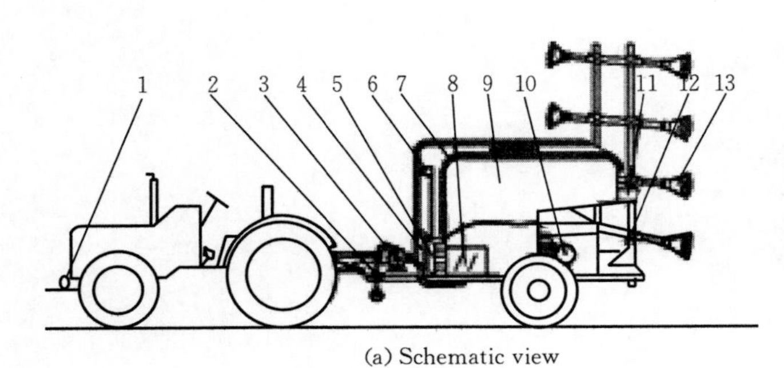

(a) Schematic view

(b) Photograph of prototype

1. Speed sensor 2. Screw return roller 3. Hydraulic pump 4. Transformer 5. Microprogrammed control unit 6. LIDAR 7. Cable drag chain 8. Drive system 9. Sprayer tank 10. Electric generator 11. Solenoid valvels 12. Boom frame 13. Five-finger atomizer

Figure 1 Overall structure of automatic variable rate orchard sprayer based on laser scanner was provided by a gasoline generator. The main working parameters of prototype sprayer are shown in Table 1.

Table 1 Main working parameters of prototype sprayer

Parameter	Value
Size (Length × Width × Height) (mm)	2 200×1 200×3 400
Generator power (kW), Sprayer driving speed (km/h)	8, 3.6
Pump flow rate (L/min), Tank (volume/L)	107.9, 1000
Number of brushless fan, Fan flow rate (m^3/s),	8, 0~2.96
Nozzle type, Nozzle number (one side)	HVV-L-8004 flat fan nozzle, 20
Rated spray pressure (MPa), Spray flow rate (L/min)	0.3, 0~48.32
Air velocity of fan outlet (m/s)	0~50 adjustable

Working principle: The prototype was installed with a LiDAR scanning sensor with a 270° working angle, to detect canopies on both sides of a row. When the sprayer was working, the laser scanner scanned the target and transfer the data to PC, PC calculated the air flow and flow rate based on algorithm and the speed information collected by MCU from speed sensor. Then the results were sent to the signal-chip microcomputer control module to transform into PWM signal. Electromagnetic valve acutations (40 ways) and brushless motor drivers (8 ways) adjusted duty cycle individually after receiving signals.

Air volume and flow rate: To achieve the uniform spraying and variable air volume control, the five-finger atomizer was designed. The atomizer consists of shell, brushless fan, nozzle and liquid inlet piping system, Brushless fan connects atomizer shell through duct and the diameter of back-end cylinder is 75mm, each outlet finger is 30mm.

Each nozzle was connected with one solenoid valve. The output of the prototype's 40 nozzles were adjusted individually based on the solenoid valves' PWM signals. The relationship between nozzle flow rate and duty cycle is shown in the following equation (25 Hz, 0.3 MPa): $Q = 1.25x - 0.042$, Q is the flow rate per nozzle, L/min; x is the solenoid valve's duty cycle, %. Brushless D C fan was selected as airflow actuator to partly achieve variable air volume function, while the control system regulated rotation speed by changing the fan's PWM duty cycle. The fan impeller's diameter is 85 mm, while its maximum rotating speed is 28 000 r/min. The fan's duty cycle is converted into outlet air velocity based on the following equation according to regression analysis results: $V = 15.625\ln(r) + 53.426$ ($R^2 = 0.989\ 1$), V is outlet air velocity, m/s; r is fan's duty cycle, %.

Field test: With 3.6 km/h working speed in the apple orchard, two classical orchard sprayers with a central big fan were considered for this paper. The first type was a conventional air blast sprayer (CABS: 4 Lechler ST11003 nozzles from one side, 0.3kPa spray pressure, 3.6 km/h working forward speed, 25 000 m^3/h fan flow rate with 22m/s air velocity of fan outlet), the second reference equipment was a directed air-jet sprayer (DAJS: 5 Lechler ST11004 nozzles from one side, 0.3kPa spray pressure, 3.6 km/h working forward speed, 5 500 m^3/h fan flow rate with 25m/s air velocity of fan outlet) equipped with a centrifugal fan and 4 individual air spouts on each side, connected to the air outlet by flexible ducts. The tree row was 5m×2m and the average height was 4.1m. Tests concludes chemical consuming, deposit on the canopy, penetration, Loss to the air and loss to ground.

3 Results and discussion

The test showed that on average, 46% less spraying solution was applied compared to conventional applications, while penetration rate was similar to DAJS. Normalized deposition in the canopy with variable application was higher than that of conventional applications, indicating that electronic sprayers are more efficient than conventional sprayers. It was also observed that VARS could significantly reduce off-target loss.

References

He X, Yan K, Chu J, et al, 2003. Design and testing of the automatic target detecting, electrostatic, air assisted, orchard sprayer. TCSAE, 19 (6): 78 - 80.

Qiu B, Yan R, Ma J, et al, 2015. Research progress analysis of variable rate sprayer technology. TCSAM, 46 (3): 59 - 72.

Zhu H, Brazee D, Derksen C, et al, 2006. A specially designed air-assisted sprayer to improve spray penetration and air jet velocity distribution inside dense nursery crops. ASABE, 49 (5): 1285 - 1294.

何雄奎　1966年10月生，中国农业大学理学院应用化学系教授、博士、博士生导师。1989年毕业于北京农业工程大学，获学士学位；1992—1995年在北京农业大学学习，获硕士学位；1996—2000年在联邦德国霍恩海姆大学学习工作，于2000年11月在德获工学博士学位。

长期从事植保机械与施药技术、农业机械化工程的教学与科研工作，现任中国农业大学药械与施药技术研究中心主任、国际标准委员会ISO/TC・23/SC・6植保机械与施药技术委员会委员、中国农药发展与应用协会药械与施药技术专业委员会主任委员、中国植物保护学会植保机械与施药技术委员会副主任委员、全国植保机械与清洗机械学会副理事长、北京市农药学会副理事长、农业部种植业专家组专家。兼任《International Journal of Agricultural and Biological Engineering》专题主编、《农业工程技术》《农药学学报》《植物保护学报》编委。

近年来先后主持20多项国家级研究项目，其中包括：国家科技合作项目、国家科技攻关与支撑计划项目、国家“863”高新技术研究项目、科技成果转化重大项目、行业科技专项、国家重点研发计划、国家自然科学基金项目等。多项成果达到了国内领先与国际先进水平，获省部级科技进步一等奖2项（排名均第一）、二等奖1项、三等奖2项。发表学术研究论文150余篇（其中SCI、EI收录78篇），出版《高效施药技术与机具》等专著9部。2005年获北京市教育创新标兵称号，2006年入选教育部新世纪人才，2009年获国务院特殊津贴。

Xiongkui He, born in October 1966, is a professor, doctor and doctoral tutor in the Department of Applied Chemistry, College of Science, China Agricultural University. He graduated from Beijing Agricultural Engineering University with a bachelor's degree in 1989; he studied at Beijing Agricultural University with a master's degree from 1992 to 1995; he studied and worked at Hohenheim University in Germany from 1996 to 2000; at November 2000 he obtained PhD in Engineering in Germany.

He has long been engaged in teaching and research of plant protection machinery and pesticide application technology, agricultural mechanization engineering. He is the member of the Standards Committee ISO/TC/23/SC/6 Plant Protection Machinery and Application Technology Committee, Chairman of the China Agricultural Pesticide Development and member of the Application Association Medicine Machinery and Application Technology Professional Committee. He is the vice Chairman of the China Plant Protection Society Plant Protection Machinery and Application Technology Committee and the National Plant Protection Machinery and Cleaning Machinery Society, Vice Chairman of the Beijing Pesticide Society, and expert of the planting industry expert group of the Ministry of Agriculture. Part-time editor of Agricultural Engineering Technology, Journal of Pesticide Science, and Journal of Plant Protection, special Editor of International Journal of Agricultural and Biological Engineering.

In recent years, he has chaired more than 20 national research projects, including: national science and technology cooperation projects, national science and technology research and support plan projects, national "863" high-tech research projects, major scientific and technological achievements transformation projects, industry science and technology projects, and national key R & D project, National Natural Science Foundation of China, etc. A number of achievements have reached domestic leading and international advanced levels, and he has win 2 first prizes (both ranked first), 1 second prize, and 3 third prizes at the provincial and ministerial level for scientific and technological progress. He has published more than 150 academic research papers (78 of which are included in SCI and EI) and 9 monographs such as "Efficient Application Technology and Equipment". In 2005, he was awarded the title of Beijing Educational Innovation Pioneer. In 2006, he was selected as a New Century Talent by the Ministry of Education. In 2009, he was awarded a special allowance by the State Council.

果园风送喷雾精准控制方法研究进展*

翟长远[1,3,4,5]，赵春江[2※]，Ning Wang[3]，John Long[3]，
王秀[2]，Paul Weckler[3]，张海辉[1,4,5]

（[1] 西北农林科技大学机械与电子工程学院，杨凌 712100；
[2]国家农业信息化工程技术研究中心，北京 100097；
[3]Department of Biosystems and Agricultural Engineering，Oklahoma State University，Stillwater，OK 74078，USA；
[4]农业部农业物联网重点实验室，杨凌 712100；
[5]陕西省农业信息感知与智能服务重点实验室，杨凌 712100）

摘要： 果园风送喷雾技术与装备正在朝着精准化和智能化方向发展。果园喷雾控制对象主要为喷施药量和风力供给量，二者需要协同精准调控，其按需调控的前提是果园靶标精准探测。该文从果园靶标探测方法、喷施药量控制方法、风力调控方法3个方面对现有研究进展进行综述，阐述了基于光电感知、超声波传感、激光雷达、图像、光谱和电子鼻技术探测果树位置、冠层外形轮廓、冠层体积、冠层内部结构、枝叶稠密程度、病虫害程度等特征信息的技术方法；分析了喷施药量调控方法中管道总药量控制方法在管道设计、混药方式、药液流量控制策略方面技术和产品化上取得的巨大突破，以及喷头药量独立控制方法研究方面获得的大量成果；综述了果园风送喷雾风速风量需求理论原则、风场雾场建模方法、风力调控方法与调控装备研究进展，指出了其基本理论原则、建模调控方法等科学问题还有待深入探索。同时，还分析了目前研究在果园靶标探测方法、喷施药量调控方法和风送喷雾风力调控方法中面临的困难和挑战，主要包括冠层稠密程度和病虫害程度高效感知方法探索、靶标风力需求普适模型构建、风场建模风力按需调控方法研究和精准喷雾技术与系统集成开发。最后指出了果园风送喷雾精准控制方法未来发展方向：1）果园靶标冠层枝叶稠密程度和病虫害程度在线探测方法将成为新的研究热点；2）果园风送喷雾风速风量供给需求理论原则、风场快速模拟仿真和风力调控方法与装备是未来重要研究方向；3）随着高新科技的涌现，科研院所和公司有望在果园喷雾药量和风力调控系统优化设计及精准喷雾机系统集成研发方面获得更大发展。

关键词： 农业机械，喷雾，果园，靶标探测，变量技术，风力调控

---

* 原文发表在《农业工程学报》，2018，34（10）：1－15。

Research progress on precision control methods of air-assisted spraying in orchards

Zhai Changyuan[1,3,4,5], Zhao Chunjiang[2※], Ning Wang[3], John Long[3], Wang Xiu[2], Paul Weckler[3], Zhang Haihui[1,4,5]

([1]College of Mechanical and Electronic Engineering, Northwest A&F University, Yangling 712100, China; [2]National Engineering Research Centre for Information Technology in Agriculture, Beijing 100097, China; [3]Department of Biosystems and Agricultural Engineering, Oklahoma State University, Stillwater, OK 74078, USA; [4]Key Laboratory of Agricultural Internet of Things, Ministry of Agriculture, Yangling 712100, China; [5]Shaanxi Key Laboratory of Agricultural Information Perception and Intelligent Service, Yangling 712100, China)

Abstract: Orchard air-assisted spraying technology and equipment are incorporating intelligent technologies to achieve higher precision. Liquid application rate and air supply rate are the two manipulated outputs of an orchard sprayer control system, which should be simultaneously controlled precisely at all times. For a target-oriented precision spraying, which aims to reduce off-target deposition or drift to keep environmental pollution to a tolerable limit, an orchard tree detection is indispensable. In this paper, the research progress analysis focuses on three methodologies: orchard target detection method, spraying dose control method and airflow control method. The orchard target detection method provides characteristic information of a target including tree position, canopy profile, canopy volume, canopy internal structure, canopy density, and canopy pest/disease level. Orchard tree positions are obtained by detecting tree canopies using ultrasonic sensors or optical sensors at different heights, or by sensing tree trunks using photoelectric sensors. Tree canopy profile and internal structure, which are used to estimate the volume and density of the canopy, can be detected based on ultrasonic sensing, LIDAR and machine vision. Spectroscopy, machine vision and electronic nose technologies are applied to evaluate the canopy pest/disease levels. Flow rate control methods through the sprayer plumbing and nozzles were reviewed. The plumbing flow rate can be adjusted by controlling spray pressure with electric regulating valves using hysteresis switch control, PID control, fuzzy control and artificial neural network. Regulating the injecting flow rate is another effective way to control pesticide application rate using an online mixing system in a sprayer. Major breakthroughs were obtained in plumbing design, pesticide mixing methods and strategies for plumbing flow rate control. There are also a large number of achievements in individual nozzle flow rate control based on PWM (pulse-width modulation) technology. Control systems of plumbing and individual nozzle flow rate regulation are commercialized, and some sprayers with these systems are available on the market. The theoretical principle of the air speed and air volume demand, which is the basic information for airflow control in orchard air-assisted spraying, is summarized. Air and droplet field modeling, airflow adjustment methods, and equipments are discussed. CFD (computational fluid dynamics) simulations combined with laboratory/orchard tests using special airflow and droplet deposition measuring systems become a viable way to establish spray spatial dynamic models. To adjust airflow of the air-assisted sprayer, the three key factors, including air direction, air speed and air volume, should be focused on. Air direction control mainly adopts the rotation of sprayer bellows and angle adjustment of air deflectors in the bellows, and the air speed and air volume are controlled mainly by changing the air inlet area, air outlet area and fan speed of an air-assisted sprayer. Finally, the obstacles and challenges in the current research related to the methods of orchard tree detection, spraying dose control and the airflow control are discussed. The obstacles and challenges include precision sensing methods exploration for canopy density and pest/disease level detection, establishment of universal models of orchard target air speed and air volume demand, investigation of airflow modeling and control base on the airflow demand, and integration of orchard precision spraying systems. The future development of precision control methods for air-assisted spraying in orchards was presented: ①Orchard canopy density and pest/disease level online detection method is becoming a new research topic; ②The study on the basic theoretical principles of air speed and air volume demand, airflow modeling, and control methods are an urgent need; ③ With the new advanced technology, scientific research institutions and companies will have great opportunities to optimize the design and development of new spraying dose and airflow control systems and integrate it with orchard precision sprayers.

Keywords: agricultural machinery, spraying, orchard, target detection, variable rate technology, airflow control

0 引言

果园病虫害的有效防治可以挽回经济损失近10%，目前病虫害防治主要靠化学农药，果树1年内喷施农药8～15次，其工作量约占果树管理总工作量的30%左右[1-3]。果园喷雾靶标具有不连续种植和冠层较大、枝叶稠密的特点，为了提高药液穿透能力，国内外推广使用风送喷雾技术。该技术是联合国粮农组织推荐的一种高效施药技术，高速气流将喷头雾化的雾滴进一步撞击雾化成细小均匀的雾滴、增强了附着性能，同时强大气流翻滚枝叶裹挟着雾滴穿入靶标内膛，大大增加了雾滴贯穿能力[1]。

果园喷雾装备尚未达到精准探测按需喷施的要求，是目前世界范围内面临的普遍问题。为了达到防治病虫害的效果，实际作业过程中大多采用过量喷施，导致了化学农药大量残留，严重污染生态环境和威胁果品安全生产。果园喷雾在技术层面上存在两大难题：①难以在线计算靶标药量需求分布并实施对靶变量喷雾控制，一方面因药量不足无法及时消除病虫害，另一方面过量施用，威胁农产品安全。②难以在线计算风力需求并进行按需调控，风力过小会导致冠层堂内沉积不足，过大又会将药液吹出冠层，造成农药飘移，严重污染农田生态环境。为了解决上述难题实现果园精准喷雾，需要研究果园靶标识别方法以获取靶标位置、体积、稠密程度和病虫害程度等特征信息，研究喷药量智能控制技术以实现对靶变量喷雾，研究风力变量调控方法以实现按需送风供给。本文通过综述国内外果园靶标在线探测、喷药量调控和风力调控方法研究现状，分析存在的问题，并指出果园风送喷雾精准控制方法未来的研究方向。

1 果园靶标探测方法

果园靶标在线探测是果园对靶精准喷雾的基础和前提，其目的是为了在果园喷雾过程中实时获取靶标的特征信息，以确定靶标位置并计算靶标药量和风力供给需求。靶标探测所用技术很多，比如光电感知、超声波传感、激光雷达、图像、光谱和电子鼻技术，探测的特征信息有果树位置、冠层外形轮廓、冠层体积、冠层内部结构、枝叶稠密程度、病虫害程度等[4-6]，果园靶标特征信息探测方法及其发展水平如表1所示。

表 1 果园靶标特征信息探测方法及发展水平

Table 1 Orchard target detection methods and their development levels

靶标探测 Target detection	采用技术 Technology used	对靶喷雾应用 Application in target-oriented spray	发展水平 Development level
果树位置 Tree position	探测树冠：光学传感器、超声传感器；探测树干：激光图像、光电传感器	根据靶标有无进行喷雾开关控制，用于降低果树间隙药液沉积	技术成熟、样机产品化
果树外形和体积 Canopy profile and volume	超声传感器、激光雷达、机器视觉	根据靶标外形和体积分布，调节各个喷头不同位置处的喷雾量，用于降低靶标内部药液沉积不均性	技术较成熟、样机产品研发
果树内部结构和稠密程度 Canopy internal structure and density	激光雷达、超声传感器、微波雷达	结合体积信息和稠密度信息，计算靶标不同位置药液需求量，并进行对靶喷雾	技术尚不成熟、试验样机研发
果树病虫害程度 Canopy pest/disease	光谱和图像技术、电子鼻技术	根据果树病虫害程度，有针对性的进行按需精准喷雾	技术不成熟、实验室试验

1.1 果树位置探测与对靶控制

果树位置是对靶喷雾控制中最基本的特征信息，该信息可用于基于靶标有无进行开关喷雾控制，将药液喷施到果树靶标上，而非果树株间空隙内。

靶标位置探测可以根据果树的不同特点，设计或者选用不同类型传感器探测不同高度树冠的位置，常用的传感器有光学传感器和超声波传感器。基于光学感知原理，研究者设计了多款果树靶标探测系统和对靶喷雾控制系统应用于果园喷雾中。邹建军等[7]采用不易受太阳光干扰的红外光作为光源，运用集成电路和光学编码技术设计了果树靶标探测器；邓巍等[8]选用了反射率很强的特征波长 850 nm 并对果树靶标红外探测系统进行了优化。李丽等[9]针对果园喷雾主要对绿色靶标进行喷雾的需求，设计了具有绿色识别功能的果树冠层探测系统。刘金龙等[10]基于模拟正弦调制技术，设计了果园靶标红外探测器，并对探测距离和反射面积进行了试验研究。基于光学探测系统的设计为果园对靶喷雾提供了 1 种靶标在线探测手段，推动了对靶喷雾控制的发展。

非接触靶标超声探测技术的发展，带动了果树树冠位置探测技术的进步。早在 1989 年，Giles 等[11]研究指出基于超声感知靶标位置进行对靶喷雾的可能性。根据探测目的和精度需求，可以在喷雾左右侧分别布置 1 个传感器[12]或者多个传感器[13-14]，以感知果树靶标的位置。Miranda-Fuentes 等[14]基于超声波传感器阵列设计了风送对靶喷雾机对冠层稠密的橄榄树喷雾，在风机前方不同高度布置超声波传感器，每个传感器对应 1 组喷头，控制器根据超声波传感器探测到的不同高度冠层存在与否，控制对应高度的喷头组进行对靶喷雾以提高冠层内部喷雾沉积率，如图 1 所示。

图 1 使用超声波传感器阵列探测树冠的果园对靶喷雾机

Figure 1 Orchard target-oriented sprayer with ultrasonic sensors detecting tree canopies

如果果园中果树树冠形状和尺寸比较类似，其位置可以根据树干位置进行估计，也可以采用探测树干的方法进行靶标探测。翟长远等[15]采用探测树干估算树冠位置的方法，使用红外光电传感器设计了幼树果园靶标探测器，并在实验室和果园进行了试验研究，发现该方法能够准确探测出树干位置，并进一步推算出树冠位置，适用于冠层比较类似的果园靶标探测。Shalal 等[16-17]采用激光和图像技术相结合的方法研究并获得果园靶标树干位置探测方法，该方法还能成功区分树桩和果树支撑架等非树干物体。Zou 等[18]采用红外光电传感器实时探测果园靶标位置，并根据探测结果实施对靶喷雾控制。宋淑然等[13]采用激光测距传感器探测拖拉机与靶标树干之间的距离，并根据该距离实时调整喷头臂长度进行仿型喷雾。

无论是直接探测树冠还是探测树干估测树冠，传感器都需要布置在喷头前一定距离处，为控制喷头启闭位置计算留出时间。靶标和喷头的相对位置需根据实时车速计算得出，如果传感器和喷头之间的距离大于最小株距，还要对探测到的靶标位置进行暂存。实现这种提前探测延迟对靶喷雾控制，可以采用“数组游标”式编程算法，详见参考文献［15］。

基于靶标位置探测结果，根据对应位置冠层有无进行对靶喷雾控制，大大降低了药液浪费和环境污染，其药液节省率与果树间隙比例密切相关，空隙比例越大可节省的药液比例越高[19-20]。

1.2 果树外形轮廓探测与体积计算

超声波测距传感器可以非接触式测量远处物体的距离，理论上该传感器可以用于测量果园果树靶标到喷雾机之间的距离，进而估算果树的外形轮廓和体积[21-23]。超声传感器发出波束的角度对靶标的感知范围有直接影响，为了测量某一点的距离，希望波束角度越小越好，在果园靶标探测应用中超声波束角一般小于 15°。

为了验证超声传感器探测果园靶标的可行性，Escolà 等[24]使用单个超声传感器或者多个固定在不同高度的传感器，在苹果园开展果树冠层探测试验，发现单个超声传感器果园测距误差比在实验室内有所提高，平行布置的传感器阵列如果距离较小会产生互相干扰误差，布置距离为 60 cm 时干扰较小。Jeon 等[25]在高寒、室外温度、侧风、温度变化、灰尘、不同行驶速度、药液雾滴云和多传感器互扰等多种条件下，对传感器性能进行了测试，测试结果说明超声传感器用于果园对靶变量喷雾是可行的。

用多个超声传感器组成探测阵列，通过实时读取记录各个传感器到靶标的距离值，可以获得靶标的外形轮廓，也可以进一步采用“积分法”计算出冠层体积，探测示意图如图 2 所示[26]。

Zhai 等[26-27]在低速条件对自制规则树、山楂树和花期樱桃树分别进行了靶标外形轮廓和体积探测试验，其结果显示体积探测精度分别为 92.8%、87%和 90.0%，外形轮廓探测清晰准确；靶标外形轮廓探测速度影响试验表明，不同

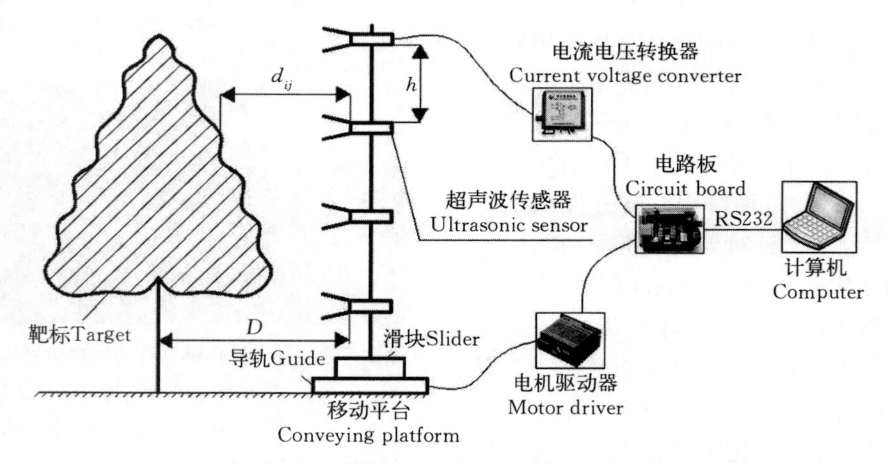

图 2 基于超声传感果树冠层外形探测和体积计算示意图

Figure 2 Schematic diagram of orchard tree canopy profile detection and volume calculation based on ultrasonic sensors

注：D 为传感器声波发射面到树干中心线的距离；d_{ij} 为第 j 个采样间隔内第 i 个位置处传感器声波发射面到冠层的距离；h 为传感器位置之间的距离。

Note: D is the distance between the center of a tree trunk and the sound emitting surface of a sensor; d_{ij} is the distance between the canopy and the sound emitting surface of a sensor when the sensor is at the position i and at the sampling interval j; h is the distance between adjacent sensor positions.

速度对靶标形状探测影响不大，但速度越高滞后越明显，滞后量与速度成正比[28]。Maghsoudi 等[29]运用超声波传感器实时获取果树靶标冠层距离和体积，并基于冠层体积变化进行变量喷雾，在喷雾效果类似的情况下，平均节省了34.5%的药量。

激光雷达高频率发射出脉冲激光束，根据反射回来的激光回波点云，测量周围物体各点的距离，也可用于测量果园靶标的外形和体积信息[30-33]。Liu 等[34]评估获知激光传感器可以成功探测出复杂靶标外形轮廓；李秋洁等[35]采用车载二维激光扫描仪成功探测计算出树冠中心距离和树冠体积；Osterman 等[36]基于激光雷达设计了果园靶标外形探测系统，喷雾过程中实时感知不同高度果树冠层的形状，并在线控制上中下3个喷雾臂角度和位置以实现仿型喷雾。Miranda-Fuentes 等[37]对比了树冠垂直投影面积法（VCPA）、椭圆体积法（V_E）和树冠轮廓体积法（V_{TS}）3种基于激光点云数据估算树冠冠层体积方法，3种方法都具有较高精度，其中树冠垂直投影面积法更适合常规树冠体积测量。

基于机器视觉获取果树树冠图像后，通过图像处理也可以计算果树冠层的面积，在获得树冠体积和冠层面积之间的统计关系后，可以进一步根据冠层面积推算出树冠体积。丁为民等[38]构建了树冠面积与树冠体积对数之间的线性关系模型，进一步提出了基于机器视觉的果树树冠体积单点和多点测量方法。

1.3 果树冠层内部结构探测和枝叶稠密程度估算

果树冠层枝叶稠密程度是影响果园药量喷施和风送风力供给的另外一个重要指标。在冠层体积和病虫害程度等其他因素不变的情况下，枝叶越稠密，药量喷施和风力供给需求会越大。枝叶稠密程度的评估量化指标有多种，常见的有叶面积指数（leaf area index）、叶面积密度（leaf area density）、点样方评估值（point quadrat analysis）和生物量密度（biomass density）。其中，叶面积指数是指单位土地面积上叶片总面积占土地面积的倍数；叶面积密度指单位冠层体积内叶片总面积；点样方评估值是从树冠冠层中选取采样区块，在每个采样区块中，朝着某一个方向移动某个点，记录枝叶与该点的交叠次数，次数越多说明枝叶越稠密；生物量密度是指单位冠层体积内叶片鲜重生物量。

果树冠层枝叶稠密程度可以通过探测冠层内部结构获得，Sanz-Cortiella 等[39]使用 SICK LMS200 二维激光雷达传感器双边扫描果树冠层，获得了冠层三维结构图（图3），并使用统计方法，获得了落在冠层枝叶上的激光点云数量与叶面积之间的线性关系方程。Sanz 等[40]进一步根据果园试验数据统计结果发现果树冠层叶面积密度与冠层体积的对数存在线性关系，并建立了叶面积密度和冠层体积之间的数学方程。Llop 等[41]将激光雷达用于藤式作物西红柿冠层稠密度探测，获得了叶面积指数与冠层体积之间的线性方程。

图3　通过激光雷达双边探测获得果树冠层内部结构

Figure 3　Orchard tree canopy internal structure detection from both sides using LIDAR

超声波传感器发出超声发射波后碰到障碍物会有超声回波产生并返回，障碍物形状大小等特性会影响超声回波的强度。基于此特点，Palleja 等[42]做一假设：超声回波和冠层密度存在正相关关系，果树冠层越稠密，产生的超声回波越强，如图4所示，并通过针对葡萄园和苹果园1个完整生长季节的观测试验，发现超声回波强度的确和枝叶稠密程度存在正相关关系，并进一步发现点样方分析值与超声波回波强度成正比[43]。该结果虽然没有建立冠层生物量密度和超声波强度直接的数学关系，但仍能说明基于超声波回波强度指导喷雾控制是可行的。Li 等[44]进一步采用中心组合正交回归试验方法，建立了平面果园靶标超声回波能量与探测距离和冠层生物量密度之间的数学方程，该方程可为基于生物量分布的施药量和风送风力实时调控提供数学模型支持。

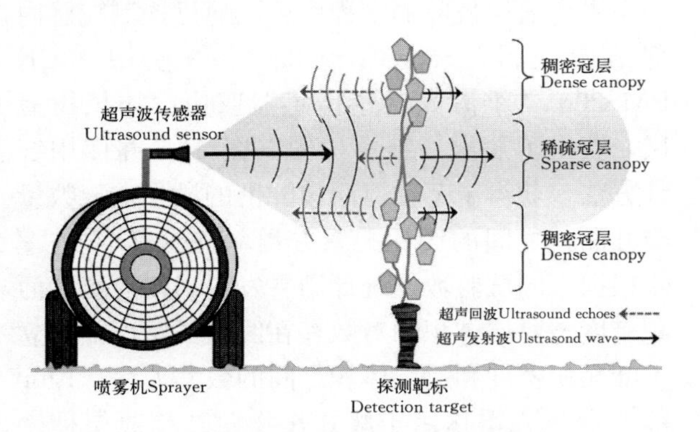

图 4　基于超声波传感器冠层稠密程度探测

Figure 4　Canopy density detection based on ultrasonic sensor

微波雷达利用电磁辐射原理，可以测量发射器与靶标之间的距离，其具有受大气环境影响低的优势，可以用于大尺度冠层结构测量[6]。丁为民等采用微波雷达技术，设计了微波装置用于探测果树冠层稠密程度，并用于果树仿形精量喷雾机上[45]。

1.4　果树病虫害程度探测

基于果树病虫害程度进行对靶变量喷雾是高等级的果园精准施药技术。该技术主要实施方式有：①基于病虫害分布地理信息进行按需变量喷雾；②基于病虫害在线探测进行按需对靶喷雾。第 1 种方式需要提前调研绘制出果园病虫害程度分布地图，喷雾过程中控制系统读取该信息，并根据药液需求分布进行变量喷雾。第 2 种方式要求果园喷雾控制系统能在线探测果园不同位置病虫害分布信息，并实时计算出药液需求分布进行对靶变量喷雾。

基于病虫害程度精准喷雾技术核心是病虫害获取方法。病虫害获取分为直接法和间接法，其中直接法主要基于血清学（serological methods）或者分子技术（molecular methods）在实验室内检测病虫害程度[46-47]，该方法准确性高，但是检测流程相对复杂，费用较高，且难以用于果园在线自动化快速探测[48]。

间接法主要有基于果树外部形态变化和病虫害挥发性有机化合物变化 2 种方式。光谱和图像技术可以用于探测果树外部形态特征变化[49]，目前研究者针对不同的对象和病害，采用的方法主要有：可见光图像[50-53]，荧光图像[54]，高光谱图像[55-56]，近红外光谱[57]，荧光光谱[58]，核磁共振和太赫兹[59]等。李震等[60]面向柑橘果园虫害监测应用，基于可见光图像，开发一种适用于机器自动识别的实蝇分类算法，用于识别橘小实蝇、南瓜实蝇和瓜实蝇等成虫。Singh 等[61]研究了图像识别分段算法，并针对多种作物和病害进行了验证试验，证实其具有病害快速识别和分类的能力，其中针对柠檬的太阳烧伤疾病的识别结果如图 5 所示。

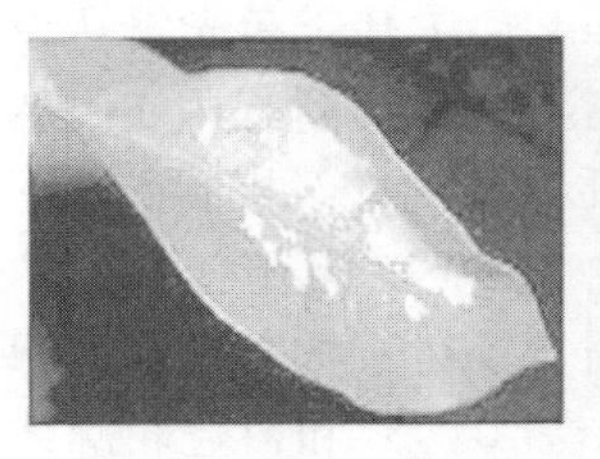
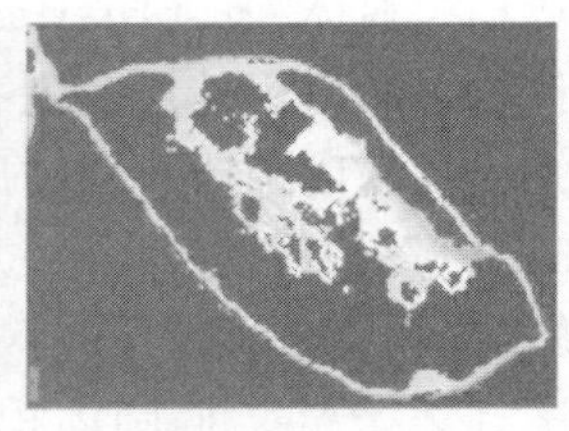

图 5　柠檬叶片输入图像和太阳烧伤疾病识别结果

Figure 5　Input image of lemon leaf and identification result of sun burn disease

树木和作物释放的挥发性有机化合物（volatile organic compounds）占地球大气层中该气体的三分之二[48]。果树枝叶挥发性有机化合物有时会受到病虫害的影响，基于该原理，可以通过探测该挥发性有机化合物获得果树病虫害信息。电子鼻由一系列气体传感器组成，可以用于探测挥发性气体的变化，进而探测病虫害程度。典型的电子鼻主要由测试箱、计算机、蒸汽发生器、清洁气体容器等组成，其中测试箱中包括温控腔、电子鼻传感器阵列、气体流控制通道等，被测对象气体进入温控腔后，传感器阵列分别读取数据后传送给计算机进行分析处理以得出最终探测结果[62]。Li 等[63]使用 Cyranose® 320 电子鼻通过一个可控的环境监测出了蓝莓健康和病害时释放的气体变化，表明该技术可以用于植物病虫害程度非接触性测量。Laothawornkitkul 等[64]也使用电子鼻验证了通过探测该挥发性有机化合物获得作物病虫害信息的可行性。

病虫害程度探测方面，国内外学者开展了大量的研究，也取得了一定的成果，部分研究结果也预示了病虫害程度快速探测的可能性。但该成果离果园在线探测指导对靶喷雾需求相差较远，还需要有针对性地开展深入研究。

1.5 小结

果园精准对靶喷雾控制需要获取果树冠层的位置、体积、枝叶稠密程度和病虫害程度等特征信息，从技术层面上看，这些特征信息在线探测难度依次变大。目前看来，果树冠层位置和体积特征信息获取方法取得了较大的突破，对应的装备也趋于成熟，正朝着产品化方向深入发展；枝叶稠密程度和病虫害程度方面成果主要处于实验室内技术攻关阶段，有待进一步朝着果园应用方向深入研究实现技术突破。

2 果园喷施药量调控方法

变量喷雾技术早在大田喷杆式喷雾机研发中就得到了巨大的发展和广泛运用[65]。由于大田施药基本需求是大田地面药液均匀沉积，喷雾系统主要通过速度传感器获得喷雾机行驶速度，采用管道药液总药量控制方法实时调控喷药量，以实现按照设定施药量均匀喷施农药。与大田变量喷雾控制需求相比，果园喷雾药量调控不仅需要对管道总药液进行控制，而且需要对不同高度位置喷头药量进行独立调控[66]。

2.1 管道总药量控制方法

果园喷雾机大都采用喷药前将农药按照某种比例在药箱中配比完成，喷药过程中通过实时调节管道流量调控施药量。该控制系统相对简单，可以采用流量传感器实时监测喷药量，根据喷药需求使用电动调节阀改变管道喷雾压力，进而调控喷药量。由于系统的压力差与流量的平方成正比，也可以使用较便宜的压力传感器代替流量传感器，通过监测管道压力计算出实时喷药量，以进行变量喷雾控制。控制系统的控制策略有很多种选择，可以采用滞环开关控制[67]、经典 PID 控制[68-69]、模糊控制[70-72]和人工神经网络[73]等控制策略。郭娜等[74]构建了旁路节流式喷雾管道，如图 6 所示，并采用模糊 PID 控制与 Smith 预估控制相结合的方法，设计了一套具有较好适应能力和鲁棒性的变量喷雾控制系统。基于管道总药液控制方法的调控系统也进行了很好的产品化和市场化，比如 Raven 公司的 SCS 4000/5000 Series™ 系列[75]和 Micro-Trak systems 公司的 SprayMate™Ⅱ系列[76]。

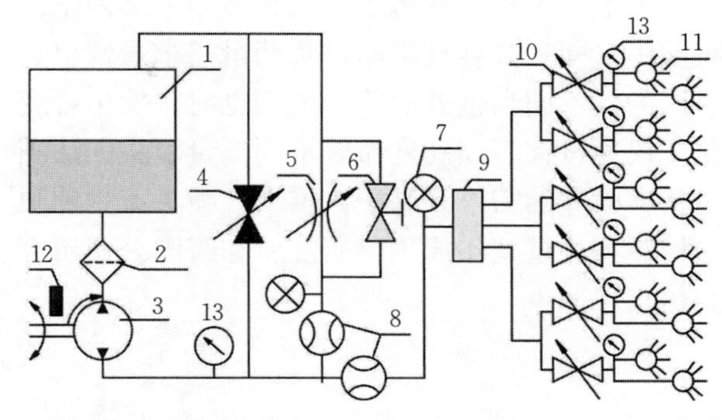

1. 药箱 2. 过滤器 3. 隔膜泵 4. 安全阀 5. 电动调节阀 6. 手动球阀 7. 压力传感器 8. 流量传感器 9. 分水器 10. 电磁阀 11. 防滴喷头 12. 转速传感器 13. 压力表

1. Pesticide tank 2. Filter 3. Diaphragm pump 4. Safety valve 5. Electrical regulating valve 6. Manual ball valve 7. Pressure sensors 8. Flow sensor 9. Flow divider 10. Solenoid valves 11. Drip-free nozzles 12. Speed sensor 13. Pressure gauges

图 6 旁路节流式变量喷药管路图

Figure 6 Bypass pipeline diagram of variable rate spraying system

喷药前药箱内配比农药的方法使喷雾系统结构简单，但也存在剩余药液难以回收再利用、喷药机药箱和管道难以清洗等问题[77]。采用大水箱和小药箱组合方式将水和药分开存放，喷雾过程中通过药泵将药液注入或者吸入到喷雾管道或者喷头混合腔中进行在线混合，可以通过改变药泵流量进行实时调控喷药量以解决上述问题[78-79]。杨洲等[80]设计了一款果园喷雾机在线混药系统，其通过自吸药泵将药液吸入到管道中进行药液混合，原理示意图如图 7 所示。蔡祥等[81]在喷头前安装了药液混合腔体，直接将药液注入到每一个喷头的混药腔内进行药液在线混合，使用电磁阀控制喷头的药液供给，该方法系统结构相对复杂，但其不仅能进行管道内药量控制，也能实现单个喷头药量的独立控制。Raven 公司也开发了商业化直接注入系统 Sidekick Pro™[82]，该系统在 John Deere 公司多款商业化喷雾机 R4030，R4038 和 R4045 上得到了应用。

2.2 喷头药量独立控制方法

果园喷雾不同高度的药量需求通常不尽相同，有时采用在不同高度布置不同流量的喷头来实现，如果果树形状较为一致，该方法可以在一定程度上改善药液在冠层上沉积分布。然而果园喷雾中，同一高度处不同位置药量需求通常也是不同的，不同高度处的药量比例也时刻发生着变化，仅通过在不同高度布置不同流量喷头无法满足精准喷雾的需求。基于该需求，喷头流量的独立控制方法近些年成了科研院所和跨国公司研究的热点。

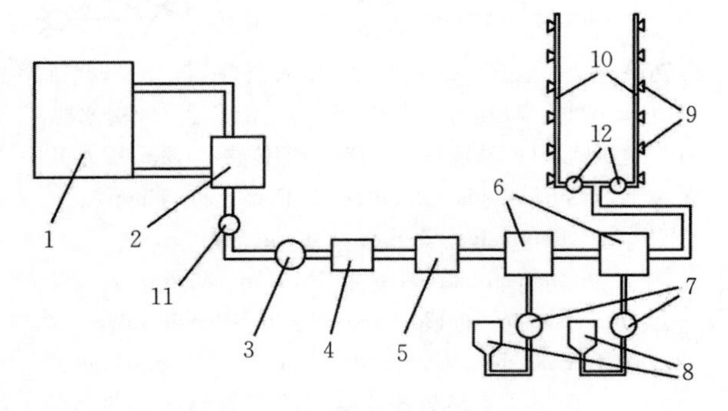

1. 水箱 2. 液泵 3. 流量计 4. 单向阀 5. 稳压阀 6. 比例自吸药泵 7. 药液流量计 8. 药箱 9. 喷头 10. 喷杆 11，12. 开关阀

1. Water tank 2. Liquid pump 3. Flowmeter 4. One-way valve 5. Pressure regulating valve 6. Proportional self-priming pump 7. Spray mixture flowmeter 8. Pesticide tank 9. Nozzles 10. Spray boom 11，12. Switch valve

图 7 在线混药喷雾系统原理示意图

Figure 7 Schematic diagram of online mixing and spraying system

为了控制喷头流量，可在喷头前段增加一个比例阀，通过实时调节比例阀的开度调控喷头流量。Deng 等[83]使用法国 Burkert 公司 6023 型号电控比例调节阀和喷头进行组合，采用 PWM（pulse-width modulation）技术调节比例阀孔径，进行变量喷雾试验，发现该方法流量调节范围大，但药液的分布和喷雾角受流量影响很大。更多的研究者使用电磁阀和喷头组合进行喷头流量独立控制，不仅可以根据靶标有无实时开启和关闭喷头，还可以采用 PWM 技术控制喷头流量，该方法使用 PWM 波快速通断电磁阀进行快速间歇式喷雾，其喷头流量主要受喷雾压力和 PWM 占空比影响，动态喷雾均匀性主要受 PWM 频率影响。蒋焕煜等[84]采用分段直线拟合的方法建立了特定喷雾压力下喷头流量与占空比的函数关系；Zhai 等[85]采用中心组合正交回归试验方法，建立了喷头流量与喷雾压力、PWM 频率和占空比之间的函数关系，这些方程的建立可为变量喷雾控制提供必需的数学方程支持。李龙龙等[86]研究发现 PWM 变量喷雾频率越高，流量调节倍数越大，在 30 Hz、0.5 MPa 工况下，流量调节倍数可达 10 倍；蒋焕煜等[87]试验结果表明，PWM 频率越高，喷雾前进方向上的雾量分布均匀性越好。但是，PWM 频率越高，电磁阀的使用寿命会越短，由于受市场上电磁阀质量和使用寿命的影响，研究者多采用 10 Hz[85,88]甚至更低的 PWM 频率[84,87]。美国 John Deere 公司针对 PWM 喷雾电磁阀使用寿命和喷雾均匀性问题，研发了 ExactApply™ 喷头流量独立控制系统，该系统中所用喷头的 PWM 频率可达 30 Hz，高频率使喷雾更连续，喷雾压力也更稳定[89]。针对单喷头流量调节范围有限的问题，徐艳蕾等[90]设计了多喷头组合变量喷雾控制系统，其流量调节范围得到了很大的提高，可为果园对靶变量喷雾系统设计提供参考。

2.3 小结

果园喷雾药量调控技术与方法在基础研究和产品开发方面均取得了较多成果。其中管道总药量控制方法在管道设计、混药方式、药液流量控制策略方面都得到了巨大的突破，也研发出了多款市场化喷雾控制系统和喷雾机产品。喷头药量独立控制方法也开展了深入的研究，并取得了技术上的突破，产品化方面也取得了进展，正在朝着耐用实用化方向发展。

3 果园风送喷雾风力调控方法

果园风送喷雾果树冠层内外沉积分布很大程度上取决于风送系统风力供给[91-92]。风力调控的重要性不亚于药量调控，只有风力和药量都得到精确控制，才能实现果园对靶精准喷雾。风送喷雾风力 3 要素为风向、风速和风量，果园风送喷雾风力控制需要准确的方向、恰当的风速和适当的风量。风送方向需要和设定的喷雾方向一致，风速和风量需求方面不同果树具有不同组合特点，比如枝叶稠密但体积较小的树冠一般需要高风速低风量，而枝叶稀疏但体积较大的树冠则需要低风速高风量。风力按需调控需要对风速和风量分别按需调控，需要在线探测计算果树风速风量需求，实时控制风送执行机构供给合适的风力，使其经过输送空间损失以后，以恰当的风力大小贯入果树冠层中。目前风送喷雾风力调控方法相关研究主要集中于风速风量需求理论、风场与雾场分布建立方法和风力调节技术与装置等[93-94]。

3.1 风速风量需求理论原则

要实现风速和风量调控，首先需要探测计算出风速风量需求量。早在 2008 年戴奋奋阐述了果树风量需求“置换原则”和风速需求“末速度原则”，如图 8 所示[95]。

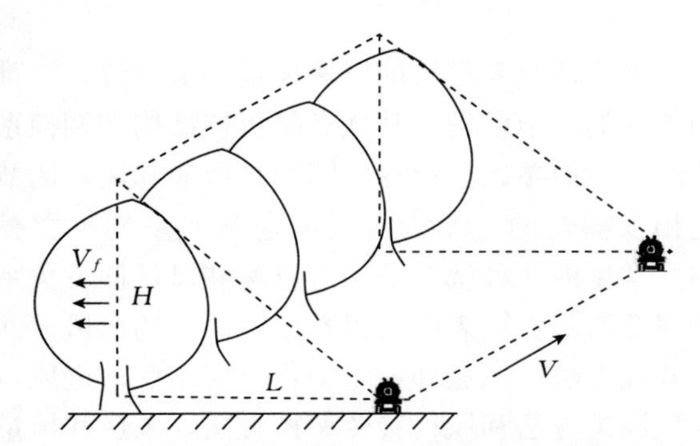

图 8 风送喷雾风量置换原则和末速度原则

Figure 8 Principle of air volume displacement and air final velocity for orchard air-assisted spraying

注：V 为喷雾机作业速度；L 为喷雾机离树的距离；H 为树高；V_f 为贯穿喷雾冠层气流末速度。

Note: V is the operating speed of the sprayer; L is the distance between the sprayer and the tree; H is the height of a tree; V_f is the final velocity of air flow through a tree canopy.

根据“置换原则”，喷雾机风机吹出带有雾滴的气流，应能驱除并完全置换果树冠层喷雾作业空间所包容的全部空气，风机的风量需求可用公式（1）计算获得。

$$Q=\frac{1}{2}V \cdot H \cdot L \cdot K \quad (1)$$

式中，Q 为风送喷雾风量需求，m^3/s；V 为喷雾机作业速度，m/s；H 为树高，m；L 为喷雾机离树的距离，m；K 为考虑到气流沿途损失而确定的系数，K 值的选取与气温、自然风速和风向、果园冠层枝叶稠密程度等有关。

“末速度原则”是指喷雾机气流贯穿喷雾冠层时的末速度不能低于某一数值，也不能过高。末速度过低会导致冠层树叶难以翻转，药液沉积率尤其是在叶片背面的沉降率会大大降低。末速度过高时气流会带着大量药液雾滴沉降到喷雾冠层外面和果园地面上，造成环境污染和农药浪费。应选择气流末速度使喷雾冠层出口处的气流能够持续翻转树叶以使药液在叶片正反面均匀沉积且沉积量近似。

风量需求“置换原则”和风速需求“末速度原则”可以指导风送喷雾机研制，为其提供参数估算方法。邱威等在果园自走式风送喷雾机研制中，基于“置换原则”和“末速度原则”算出了风机风量需求，确定了风机功率、转速或者叶片数量等参数，进而设计出了合理的风送系统[96-98]，但该原则还不足以用于风送喷雾过程中风速风量需求分布实时计算以进行风力精准控制。“置换原则”风量需求计算中用系数 K 调节气温、自然风速和风向、果园冠层枝叶稠密程度等因素对结果的影响，而该系数的影响因素太多，需要进一步深入研究，探寻主要影响因素及影响规律。“末速度原则”指出了末速度的基本要求，但用其指导计算喷雾机气流速度控制还不够，还需要研究末速度与果树种类、枝叶特点和枝叶稠密程度的关系，研究气流在空中和果树冠层内损失特性和计算方法，进而为风送系统气流速度需求计算和在线控制提供数学方程支持。

3.2 风场与雾场分布建模方法

风送喷雾风场建模研究主要包括计算流体力学（computational fluid dynamics，CFD）风场模拟和实验室或者田间风场测量试验建模研究。Dekeyser 等[99]使用 CFD 仿真技术对风送喷雾机外部空间进行了风场模拟，并在实验室条件下进行了测试和验证，显示 CFD 结果和测试结果吻合；Duga 等[100]在模拟风场时还考虑了外部风力的影响；Garcia-Ramos 等[101]进一步将风箱出口风速和总体风量输出综合考虑建模，如图 9 所示，并用三维风速传感器进行了测量验证，进一步说明了 CFD 方法的有效性。

丁天航等[102]对喷雾机风箱内部风场进行模拟，对外部风场测量验证和分布规律开展研究；王景旭等[103]还进一步研究了喷雾靶标对风场和雾滴沉积的交互影响特性；陈建泽等[104]自制了风速测量定位网架，使用风速计测绘了远射程风送式喷雾机气流场分布，并测量研究了喷雾机的喷雾沉积特性；针对风场验证测量费时费力的问题，李继宇等[105]还使用风速传感器阵列设计了风速快速测量系统。由风场建模研究现状可知，CFD仿真技术结合专用风速测量系统实验室或果园试验，可为空间风场动态建模提供支持。

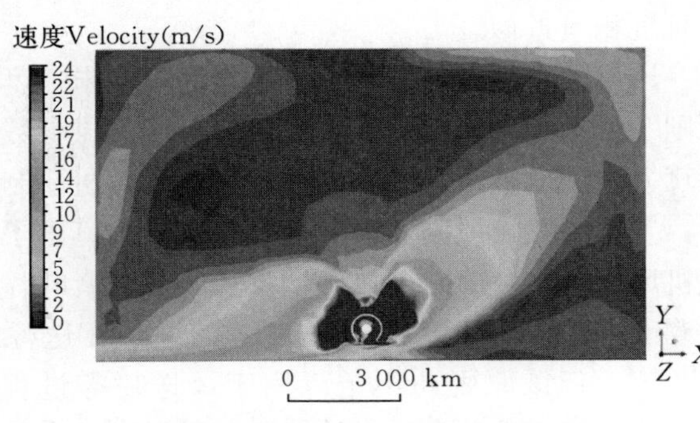

图9　基于CFD进行喷雾机后端风速模拟

Figure 9　Air velocity simulated with CFD in rear section of sprayer

3.3　风力调控方法与装备

风送喷雾风力调控方法与装备受到国内外研究者的广泛关注。风力三要素中，风向的调控主要采用风箱的旋转和导流板角度调节来实现[96,106-107]，风送系统风速风量的控制主要通过改变风箱出风口面积、进风口面积和风机转速等方法实现，通过调节风箱喷头到喷雾靶标的距离也可以实现风力供给调控。邱威等[96]在风箱内部设置导风板和调风板以根据需求调节风箱内部和出口处气流方向。Khot等[108]报道了一种降低果园风送喷雾飘移技术，该技术通过在普通风送喷雾机出风口增加遮挡板改变出风口面积以调节风送风力，如图10所示，其为提高雾滴靶标内部沉积、降低飘移提供了一种新的方法和思路。Miranda-Fuentes等[109]通过改变风送系统风机转速实现了风力的调节；Qiu等[110-111]采用改变风机转速的方法改变风力供给，以研究风力对雾滴沉积和漂移的影响特性；翟长远等[112]采用改变出风口面积、进风口面积[113]和风机转速[114]方式设计了风力调控装置和喷雾机；李龙龙等针对果园喷雾风量调节需求，设计了可以根据经验参数公式调节风量的风送喷雾机[115]；Osterman等[36]和周良富等[98]设计的果园风送喷雾机，虽然不改变风箱出口风力大小，但能够移动风箱出口位置以调节喷雾靶标处风速风量大小。

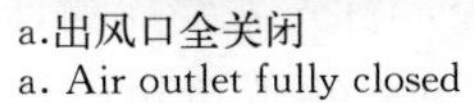

a.出风口全关闭
a. Air outlet fully closed

b.出风口全打开
b. Air outlet fully open

图10　基于出风口面积变化调控风送气流风速风量

Figure 10　Air speed and volume control by adjusting air outlet area

目前研究者设计的风速风量调节装置，大都为单一的调节结构，其优点是机械结构和调控系统均相对简单，但存在的问题是风速和风量调节是相互耦合的，无法实现风速和风量的独立控制。常见的3种调节结构对风速和风量调节关系如表2所示。从表中可以看出，单一的出风口面积调控方法，风速和风量变化方向相反；进风口面积调控方法和风机转速调控方法，风速和风量成正比例关系。上述任一种单一的调控方法，风速和风量调节都存在耦合关系，该耦合关系不利于风力调控。比如在对靶喷雾过程中，探测出果树树冠特征发生了变化，冠层体积变小而枝叶变得更稠密，风送喷雾需要高风速低风量，需对风速和风量进行独立控制。为了实现风速和风量独立调控，未来需要研究单一方法的调控规律，并进一步研究2种或者多种方法组合的新的调控技术。

表2　风速风量调控方法及相互关系

Table 2　Control methods of air speed, air volume and their relationships

调控方法 Control methods	调节方向 Direction	风速变化 Air speed change	风量变化 Air volume change
调节出风口面积 Adjust inlet area	减小	稍微增大	减小
调节进风口面积 Adjust outlet area	减小	减小	减小
调节风机转速 Adjust fan speed	减小	减小	减小

3.4 小结

国内外学者针对风送喷雾风力调控需要，开展了风速风量需求理论原则、风场雾场建模方法和风力调控技术等相关研究，取得了大量的成果，为研发具有智能风力调控的果园喷雾机提供了强有力的理论支持。但与药量调控方法相比，该方面的研究还不够深入，离实用化和产品化要求还有较大距离。风速风量需求理论原则还需要考虑靶标特征在内的多因素影响规律，风场雾场快速建模方法有待在果园实际应用中进一步优化完善，风速风量调控技术尚需研究风速风量去耦化方法，进而研发实用的风力调控装备。

4 面临的困难

果园靶标探测方法面临的困难主要集中在靶标冠层枝叶稠密程度和病虫害程度在线探测上。目前研究者虽然验证了超声波回波强度和枝叶稠密程度存在正相关关系，也在实验室内建立了平面果园靶标超声回波能量与冠层生物量密度之间的数学方程，但其能否用于果园在线探测还需要深入研究，模型普适性和稳定性也有待验证。病虫害程度在线探测面临的困难更大，一直处于实验室静态测量阶段其根本难题在于尚未成功探索出果园病虫害的关键特征信息和与其对应的非接触式快速感知方法。

果园喷施药量调控面临的困难主要集中于面向产品化的技术集成和优化，比如，管道总流量和喷头流量集成控制，多喷头组合控制方法优化，面向小规模果园变量控制方法低成本研究等。

果园风送喷雾风力调控方法面临的困难主要集中于3个方面。首先，风速风量需求理论原则研究还有待深入，风量需求公式考虑的因子不够全面，缺少冠层枝叶稠密度、自然风速风向等重要影响因子，风速需求原则中也缺少气流在空中和果树冠层内损失特性和计算方法描述，很难实际指导果园风力在线调节控制；其次，风场雾场建模方法还需要进一步研究其与果树冠层枝叶动态交互影响特性，有待在果园实际应用中进一步优化完善；最后，风速风量调控之间存在耦合关系使一般的调控系统难以实现风速和风量的独立调控，该耦合关系的解耦方法和对应的调控设备研发也是目前面临的困难。

5 结论

针对果园风送喷雾难以实现精准探测按需施药，造成农药浪费、果品安全生产和生态环境受到严重威胁这一世界性难题，各国根据各自的果园果树特性，有针对性地开展了果园风送喷雾精准控制方法研究，主要成果如下：

（1）果树位置和冠层外形体积探测研究中，基于光学传感器、超声传感器和激光雷达的多种探测方法都得到了田间应用试验，样机产品和商业化产品也得以开发。基于超声传感器、激光和微波雷达的冠层稠密程度探测方法在实验室和果园试验中得到了初步验证。采用不同原理基于光谱、机器视觉和电子鼻等不同传感器的病虫害程度感知技术尚处于实验室试验阶段。

（2）管道总药量控制方法研究中，喷药管道设计及压力、流量等关键参数实时监测技术设备已成熟；喷药管道内和喷头混合腔内两种混药方式都得到了应用；经典和现代控制策略的应用使药液流量控制系统研发日趋成熟，多款喷雾控制系统和喷雾机产品相继问世。基于PWM技术的喷头药量独立控制方法实现了技术突破和产品化研发，正朝着实用和耐用方向发展。

（3）风送喷雾风速风量需求理论原则已经提出，在风量需求估算、喷雾机风箱研发等方面提供了初步理论参考；基于CFD的风场模拟方法的有效性在实验室和田间试验中得到了验证，其有望助力风场雾场快速建模和风力损失规律研究；多种风力调控方法相继出现，风力调控装备样机也得到研制，但调控手段相对单一尚难以实现风速和风量的独立控制。

6 展望

虽然已经取得了大量研究成果，但是目前果园喷雾技术和装备与精准探测按需喷施的要求尚有较大差距，在果园靶标特征信息快速准确感知、喷雾药量实时变量控制、风力供给之风向风速风量精确调控、以及上述3者的同步协调集成等方面还亟待深入开展研究，关键研究点阐述如下：

（1）冠层枝叶稠密程度和病虫害程度在线探测

随着果园靶标位置和外形轮廓等外部特征信息探测难题的突破，靶标内部枝叶稠密程度分布等研究将是未来的研究方向。首先需要继续采用具有较多技术积累的已有方法，开展更深入的研究以实现技术突破。采用超声回波能量分析方法，参考实验室内建立的枝叶稠密程度探测模型，针对不同类型果园开展稠密程度模型普适性研究，通过果园应用试验对探测模型和探测方法进行修正和优化，并进行探测系统产品化研发。基于激光雷达靶标内部结构感知和枝叶稠密度估算方法，开展海量点云数据的快速处理方法研究和田间作业系统快速性和稳定性验证，进一步通过低成本设计实现探测系统产品化。此外，还需要结合超声传感器、激光雷达、微波雷达和机器视觉各自优点，采用多传感器组合方式研究靶标冠层枝叶稠密程度探测方法，或者通过探寻靶标冠层稠密程度可感知物理新特征，创新性地开展新的非接触式快速探测方法研究。

针对难以在线快速感知果园病虫害特征信息以探测病虫害发病程度这一根本难题，一方面需要从不同果树类型和不同病虫害特性出发，有针对性地探寻病虫害关键特征信息，尝试新的技术手段开展更深入研究，以探索病虫害程度在线快速探测方法，另一方面需要将已有的静态测量技术与基于处方的变量喷雾技术相结合，开展基于病虫害分布地理信息按需变量喷雾技术应用研究。基于光谱和图像技术的离线和在线探测方法研究与应用将是未来重要发展方向，果园病虫害的关键特征信息探寻、探测手段的有效性、计算模型的高效性、系统的稳定性和普适性将是研究重点。离线病虫害探测还需要基于电子鼻技术研究各种病害感知方法和快速估算模型，进一步针对特定病害特征研发简易电子鼻系统以降低成本，提高监测密度和探测效率。

（2）果园喷雾药量调控方法与系统

喷雾管道总药量控制方法和喷头药量独立控制方法未来研究方向主要为技术集成和优化，包括管道总流量和喷头流量集成控制，多喷头组合控制方法优化，低成本变量控制系统集成，控制系统和控制执行机构的稳定性和耐用性优化提升。产品开发方面，国内企业和科研院所一方面需要通过研究国内果园的特点和国际跨国公司目前产品存在的问题，有针对性地开展关键系统开发，比如变量喷雾控制器、药液直接注入系统、PWM 喷头流量独立控制系统等，另一方面针对国内外市场需求，集成先进控制方法研发具有市场竞争力的药量综合调控系统和果园喷雾装备。

（3）果园风力需求理论与风力调控方法

果园风力需求理论原则作为风力调控方法研究的基础，未来必须尽快实现突破，包括风量和风速需求理论原则 2 个方面。风量需求理论原则需要考虑果树冠层枝叶稠密度等特征信息、自然风速和风向等更多影响因素，并通过多类型田间试验进行验证修正和完善。风速需求理论原则需要采用理论推导和试验验证相结合的方式构建，并通过各种果园田间应用进一步细化、总结和完善。

风送喷雾风力调控离不开风场与雾场分布建模，基于 CFD 的三维动态模型的准确、快速和高效构建有待进一步深入研究。基于风场和雾场模型，需要进一步开展风场雾场与喷雾距离、自然风力、喷雾机行进速度之间的数学关系，进而获得风力动态损失模型，为计算风筒出口风力供给需求提供支持。针对风送喷雾风速、风量存在耦合关系的问题，深入研究风速和风量去耦化调控方法，通过研究不同调控机构的特性，研发支持风速风量去耦化控制的风力调控装置，并通过果园试验进一步进行优化设计和产品化开发，为风送喷雾风力按需调控提供控制设备支持，将是果园风送喷雾未来的研究发展趋势。

（4）精准喷雾系统集成研究与产品化开发

针对靶标探测、药液变量控制和风力变量控制等子系统研究深度产品化水平不同的问题，分档次分步骤开展系统集成和产品研发亟待开展。系统集成需要针对喷雾作业需求，由易到难逐步开展，比如可以首先集成靶标位置体积探测系统、药量自动控制系统和风力手动调控系统，随着研究的深入再对系统进行升级和优化，以逐步实现果园风送喷雾精准控制的目的。面向市场不同需求层次，根据科研单位和企业各自优势，通过多层次合作，有针对性的集成开发出一系列商业化产品迫在眉睫。

参考文献

[1] FAO. Minimum requirements for agricultural pesticide

application equipment [R]. Rome: Food and Agriculture Organization of the United Nations, 2001.

[2] 李瀚哲，翟长远，张波，等．果园喷雾靶标探测技术现状分析 [J]. 农机化研究，2016 (2)：1-5.
Li Hanzhe, Zhai Changyuan, Zhang Bo, et al. Status analysis of orchard spray target detection technology [J]. Journal of Agricultural Mechanization Research, 2016 (2): 1-5. (in Chinese with English abstract)

[3] Gil E, Arnó J, Llorens J, et al. Advanced technologies for the improvement of spray application techniques in spanish viticulture: An overview [J]. Sensors, 2014, 14 (1): 691-708.

[4] Lee W, Alchanatis V, Yang C, et al. Sensing technologies for precision specialty crop production [J]. Computers and Electronics in Agriculture, 2010, 74 (8): 2-33.

[5] Rosell J, Sanz R. A review of methods and applications of the geometric characterization of tree crops in agricultural activities [J]. Computers and Electronics in Agriculture, 2012, 81: 124-141.

[6] 周良富，薛新宇，周立新，等．果园变量喷雾技术研究现状与前景分析 [J]. 农业工程学报，2017，33 (23)：80-92.
Zhou Liangfu, Xue Xinyu, Zhou Lixin, et al. Research situation and progress analysis on orchard variable rate spraying technology [J]. Transactions of the Chinese Society of Agricultural Engineering (Transactions of the CSAE), 2017, 33 (23): 80-92. (in Chinese with English abstract)

[7] 邹建军，曾爱军，何雄奎，等．果园自动对靶喷雾机红外探测控制系统的研制 [J]. 农业工程学报，2007，23 (1)：129-132.
Zou Jianjun, Zeng Aijun, He Xiongkui, et al. Research and development of infrared detection system for automatic target sprayer used in orchard [J]. Transactions of the Chinese Society of Agricultural Engineering (Transactions of the CSAE), 2007, 23 (1): 129-132. (in Chinese with English abstract)

[8] 邓巍，何雄奎，张录达，等．自动对靶喷雾靶标红外探测研究 [J]. 光谱学与光谱分析，2008，28 (10)：2285-2289.
Deng Wei, He Xiongkui, Zhang Luda, et al. Target infrared detection in target spray. Spectroscopy and Spectral Analysis, 2008, 28 (10): 2285-2289. (in Chinese with English abstract)

[9] 李丽，李恒，何雄奎，等．红外靶标自动探测器的研制及试验 [J]. 农业工程学报，2012，28 (12)：159-163.
Li Li, Li Heng, He Xiongkui, et al. Development and experiment of automatic detection device for infrared target [J]. Transactions of the Chinese Society of Agricultural Engineering (Transactions of the CSAE), 2012, 28 (12): 159-163. (in Chinese with English abstract)

[10] 刘金龙，郑泽锋，丁为民，等．对靶喷雾红外探测器的设计与探测距离测试 [J]. 江苏农业科学，2013，41 (7)：368-370.

[11] Giles D, Delwiche M, Dodd R. Sprayer control by sensing orchard crop characteristics: Orchard architecture and spray liquid savings [J]. Journal of Agricultural Engineering Research, 1989, 43: 271-289.

[12] Perez-Ruiz M, Aguera J, Gil J, et al. Optimization of agrochemical application in olive groves based on positioning sensor [J]. Precision Agriculture, 2011, 12 (4): 564-575.

[13] 宋淑然，陈建泽，洪添胜，等．果园柔性对靶喷雾装置设计与试验 [J]. 农业工程学报，2015，31 (10)：57-63.
Song Shuran, Chen Jianze, Hong Tiansheng, et al. Design and experiment of orchard flexible targeted spray device [J]. Transactions of the Chinese Society of Agricultural Engineering (Transactions of the CSAE), 2015, 31 (10): 57-63. (in Chinese with English abstract)

[14] Miranda-Fuentes A, Rodríguez-Lizana A, Cuenca A, et al. Improving plant protection product applications in traditional and intensive olive orchards through the development of new prototype air-assisted sprayers [J]. Crop Protection, 2017, 94: 44-58.

[15] 翟长远，赵春江，王秀，等．幼树靶标探测器设计与试验 [J]. 农业工程学报，2012，28 (2)：18-22.
Zhai Changyuan, Zhao Chunjiang, Wang Xiu, et al. Design and experiment of young tree target detector [J]. Transactions of the Chinese Society of Agricultural Engineering (Transactions of the CSAE), 2012, 28 (2): 18-22. (in Chinese with English abstract)

[16] Shalal N, Low T, Mccarthy C, et al. Orchard mapping and mobile robot localisation using on-board camera and laser scanner data fusion-Part A: Tree detection [J]. Computers and Electronics in Agriculture, 2015, 119: 254-266.

[17] Shalal N, Low T, Mccarthy C, et al. Orchard

mapping and mobile robot localisation using on-board camera and laser scanner data fusion-Part B: Mapping and localization [J]. Computers and Electronics in Agriculture, 2015, 119: 267-278.

[18] Zou W, Wang X, Deng W, et al. Design and test of automatic toward-target sprayer used in orchard [C]// Yu H. The 5th Annual IEEE International Conference on Cyber Technology in Automation, Control, and Intelligent Systems. Shenyang: IEEE, 2015: 697-702.

[19] Solanelles F, Escola A, Planas S, et al. An electronic control system for pesticide application proportional to the canopy width of tree crops [J]. Biosystems Engineering, 2006, 95: 473-481.

[20] Brown D, Giles D, Oliver M, et al. Targeted spray technology to reduce pesticide in runoff from dormant orchards [J]. Crop Protection, 2008, 27: 545-552.

[21] Gil E, Escola A, Rosell J, et al. Variable rate application of plant protection products in vineyard using ultrasonic sensors [J]. Crop Protection, 2007, 26 (8): 1287-1297.

[22] 张霖，赵祚喜，俞龙，等. 超声波果树冠层测量定位算法与试验 [J]. 农业工程学报，2010，26 (9)：192-197.

Zhang Lin, Zhao Zuoxi, Yu Long, et al. Positioning algorithm for ultrasonic scanning of fruit tree canopy and its tests [J]. Transactions of the Chinese Society of Agricultural Engineering (Transactions of the CSAE), 2010, 26 (9): 192-197. (in Chinese with English abstract)

[23] 俞龙，洪添胜，赵祚喜，等. 基于超声波的果树冠层三维重构与体积测量 [J]. 农业工程学报，2010，26 (11)：204-208.

Yu Long, Hong Tiansheng, Zhao Zuoxi, et al. 3D- reconstruction and volume measurement of fruit tree canopy based on ultrasonic sensors [J]. Transactions of the Chinese Society of Agricultural Engineering (Transactions of the CSAE), 2010, 26 (11): 204-208. (in Chinese with English abstract)

[24] Escolà A, Planas S, Rosell J R, et al. Performance of an ultrasonic ranging sensor in apple tree canopies [J]. Sensors (Basel), 2011, 11 (3): 2459-2477.

[25] Jeon H, Zhu H, Derksen R, et al. Evaluation of ultrasonic sensor for variable-rate spray applications [J]. Computers and Electronics in Agriculture, 2011, 75: 213-221.

[26] Zhai C, Wang X, Zhao C, et al. Orchard tree structure digital test system and its application [J]. Mathematical and Computer Modelling, 2011, 54: 1145-1150.

[27] 翟长远，赵春江，王秀，等. 树型喷洒靶标外形轮廓探测方法 [J]. 农业工程学报，2010，26 (12)：173-177.

Zhai Changyuan, Zhao Chunjiang, Wang Xiu, et al. Probing method of tree spray target profile [J]. Transactions of the Chinese Society of Agricultural Engineering (Transactions of the CSAE), 2010, 26 (12): 173-177. (in Chinese with English abstract)

[28] Zhai C, Wang X, Guo J, et al. Influence of velocity on ultrasonic probing of orchard tree profile [J]. Sensor Letters, 2013, 11: 1062-1068.

[29] Maghsoudi H, Minaei S, Ghobadian B, et al. Ultrasonic sensing of pistachio canopy for low-volume precision spraying [J]. Computers and Electronics in Agriculture. 2015, 112: 149-160.

[30] Llorens J, Gil E, Llop J, et al. Ultrasonic and LIDAR sensors for electronic canopy characterization in vineyards: Advances to improve pesticide application methods [J]. Sensors, 2011, 11 (2): 2177-2194.

[31] 刘慧，李宁，沈跃，等. 模拟复杂地形的喷雾靶标激光检测与三维重构 [J]. 农业工程学报，2016，32 (18)：84-91.

Liu Hui, Li Ning, Shen Yue, et al. Spray target laser scanning detection and three-dimensional reconstruction under simulated complex terrain [J]. Transactions of the Chinese Society of Agricultural Engineering (Transactions of the CSAE), 2016, 32 (18): 84-91. (in Chinese with English abstract)

[32] 郭彩玲，宗泽，张雪，等. 基于三维点云数据的苹果树冠层几何参数获取 [J]. 农业工程学报，2017，33 (3)：175-181.

Guo Cailing, Zong Ze, Zhang Xue, et al. Apple tree canopy geometric parameters acquirement based on 3D point clouds [J]. Transactions of the Chinese Society of Agricultural Engineering (Transactions of the CSAE), 2017, 33 (3): 175-181. (in Chinese with English abstract)

[33] 俞龙，黄健，赵祚喜，等. 丘陵山地果树冠层体积激光测量方法与实验 [J]. 农业机械学报，2013，44 (8)：224-228.

Yu Long, Huang Jian, Zhao Zuoxi, et al. Laser measurement and experiment of hilly fruit tree canopy volume [J]. Transaction of the Chinese Society for Agricultural Machinery, 2013, 44 (8): 224-228. (in Chinese with English abstract)

[34] Liu H, Zhu H. Evaluation of a laser scanning sensor in detection of complex-shaped targets for variable-rate sprayer development [J]. Transactions of the ASABE, 2016, 59: 1181-1192.

[35] 李秋洁，郑加强，周宏平，等. 基于车载二维激光扫描的树冠体积在线测量 [J]. 农业机械学报, 2016, 47 (12): 309-314.

Li Qiujie, Zheng Jiaqiang, Zhou Hongping, et al. Online measurement of tree canopy volume using vehicle-borne 2-D laser scanning [J]. Transactions of the Chinese Society for Agricultural Machinery, 2016, 47 (12): 309-314. (in Chinese with English abstract)

[36] Osterman A, Godeša T, Hočevar M, et al. Real-Time positioning algorithm for variable-geometry air-assisted orchard sprayer [J]. Computers and Electronics in Agriculture, 2013, 98: 175-182.

[37] Miranda-Fuentes A, Llorens J, Gamarra-Diezma J, et al. Towards an optimized method of olive tree crown volume measurement [J]. Sensors (Switzerland), 2015, 15 (2): 3672-3687.

[38] 丁为民，赵思琪，赵三琴，等. 基于机器视觉的果树树冠体积测量方法研究 [J]. 农业机械学报, 2016, 47 (6): 1-10, 20.

Ding Weimin, Zhao Siqi, Zhao Sanqin, et al. Measurement methods of fruit tree canopy volume based on machine vision [J]. Transactions of the Chinese Society for Agricultural Machinery, 2016, 47 (6): 1-10, 20. (in Chinese with English abstract)

[39] Sanz-Cortiella R, Llorens-Calveras J, Escolà A, et al. Innovative LIDAR 3D dynamic measurement system to estimate fruit-tree leaf area [J]. Sensors (Basel), 2011, 11 (6): 5769-5791.

[40] Sanz R, Rosell J, Llorens J, et al. Relationship between tree row LIDAR-volume and leaf area density for fruit orchards and vineyards obtained with a LIDAR 3D dynamic measurement system [J]. Agricultural and Forest Meteorology, 2013, 171/172: 153-162.

[41] Llop J, Gil E, Llorens J, et al. Testing the suitability of a terrestrial 2D LiDAR scanner for canopy characterization of greenhouse tomato crops [J]. Sensors, 2016, 16 (9): 1435. doi: 10.3390/s16091435.

[42] Palleja T, Landers A. Real time canopy density estimation using ultrasonic envelope signals in the orchard and vineyard [J]. Computers and Electronics in Agriculture, 2015, 115: 108-117.

[43] Palleja T, Landers A. Real time canopy density validation using ultrasonic envelope signals and point quadrat analysis [J]. Computers and Electronics in Agriculture, 2017, 134: 43-50.

[44] Li H, Zhai C, Weckler P, et al. A canopy density model for planar orchard target detection based on ultrasonic sensors [J]. Sensors, 2017, 17 (1): 31. doi: 10.3390/s17010031.

[45] 丁为民，傅锡敏，孙国祥，等. 果树仿形精量喷雾机车：中国专利，200910312649 [P]. 2011-11-16.

[46] Saponari M, Manjunath K, Yokomi R. Quantitative detection of Citrus tristeza virus in citrus and aphids by real-time reverse transcription-PCR [J]. Journal of Virological Methods, 2008, 147 (1): 43-53.

[47] Yvon M, Thébaud G, Alary R, et al. Specific detection and quantification of the phytopathogenic agent '*Candidatus* Phytoplasma prunorum [J]. Molecular and Cellular Probes, 2009, 23 (5): 227-234.

[48] Sankaran S, Mishra A, Ehsani R, et al. A review of advanced techniques for detecting plant diseases [J]. Computers and Electronics in Agriculture, 2010, 72 (1): 1-13.

[49] 谢春燕，吴达科，王朝勇，等. 基于图像和光谱信息融合的病虫害叶片检测系统 [J]. 农业机械学报, 2013, 44 (增刊1): 269-272.

Xie Chunyan, Wu Dake, Wang Chaoyong, et al. Insect pest leaf detection system based on information fusion of image and spectrum [J]. Transactions of the Chinese Society for Agricultural Machinery, 2013, 44 (Supp.1): 269-272. (in Chinese with English abstract)

[50] 谭文学，赵春江，吴华瑞，等. 基于弹性动量深度学习神经网络的果体病理图像识别 [J]. 农业机械学报, 2015, 46 (1): 20-25.

Tan Wenxue, Zhao Chunjiang, Wu Huarui, et al. A deep learning network for recognizing fruit pathologic images based on flexible momentum [J]. Transactions of the Chinese Society for Agricultural

Machinery，2015，46（1）：20 - 25.（in Chinese with English abstract）

[51] 赵瑶池，胡祝华，白勇，等. 基于纹理差异度引导的 DRLSE 病虫害图像精准分割方法 [J]. 农业机械学报，2015，46（2）：14 - 19.

Zhao Yaochi，Hu Zhuhua，Bai Yong，et al. An accurate segmentation approach for disease and pest based on texture difference guided DRLSE [J]. Transactions of the Chinese Society for Agricultural Machinery，2015，46（2）：14 - 19.（in Chinese with English abstract）

[52] Naidu R，Perry E，Pierce F，et al. The potential of spectral reflectance technique for the detection of Grapevine leafroll-associated virus - 3 in two red-berried wine grape cultivars [J]. Computers and Electronics in Agriculture，2009，66：38 - 45.

[53] 肖德琴，傅俊谦，邓晓晖，等. 基于物联网的桔小实蝇诱捕监测装备设计及试验 [J]. 农业工程学报，2015，31（7）：166 - 172.

Xiao Deqin，Fu Junqian，Deng Xiaohui，et al. Design and test of remote monitoring equipment for bactrocera dorsalis trapping based on internet of things [J]. Transactions of the Chinese Society of Agricultural Engineering（Transactions of the CSAE），2015，31（7）：166 - 172.（in Chinese with English abstract）

[54] Lenk S，Chaerle L，Pfündel E，et al. Multispectral fluorescence and reflectance imaging at the leaf level and its possible applications [J]. Journal of Experimental Botany，2007，58（4）：807 - 814.

[55] Qin J，Burks T，Ritenour M，et al. Detection of citrus canker using hyperspectral reflectance imaging with spectral information divergence [J]. Journal of Food Engineering，2009，93（2）：183 - 191.

[56] Shafri H，Hamdan N. Hyperspectral imagery for mapping disease infection in oil palm plantation using vegetation indices and red edge techniques [J]. American Journal of Applied Sciences，2009，6（6）：1031 - 1035.

[57] Purcell D，O'Shea M，Johnson R，et al. Near-infrared spectroscopy for the prediction of disease rating for Fiji leaf gall in sugarcane clones [J]. Applied Spectroscopy，2009，63（4）：450 - 457.

[58] Belasque L，Gasparoto M，Marcassa L. Detection of mechanical and disease stresses in citrus plants by fluorescence spectroscopy [J]. Applied Optics，2008，47（11）：1922 - 1926.

[59] Choi Y，Tapias E，Kim H，et al. Metabolic discrimination of Catharanthus roseus leaves infected by phytoplasma using 1H - NMR spectroscopy and multivariate data analysis [J]. Plant Physiology，2004，135：2398 - 2410.

[60] 李震，邓忠易，洪添胜，等. 基于神经网络的实蝇成虫图像识别算法 [J]. 农业机械学报，2017，48（增刊 1）：129 - 135.

Li Zhen，Deng Zhongyi，Hong Tiansheng，et al. Image recognition algorithm for fruit flies based on BP neural network [J]. Transactions of the Chinese Society for Agricultural Machinery，2017，48（Supp. 1）：129 - 135.（in Chinese with English abstract）

[61] Singh V，Misra A. Detection of plant leaf diseases using image segmentation and soft computing techniques [J]. Information Processing in Agriculture，2017，4（1）：41 - 49.

[62] Gao D，Liu F，Wang J. Quantitative analysis of multiple kinds of volatile organic compounds using hierarchical models with an electronic nose [J]. Sensors and Actuators B：Chemical，2012，161（1）：578 - 586.

[63] Li C，Krewer G，Kays S. Blueberry postharvest disease detection using an electronic nose [C] // Dooley J. ASABE Annual International Meeting. Reno：ASABE，2009：096783.

[64] Laothawornkitkul J，Moore J，Taylor J，et al. Discrimination of plant volatile signatures by an electronic nose：a potential technology for plant pest and disease monitoring [J]. Environ-mental Science and Technology，2008，42：8433 - 8439.

[65] 邱白晶，闫润，马靖，等. 变量喷雾技术研究进展分析 [J]. 农业机械学报，2015，46（3）：59 - 72.

Qiu Baijing，Yan Run，Ma Jing，et al. Research progress analysis of variable rate sprayer technology [J]. Transactions of the Chinese Society for Agricultural Machinery，2015，46（3）：59 - 72.（in Chinese with English abstract）

[66] Solanellesl F，Escola A，Planas S，et al. An electronic control system for pesticide application proportional to the canopy width of tree crops [J]. Biosystems Engineering，2006，95（4）：473 - 481.

[67] 王利霞，张书慧，马成林，等. 基于 ARM 的变量喷药控制系统设计 [J]. 农业工程学报，2010，26（4）：113 - 118.

Wang Lixia，Zhang Shuhui，Ma Chenglin，et

al. Design of variable spraying system based on ARM [J]. Transactions of the Chinese Society of Agricultural Engineering (Transactions of the CSAE), 2010, 26 (4): 113-118. (in Chinese with English abstract)

[68] Gonzalez R, Pawlowski A, Rodriguez C, et al. Design and implementation of an automatic pressure-control system for a mobile sprayer for greenhouse applications [J]. Spanish Journal of Agricultural Research, 2012, 10 (4): 939-949.

[69] 黄胜，朱瑞祥，王艳芳，等．变量施药机的恒压变量控制系统设计及算法 [J]. 农机化研究，2011 (2): 19-22.
Huang Sheng, Zhu Ruixiang, Wang Yanfang, et al. Design and algorithm of constant pressure and variable flow control system of variable pesticide application machine [J]. Journal of Agricultural Mechanization Research, 2011 (2): 19-22. (in Chinese with English abstract)

[70] Berk P, Stajnko D, Lakota M, et al. Real time fuzzy logic system for continuous control solenoid valve in the process of applying the plant protection product [J]. Journal of Agricultural Engineering, 2015, 15 (1): 1-9.

[71] 刘志壮，洪添胜，张文昭，等．机电式流量阀的模糊控制实现与测试 [J]. 农业工程学报，2010, 26 (增刊 1): 22-26.
Liu Zhizhuang, Hong Tiansheng, Zhang Wenzhao, et al. Fuzzy control implementing and testing on electromechanical flow valve [J]. Transactions of the Chinese Society of Agricultural Engineering (Transactions of the CSAE), 2010, 26 (Supp. 1): 22-26. (in Chinese with English abstract)

[72] 宋乐鹏，董志明，向李娟，等．变量喷雾流量阀的变论域自适应模糊 PID 控制 [J]. 农业工程学报，2010, 26 (11): 114-118.
Song Lepeng, Dong Zhiming, Xiang Lijuan, et al. Variable universe adaptive fuzzy PID control of spray flow valve [J]. Transactions of the Chinese Society of Agricultural Engineering (Transactions of the CSAE), 2010, 26 (11): 114-118. (in Chinese with English abstract)

[73] 陈树人，尹东富，魏新华，等．变量喷药自适应神经模糊控制器设计与仿真 [J]. 排灌机械工程学报，2011, 29 (3): 272-276.
Chen Shuren, Yin Dongfu, Wei Xinhua, et al. Design and simulation of variable weed spraying controller based on adaptive neural fuzzy inference system [J]. Journal of Drainage and Irrigation Machinery Engineering, 2011, 29 (3): 272-276. (in Chinese with English abstract)

[74] 郭娜，胡静涛．基于 Smith-模糊 PID 控制的变量喷药系统设计及试验 [J]. 农业工程学报，2014, 30 (8): 56-64.
Guo Na, Hu Jingtao. Design and experiment of variable rate spaying system on Smith-Fuzzy PID control [J]. Transactions of the Chinese Society of Agricultural Engineering (Transactions of the CSAE), 2014, 30 (8): 56-64. (in Chinese with English abstract)

[75] Raven Industries Inc. SCS control consoles [Z/OL]. 2018-02-16. https://ravenprecision.com/products/application-controls/cont rol-consoles.

[76] Micro-Trak Systems Inc. Spraymate™ II [Z/OL]. 2018-02-16. https://micro-trak.com/spraymate-ii.

[77] Shen Y, Zhu H. Embedded computer-controlled premixing inline injection system for air-assisted variable-rate sprayers [J]. Transactions of the ASABE, 2015, 58: 39-46.

[78] 张文昭，刘志壮．3WY-A3 型喷雾机变量喷雾实时混药控制试验 [J]. 农业工程学报，2011, 27 (11): 130-133.
Zhang Wenzhao, Liu Zhizhuang. Experiment on variable rate spray with real-time mixing pesticide of 3WY-A3 sprayer [J]. Transactions of the Chinese Society of Agricultural Engineering (Transactions of the CSAE), 2011, 27 (11): 130-133. (in Chinese with English abstract)

[79] 胡开群，周舟，祁力钧，等．直注式变量喷雾机设计与喷雾性能试验 [J]. 农业机械学报，2010, 41 (6): 70-74, 102.
Hu Kaiqun, Zhou Zhou, Qi Lijun, et al. Spraying performance of the direct injection variable-rate sprayer [J]. Transactions of the Chinese Society for Agricultural Machinery, 2010, 41 (6): 70-74, 102. (in Chinese with English abstract)

[80] 杨洲，牛萌萌，李 君，等．果园在线混药型静电喷雾机的设计与试验 [J]. 农业工程学报，2015, 31 (21): 60-67.
Yang Zhou, Niu Mengmeng, Li Jun, et al. Design and experiment of an electrostatic sprayer with on-line mixing system for orchard [J]. Transactions of the Chinese Society of Agricultural Engineering (Transactions of the CSAE), 2015, 31 (21): 60-

67. (in Chinese with English abstract)

[81] 蔡祥，Walgenbach M，Doerpmund M，等．基于电磁阀的喷嘴直接注入式农药喷洒系统［J］. 农业机械学报，2013，44（6）：69-72.
Cai Xiang，Walgenbach M，Doerpmund M，et al. Direct nozzle injection sprayer based on electromagnetic-force valve［J］. Transactions of the Chinese Society for Agricultural Machinery，2013，44（6）：69-72.（in Chinese with English abstract）

[82] Raven Industries Inc. Sidekick pro™ direct injection［Z/OL］. 2018-02-16. https：//ravenprecision.com/products/application-controls/sidekick-pro-direct-injection.

[83] Deng Wei，He Xiongkui，Ding Weimin. Droplet size and spray pattern characteristics of PWM-based continuous variable spray［J］. International Journal of Agricultural and Biological Engineering，2009，2（1）：8-18.

[84] 蒋焕煜，周鸣川，童俊华，等．基于卡尔曼滤波的PWM变量喷雾控制研究［J］. 农业机械学报，2014，45（10）：60-65.
Jiang Huanyu，Zhou Mingchuan，Tong Junhua，et al. PWM variable spray control based on Kalman filter［J］. Transactions of the Chinese Society for Agricultural Machinery，2014，5（10）：60-65.（in Chinese with English abstract）

[85] Zhai C，Wang X，Liu D，et al. Nozzle flow model of high pressure variable-rate spraying based on PWM technology［J］. Advanced Materials Research，2012，422：208-217.

[86] 李龙龙，何雄奎，宋坚利，等．基于高频电磁阀的脉宽调制变量喷头喷雾特性［J］. 农业工程学报，2016，32（1）：97-103.
Li Longlong，He Xiongkui，Song jianli，et al. Spray characteristics on pulse-width modulation variable application based on high frequency electromagnetic valve［J］. Transactions of the Chinese Society of Agricultural Engineering（Transactions of the CSAE），2016，32（1）：97-103.（in Chinese with English abstract）

[87] 蒋焕煜，张利君，刘光远，等．基于PWM变量喷雾的单喷头动态雾量分布均匀性实验［J］. 农业机械学报，2017，48（4）：41-46.
Jiang Huanyu，Zhang Lijun，Liu Guangyuan，et al. Experiment on dynamic spray deposition uniformity for PWM variable spray of single nozzle［J］. Transactions of the Chinese Society for Agricultural Machinery，2017，48（4）：41-46.（in Chinese with English abstract）

[88] Liu H，Zhu H，Shen Y，et al. Development of digital flow control system for copy multi-channel variable-rate sprayers［J］. Transactions of the ASABE，2014，57（1）：273-281.

[89] John Deere Company. ExactApply™ nozzle control system［Z/OL］. 2018-02-16. https：//www.deere.com/en_US/products/equipment/self_propelled_sprayers/exact-apply/exa ct-apply. page

[90] 徐艳蕾，包佳林，付大平，等．多喷头组合变量喷药系统的设计与试验［J］. 农业工程学报，2016，32（17）：47-54.
Xu Yanlei，Bao Jialin，Fu Daping，et al. Design and experiment of variable spraying system based on multiple combined nozzles［J］. Transactions of the Chinese Society of Agricultural Engineering（Transactions of the CSAE），2016，32（17）：47-54.（in Chinese with English abstract）

[91] Pai N，Salyani M，Sweeb R. Regulating airflow of orchard air-blast sprayer based on tree foliage density［J］. Transactions of the ASABE，2009，52（5）：1423-1428.

[92] 吕晓兰，傅锡敏，吴萍，等．喷雾技术参数对雾滴沉积分布影响试验［J］. 农业机械学报，2011，42（6）：70-75.
Lv Xiaolan，Fu Ximin，Wu Ping，et al. Influence of spray operating parameters on droplet deposition［J］. Transactions of the Chinese Society for Agricultural Machinery，2011，42（6）：70-75.（in Chinese with English abstract）

[93] 邱威，丁为民，傅锡敏，等．果园喷雾机圆环双流道风机-的设计与试验［J］. 农业工程学报，2012，28（12）：3-17.
Qiu Wei，Ding Weimin，Fu Ximin，et al. Design and experiment of ring double-channel fan for spraying machine in orchard［J］. Transactions of the Chinese Society of Agricultural Engineering（Transactions of the CSAE），2012，28（12）：3-17.（in Chinese with English abstract）

[94] 李超，张晓辉，姜建辉，等．葡萄园立管风送式喷雾机的研制与试验［J］. 农业工程学报，2013，29（4）：71-78.
Li Chao，Zhang Xiaohui，Jiang Jianhui，et al. Development and experiment of riser air-blowing sprayer in vineyard［J］. Transactions of the Chinese Society of Agricultural Engineering（Transactions of

the CSAE), 2013, 29 (4): 71 - 78. (in Chinese with English abstract)

[95] 戴奋奋．风送喷雾机风量的选择与计算 [J]. 植物保护, 2008, 34 (6): 124 - 127.
Dai Fenfen. Selection and calculation of the blowing rate of air assisted sprayers [J]. Plant Protection, 2008, 34 (6): 124 - 127. (in Chinese with English abstract)

[96] 邱威，丁为民，汪小旵，等．3WZ - 700 型自走式果园风送定向喷雾机 [J]. 农业机械学报, 2012, 43 (4): 26 - 30, 44.
Qiu Wei, Ding Weimin, Wang Xiaochan, et al. 3WZ - 700 self-propelled air-blowing orchard sprayer [J]. Transactions of the Chinese Society for Agricultural Machinery, 2012, 43 (4): 26 - 30, 44. (in Chinese with English abstract)

[97] 丁素明，傅锡敏，薛新宇，等．低矮果园自走式风送喷雾机研制与试验 [J]. 农业工程学报, 2013, 29 (15): 18 - 25.
Ding Suming, Fu Ximin, Xue Xinyu, et al. Design and experiment of self-propelled air-assisted sprayer in orchard with dwarf culture [J]. Transactions of the Chinese Society of Agricultural Engineering (Transactions of the CSAE), 2013, 29 (15): 18 - 25. (in Chinese with English abstract)

[98] 周良富，傅锡敏，丁为民，等．组合圆盘式果园风送喷雾机设计与试验 [J]. 农业工程学报, 2015, 31 (10): 64 - 71.
Zhou Liangfu, Fu Ximin, Ding Weimin, et al. Design and experiment of combined disc air-assisted orchard sprayer [J]. Transactions of the Chinese Society of Agricultural Engineering (Transactions of the CSAE), 2015, 31 (10): 64 - 71. (in Chinese with English abstract)

[99] Dekeyser D, Duga A, Verboven P, et al. Assessment of orchard sprayers using laboratory experiments and computational fluid dynamics modelling [J]. Biosystems Engineering, 2013, 114: 157 - 169.

[100] Duga A, Ruysen K, Dekeyser D, et al. CFD based analysis of the effect of wind in orchard spraying [J]. Chemical Engineering Transactions, 2015, 44: 1 - 6.

[101] Garcia-Ramos F, Malon H, Aguirre A, et al. Validation of a CFD model by using 3D sonic anemometers to analyse the air velocity generated by an air-assisted sprayer equipped with two axial fans [J]. Sensors (Switzerland), 2015, 15 (2): 2399 - 2418.

[102] 丁天航，曹曙明，薛新宇，等．果园喷雾机单双风机风道气流场仿真与试验 [J]. 农业工程学报, 2016, 32 (14): 62 - 68.
Ding Tianhang, Cao Shuming, Xue Xinyu, et al. Simulation and experiment on single-channel and double-channel airflow field of orchard sprayer [J]. Transactions of the Chinese Society of Agricultural Engineering (Transactions of the CSAE), 2016, 32 (14): 62 - 68. (in Chinese with English abstract)

[103] 王景旭，祁力钧，夏前锦．靶标周围流场对风送喷雾雾滴沉积影响的 CFD 模拟及验证 [J]. 农业工程学报, 2015, 31 (11): 46 - 53.
Wang Jingxu, Qi Lijun, Xia Qianjin. CFD simulation and validation of trajectory and deposition behavior of droplets around target affected by air flow field in greenhouse [J]. Transactions of the Chinese Society of Agricultural Engineering (Transactions of the CSAE), 2015, 31 (11): 46 - 53. (in Chinese with English abstract)

[104] 陈建泽，宋淑然，孙道宗，等．远射程风送式喷雾机气流场分布及喷雾特性试验 [J]. 农业工程学报, 2017, 33 (24): 72 - 79.
Chen Jianze, Song Shuran, Sun Daozong, et al. Test on airflow field and spray characteristics for long-range air-blast sprayer [J]. Transactions of the Chinese Society of Agricultural Engineering (Transactions of the CSAE), 2017, 33 (24): 72 -79. (in Chinese with English abstract)

[105] 李继宇，周志艳，兰玉彬，等．旋翼式无人机授粉作业冠层风场分布规律 [J]. 农业工程学报, 2015, 31 (3): 77 - 86.
Li Jiyu, Zhou Zhiyan, Lan Yubin, et al. Distribution of canopy wind field produced by rotor unmanned aerial vehicle pollination operation [J]. Transactions of the Chinese Society of Agricultural Engineering (Transactions of the CSAE), 2015, 31 (3): 77 - 86. (in Chinese with English abstract)

[106] 徐莎，翟长远，朱瑞祥，等．喷雾高度可调的果园风送喷雾机的设计 [J]. 西北农林科技大学学报（自然科学版）, 2013, 41 (11): 1 - 6.
Xu Sha, Zhai Changyuan, Zhu Ruixiang, et al. Design of an orchard air-assisted sprayer with adjustable spray height [J]. Journal of Northwest A&F University (Natural Science Edition), 2013, 41 (11): 1 - 6. (in Chinese with English abstract)

[107] 宋淑然，夏侯炳，卢玉华，等．风送式喷雾机导流器结构优化及试验研究 [J]. 农业工程学报，2012，28（6）：7-12.
Song Shuran，Xia Houbing，Lu Yuhua，et al. Structural optimization and experiment on fluid director of air-assisted sprayer [J]. Transactions of the Chinese Society of Agricultural Engineering（Transactions of the CSAE），2012，28（6）：7-12.（in Chinese with English abstract）

[108] Khot L，Ehsani R，Albrigo G，et al. Spray pattern investigation of an axial-fan airblast precision sprayer using a modified vertical patternator [J]. Applied Engineering in Agriculture. 2012，28：647-654.

[109] Miranda-Fuentes A，Rodríguez-Lizana A，Gil E，et al. Influence of liquid-volume and airflow rates on spray application quality and homogeneity in super-intensive olive tree canopies [J]. Science of the Total Environment，2015，537：250-259.

[110] Qiu W，Zhao S，Ding W，et al. Effects of fan speed on spray deposition and drift for targeting air-assisted sprayer in pear orchard [J]. International Journal of Agricultural and Biological Engineering，2016，9：53-62.

[111] 宋淑然，洪添胜，孙道宗，等．风机电源频率对风送式喷雾机喷雾沉积的影响 [J]. 农业工程学报，2011，27（1）：153-159.
Song Shuran，Hong Tiansheng，Sun Daozong，et al. Effect of fan power supply frequency on deposition of air-assisted sprayer [J]. Transactions of the Chinese Society of Agricultural Engineering（Transactions of the CSAE），2011，27（1）：153-159.（in Chinese with English abstract）

[112] 翟长远，朱瑞祥，徐莎，等．一种风送式喷雾机风量调节装置：中国专利，201210545679.3 [P]. 2014-09-10.

[113] 翟长远，李卫，郭俊杰，等．一种风送式喷雾机进风口调节装置：中国专利，201210545208.2 [P]. 2014-07-30.

[114] 翟长远，朱瑞祥，李卫，等．一种风机转速可控式果园喷药机：中国专利，201210549173.X [P]. 2014-07-30.

[115] 李龙龙，何雄奎，宋坚利，等．基于变量喷雾的果园自动仿形喷雾机的设计与试验 [J]. 农业工程学报，2017，33（1）：70-76.
Li Longlong，He Xiongkui，Song Jianli，et al. Design and experiment of automatic profiling orchard sprayer based on variable air volume and flow rate [J]. Transactions of the Chinese Society of Agricultural Engineering（Transactions of the CSAE），2017，33（1）：70-76.（in Chinese with English abstract）

翟长远　博士，国家农业智能装备工程技术研究中心研究员。美国俄克拉荷马州立大学（Oklahoma State University）博士后，美国康奈尔大学（Cornell University）访问学者，陕西省青年科技新星，美国Kentucky Science and Engineering Foundation 科研项目评审专家。2004 年毕业于西安理工大学电子信息科学与技术专业，2007 年获得西安交通大学控制理论与控制工程专业硕士学位，2009—2012 年在职攻读西北农林科技大学农业机械化工程专业博士学位。2007—2018 年在西北农林科技大学机械与电子工程学院任教，2019 年在国家农业智能装备工程技术研究中心任研究员。于 2013 年 4 月至 2014 年 4 月在美国康奈尔大学做访问学者，2015 年 11 月至 2018 年 11 月在美国俄克拉荷马州立大学从事博士后研究工作。主要从事智能农机装备技术研究，包括精准喷雾、施肥和播种技术与装备研究，先后主持科技部“863”子课题、国家自然科学基金、工业和信息化部“核高基”课题子任务等 11 项科研项目。以第一作者或通信作者发表论文 28 篇；以第一发明人获批授权发明专利 16 项；获批实用新型专利 10 项；登记软件著作权 26 项。

Changyuan（Charley）Zhai，PhD，Professor National Research Center of Intelligent Equipment for Agriculture，postdoctoral fellow of Oklahoma State University，visiting scholar of Cornell University，young science and technology new-star of Shaanxi Province，and evaluation expert of Kentucky Science and Engineering Foundation. He graduated from Xi'an University of Technology in 2004 majoring in electronic information science and technology. He obtained his master's degree in control theory and control engineering from Xi'an Jiaotong University in 2007 and studied for his doctoral degree in agricultural mechanization engineering from 2009 to 2012. From 2007 to 2018, he worked at the College of Mechanical and Electronic Engineering, Northwest A&F University. In 2019 he started to work as a professor at the National Research Center of Intelligent Equipment for Agriculture. From April 2013 to April 2014, he was a visiting scholar at Cornell University in the United States. From November 2015 to November 2018, he was engaged in postdoctoral research at Oklahoma State University. His research focuses on intelligent agricultural equipment, including precision spray, fertilization and sowing technology and equipment. He was in charge of 11 scientific research projects as PI, such as: "863" subproject of the Ministry of Science and Technology, project of National Natural Science Foundation, and "Core Electronic Devices, High-end Generic Chips and Basic Software" sub task of Ministry of Industry. He published 28 papers as the first author or corresponding author, obtained 16 invention patents and 10 utility model patents as the first inventor, and registered 26 software copyrights.

Optimize Lettuce Cultivation Through Accurate Detection and Application of Pesticides

Xin Wu

(Gilat Research Center of Agricultural Research Organization, Israel)

Introduction

Rising population density and food demand are demanding increasing crop yields as the studies predict a population density of nine to ten billion people by the middle of the twenty-first century. These must live on the limited earth and feed on limited food sources (Godfray et al., 2010).

In order to increase the current productivity potential of the crops grown, it is of great importance to take the pests into account. It is astonishing that about 80% of the cotton yield and 50% of the wheat yield worldwide are lost through weeds, pathogens and animals (as of 2005). Despite the sharp increase in the use of crop protection products in the past four decades, there is no significant reduction in crop loss. This means that the increased amount of pesticides applied to the field only serves to maintain plant productivity (Oerke, 2005).

The development of crop protection equipment meets the high demands in terms of user protection, occupational safety and environmental protection precisely and reliably. Precision farming is expected to strengthen targeted crop protection applications instead of standardizing crops in one fell swoop (Ganzelmeier, 2008).

The targeted crop protection treatment means the site-specific crop protection application, which is only applied at the necessary points and at the required time. This led to a significant reduction in ecological and economic damage (Bongiovanni 2004). Area-specific treatment can be carried out with specially modified machines that have the appropriate sensors.

A basic requirement of this method is the plant position detection, in which the sensor is enabled with the help of suitable programs and corresponding programming of the machine to recognize the plants sought in the first treatment step.

A part-specific crop protection spraying system is being developed (as of 2019) in the Institute of Agricultural Engineering at the Rheinische Friedrich-Wilhelms-Universität Bonn. The aim of this homework is to provide an overview of the plant detection systems used to date, which are used in the field of plant detection in row crops. This work also describes an attempt to use an ultrasonic sensor for plant position detection under protected conditions ("in-door test") to optimize the spotsprying process.

Different plant position detection systems

Plant position detection is essential for precise applications of crop protection agents. This is not a new method, but has been researched for a few decades and various sensor-based methods are already in use for crop position detection.

Touch sensors

Brinkmann (1964) explained how the

tactile sensors work for the separation of sugar beet in plant recognition. This so-called controlled separation process is used to automatically separate the beets on the cultivation line. It is a type of machine with a PTO-driven knife star. His cleaver is controlled by an electronic probe bracket that expects a useful plant at a certain distance. If a plant to be spared is palpated, a stronger voltage regulated by transistors arises within the probe bracket and as a result the knives swing up. This ensures that the crop is spared while the other plants are chopped up.

With this method, regulation for spraying machines is not possible because the signal is mechanically converted to the knives. In addition, the signal could be passed on electrically to a spray regulator instead of the knife.

Measuring light grids

This system uses light barriers arranged in parallel. The plant or the object to be measured must be between the light barriers. Several transmitter diodes are mounted on a barrier, which generate light or reader radiation. Receiving diodes are installed on the opposite barrier, which constantly detect the emitted radiation, as shown in Figure 1. As soon as the object to be measured interrupts this radiation, it can be scanned two-dimensionally and converted into a binary image. This allows you to determine not only the position of the plant, but also the structure and height of the plant. The fast image acquisition and evaluation has the potential for online applications (Fender et al., 2005; Dzinaj et al., 1998).

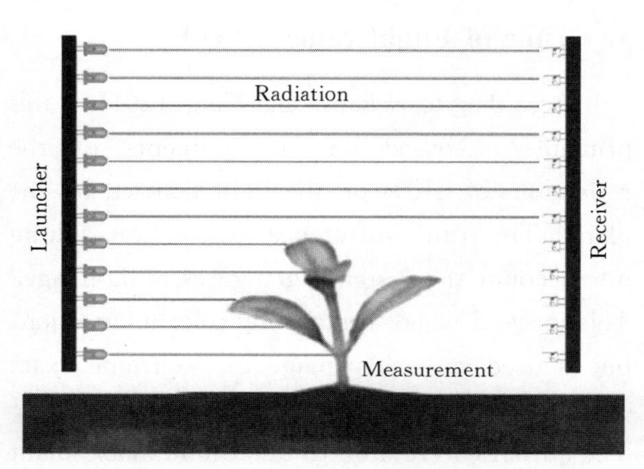

Figure 1 Schematic representation of a light curtain sensor (Müter, 2017)

The measurement of taller plants such as maize in advanced growth phases is critical. But there is also a risk of confusion with small plants and other lying objects, such as stones and straw remains.

Cameras and image processing

Müter (2017) depicted how different cameras work (Figure 2). The cameras are similar in structure and differ from the light source. Some are dependent on the ambient light (passive) and some are supported with an additional light source (active). A camera consists of one or more sensors, which have lightwave-sensitive

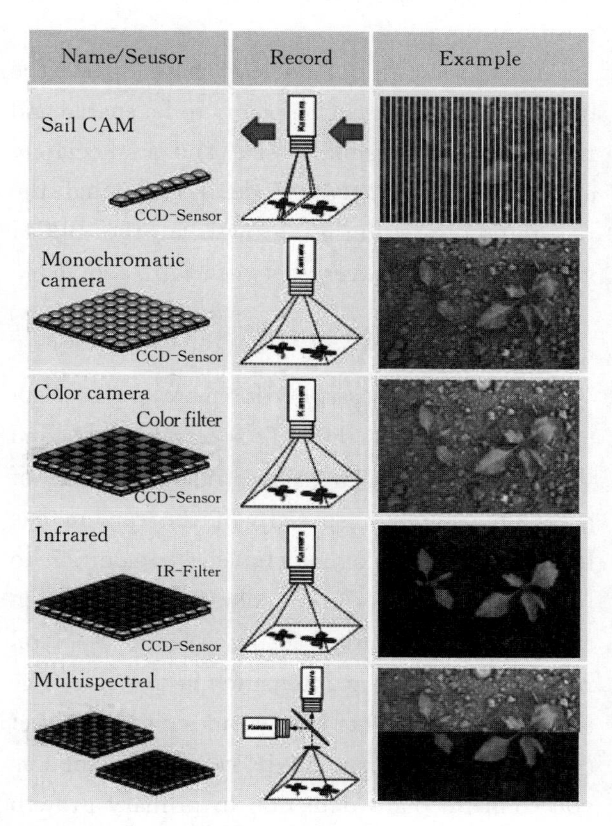

Figure 2 Recording technology and sample recordings of various cameras for image processing (Müter, 2017).

pixels. The most commonly used sensors are CCD sensors (Charge-Coupled Devise), which generate a digital raw image based on pixels of the measured photons. This can be processed either on the computer or in the camera and accordingly recognize certain subtleties, such as the plant position. The higher the number of pixels in the sensor, the higher the resolution and the longer the processing time.

Near infrared camera

The chlorophyll content of a plant can also be measured with a NIR camera due to the high reflection of the radiation wavelength in the near infrared range of 780～1400 nm (Müter, 2017).

Using the CCD sensor for NIR measurements, Fischer et al. (2010) develop a mechanical weed hoe for sugar beet in the development stage BBCH 10 to BBCH 14. In the test field with 14 cm plant spacing, the recognition rate of plant position was 90%.

However, it is unclear how good the distinction is between the plants to be spared and the weeds of a similar size and immediately adjacent. Müter (2017) made it clear that the recognition rate during growth in the BBCH stages 10 to 14 can vary between 87% and 96%.

Multispectral camera

As a further possibility for more precise plant position detection, the multispectral camera and the analysis of the multispectral images are of great importance, especially if the camera has been enabled to take color images in addition to NIR images. In this form, object differentiation and plant recognition using several spectral ranges and radiation intensities is possible. The advantage of this method becomes clear in direct comparison to color and NIR cameras as soon as you compare plant detection in primary growth phases. It was 91% for sugar beet in the two-leaf stage, whereas that for NIR intake was 87% (Müter 2017).

Image processing programs have good results in plant and position detection. However, they require a high level of technical effort, since you need a computer with the appropriate performance for image analysis and sophisticated, special algorithms. In addition, the cameras must be modified with regard to the program.

3D sensors and cameras

There are three different versions of measurement techniques in the area of 3D systems:

Stereo vision

In this technique, 3D data is recorded by two or more normal cameras, which are mounted next to each other at a certain distance. This arrangement is based on the human eye. Stereo vision sensors are dependent on the ambient light. A big advantage here is the high resolution due to the different color values (Weiss and Biber, 2011). Using this method, Jian and Tang (2009) were able to determine maize plant positions with a detection rate of 96%. In the field test, however, the sensors were strongly affected by the high levels of solar radiation (Kazmi, 2014) and the image processing time is influenced by the plant density. The higher the density, the longer the processing time. This technology also depends on the processor and algorithms used (Müter, 2017).

Time of Flight camera (ToF)

According to Nakarmi and Tang (2014), this principle is based on measurements of the reflections of LEDs on the light emitted by the plants. The time difference calculation taking into account the distance generates a 3D image. This image does not contain any color information, but is used as a side image to determine exact center positions in the maize as a row culture. The authors were able to determine maize plant positions with zero percent error in the detection rate in in-door conditions. Under out-door conditions, the quality of the images is inferior, especially under windy weather conditions or under intense sunlight. Therefore, it is not recommended to collect the data around midday when the sun is high (Weiss and Biber, 2011).

3D laser sensors

According to Weiss and Biber (2011), these sensors are particularly suitable for outdoor conditions. Laser radiation is not affected by the sun or weather conditions. The laser can also be used for 24 hours a day. In contrast to stereo and ToF techniques, the varying information is calculated in the sensor and does not require high processor performance. These sensors are heavier and more expensive than the other 3D sensors. The authors were able to determine a 99% detection rate for plant positions under protected conditions, in the outdoor experiment this rate drops to 70%.

Distance sensors

These sensors include the laser and ultrasound sensors, which offer further possibilities for pristine plant detection (Müter, 2017). Since the ultrasonic sensor offers a stable structure, Hartmann (1999) used it in agricultural engineering for both lateral guidance and height guidance.

An ultrasonic sensor combines a radiation transmitter, which generates the ultrasonic radiation for a certain distance, and a receiver, which receives the reflected radiation, which is reflected by an object in the measuring range. The transmitter and receiver are mounted in a housing at a certain distance. The measurement is based on transit time measurement, ie the time interval between irradiation and reception is measured. Half the time is multiplied by the speed of sound. The result is the distance between the object and the sensor. The transmitter generates sound waves in the form of a club, comparable to a loudspeaker, which have an influence on the sensitivity of the receiver. This sound lobe, the sensitivity of the receiver, the attenuation of the sound in the air and the reflectivity of the object are of great importance for the ability of the sensor to be recognized and can have a negative impact on the measurement quality. The ultrasonic sensors are generally light, robust and have a more balanced price-performance ratio compared to other sensors used in agriculture (Langen, 1993).

Use of ultrasonic sensors in the "Optimization of the cultivation of picking salads by means of precision detection and application of crop protection agents" project

The aim of this project is the identification of lettuce leaves infected with aphids, so that the treatment of plant protection products (PSM) can be carried out selectively. The experiment takes place in the workshop of the Agricultural Engineering Institute at the University of Bonn.

Material and methods

Ultrasonic sensor

Due to the above-mentioned properties of the ultrasonic sensor and considering the disturbing factors, which can lead to inaccurate measurements, as well as the presence of ultrasonic sensors in the institute, the ultrasonic sensor "VariKont" from Pepperel + Fuchs GmbH was used. Figure 3 shows the schematic sound radiation and represents the sound club.

According to the sensor manufacturer, the detection range is between 6~50 cm. The close range is between 0~6 cm and the resolution is 0.175 mm.

Due to this detection area, the sensor was mounted on the syringe at a distance of 50 cm from the floor.

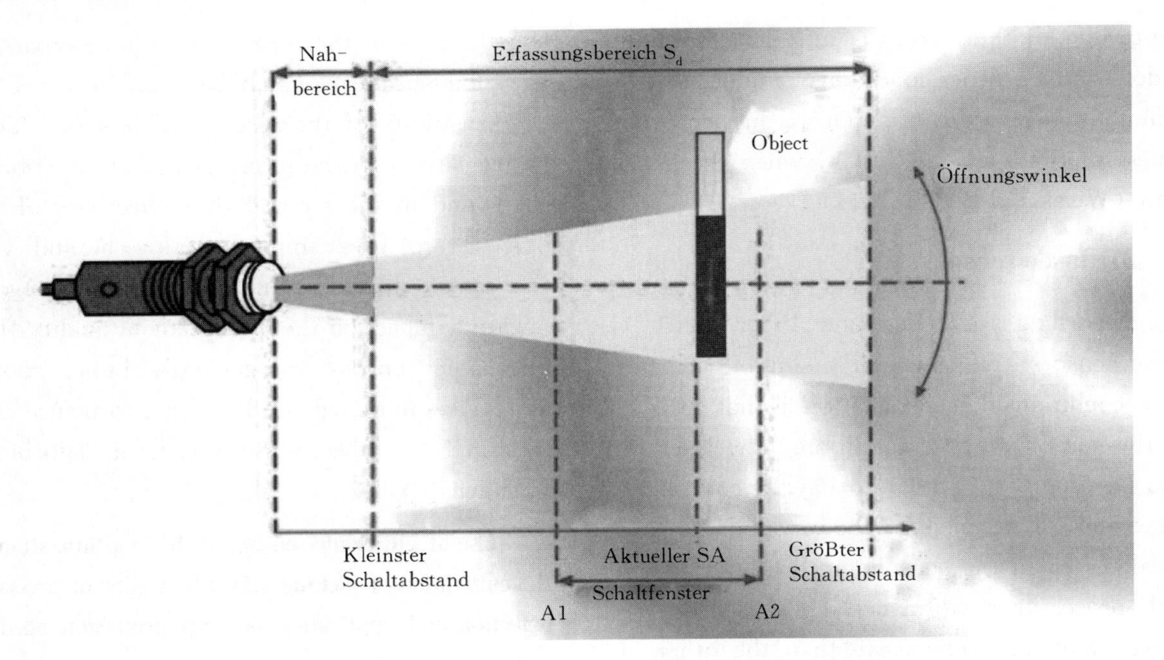

Figure 3 The ultrasonic sensor and the measuring ranges

The spray system

The spray system consists of the PSM container, a height-adjustable spray nozzle and the sensor. The distance between the nozzle and the sensor is 15 cm (Figure 4) . These parts are fixed on a metallic frame that stands on a rail and can be moved back and forth. The movement is possible with a control system at different speeds.

Figure 4 The spraying system with PSM container, spray nozzle and the sensor

The control system is shown in Figure 5. A PLC (Programmable Logic Controller) from National Instrument (CompactRIO Controller cRIO 9022) was used. PLC is connected to a laptop, which is connected to the program.

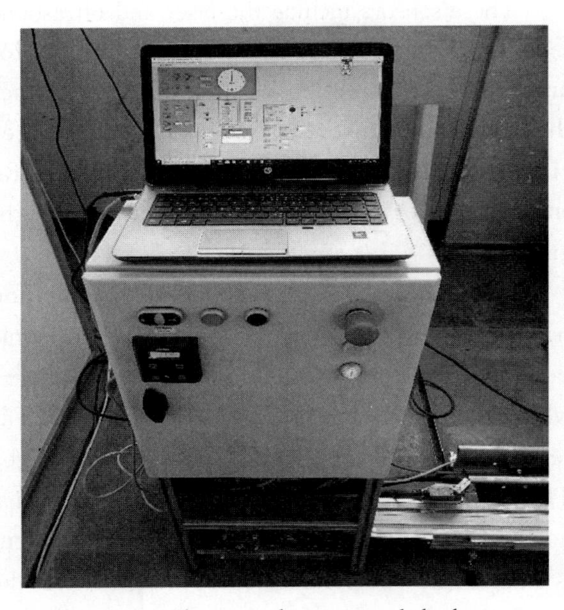

Figure 5 The control system and the laptop

" LabVIEW, 2013 " is equipped. With LabVIEW you can manually regulate the mechanical movement of the spraying system and the nozzle opening time by determining the speed, valve switching time and the sensor-nozzle distance (Figure 6) . The combination of LabVIEW and PLC enables the real-time process.

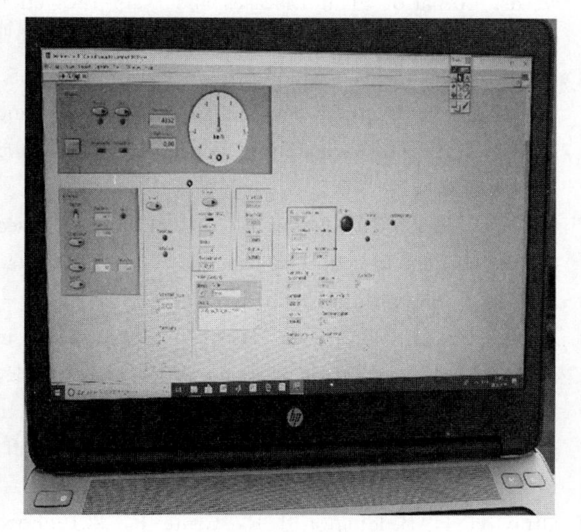

Figure 6　The LabVIEW user interface

The sensor used in the experiment is an object distance sensor. Since there were no lettuce plants at the time of the experiment, vine seedlings were used (height: 25～30cm, diameter: 15～17cm), which also have a large leaf surface and density (Figure 7) . The spraying system drove three times at a speed of 1km/h over the test plants.

Figure 7　Vine seedlings 25 cm apart

Results

With 20 cm plant distance

Driving the sprayer over the plants at this distance has shown a low detection rate. Six out of twelve plants were detected and sprayed on the first trip. After two more repetitions, it was found that the same plants had been detected again. In this case the detection rate is 50%.

With 25 cm plant spacing

The result improved with this distance, so that ten out of twelve plants were detected and sprayed in two replications. The detection rate rose from 50% to 84%.

With 30 cm plant distance

At this distance, the detection rate increased again in the experiment. The twelve plants were all detected and sprayed in two runs. In the third trip, however, only eleven of the twelve plants were detected and sprayed. The detection rate with this plant spacing is 97.2%.

The sensor was also tested with short vine plants, which had an approximate height of 10 cm. In this test, however, the sensor showed little reaction to the plants, even though they were within the theoretical detection range.

Discussion

Plant position detection is possible with the help of various sensors and industrial cameras. The accuracy and effort differ depending on the purpose and environmental conditions. High computer and processor performance are crucial in plant recognition processes, especially those based on image processing and analysis.

In our experiment, the ultrasonic sensor acts as a promising way of recognizing the plant positions in row crops. If the distances between the plants are small, the detection rate is not sufficient since the overlap of the leaves has made it difficult for the sensor to distinguish between the plants. At larger distances, the accuracy was 97%. From these results it can be implied that a gap between two plants lying side by side is essential in order to act as a restart function for the sensor. This assumption was confirmed in the tests with distances of 25～30 cm. It is therefore difficult to use the sensor for overlapping sheets for continuous detection in use.

The spraying was carried out with a nozzle, which creates a projection surface in the form of a small ellipse. This resulted in a small area coverage on the plant. This problem could possibly be partially solved by a flat jet nozzle. On the other hand, the spray duration was entered manually in LabVIEW. An improvement could be brought about by changing the programming by coupling the spraying time with the time in which the plant is recognized. This approach would overcome the sheet overlap problem.

In the experiment it was recognized that plants up to 10 cm plant height are not detected, although they are within the theoretical detection range (up to 50 cm) of the sensor. The plants, which are 20～30 cm high, are in turn reliably detected.

The ultrasonic sensor is a distance sensor and can only be used on clean rows without, for example, weeds, straw or stones, since the quality of the measurement could be negatively influenced by the interference factors mentioned.

For the ideal use of the spraying system based on the ultrasonic sensor, further tests are required in which the above-mentioned challenges are solved and possibly an attempt is made to optimize this promising system for use in the field.

References

Bongiovanni R, Lowenberg DeBoer J, 2004. Precision agriculture and sustainability. Precision Agriculture (5): 359 - 387.

Brinkmann W, 1964. Possibilities for mechanically separating sugar beet. Fundamentals of Agricultural Engineering (21): 39 - 48.

Dzinaj T, little Hörstkamp S, Linz A, et al., 1998. Multi - sensor system for distinguishing crops and weeds. Journal of Plant Diseases and Plant Protection (Special Issue XVI): 233 - 242.

Fender F, Hanneken M, Linz A, et al., 2005. Measuring light curtain and multispectral as imaging systems for plant recognition. Bornimer Agricultural Reports (40): 7 - 16.

Fischer D, Ströbel M, Köller K, 2010. Camera - based control concept of a mechanical hoe for sugar beets. Plant and Agricultural Engineering (2): 93 - 95.

Ganzelmeier H, Nordmeyer H, 2008. Innovations in application technology//Tiedemann A V, Heitefuss R, Feldmann F. Plant production in transition - change in plant protection© Deutsche Phytomedizinische Gesellschaft, Braunschweig, Germany: 138 - 149.

Godfray H J, Beddington J R, Crute R, 2010. Food security: The challenge of feeding 9 billion people. Science, 327 (5967): 812 - 818.

Hartmann P, 1999. Non - contact height and side guidance of tractor attachments in bedding crops. Munich: Technical University of Munich.

Jian J, Tang L, 2009. Corn plant sensing using real - time stereo vision. Journal of Field Robotics, 26 (6 - 7): 591 - 608.

Kazmi W, Foix S, Alenya G, 2014. Indoor and outdoor depth imaging of leaves with time - of - flight and stereo vision sensors: Analysis and comparison. ISPRS Journal of Photogrammetry and Remote Sensing (88): 128 - 146.

Langen A, 1993. A method for the construction of application - optimized ultrasonic sensors based on sound channels. Springer - Verlag, Berlin.

Müter M, 2017. Camera - controlled mechanical weed control in row crops. Rheinische Friedrich - Wilhelms - Universität Bonn.

Nakarmi A D, Tang L, 2014. Within - row spacing sensing of maize plants using 3D computer vision. Biosystem Sengineering (125): 54 - 64.

Oerke E C, 2006. Crop losses to pests. The Journal of Agricultural Science (144): 31 - 43.

Weiss U, Biber P, 2011. Plant detection and mapping for agricultural robots using a 3D LIDAR sensor. Robotics and Autonomous Systems (59): 265 - 273.

吴昕 1975年12月6日出生，上海人。2008年8—11月，在德国SEMPA系统公司担任项目工程师。2009年1—9月，任德累斯顿理工大学岩土研究所研究员，从事Labvie的自动控制编程。同时，作为德累斯顿理工大学工程机械与物流传动技术研究所的科研人员，从事数值模拟研究。2009—2017年，在德累斯顿工业大学工程机械与物流传动技术研究所攻读冈特·昆泽教授博士研究生。2013—2017年，任徐州工程机械集团有限公司欧洲研发中心液压工程师；2017—2020年，波恩大学农业研究所的博士后研究员，致力于农药自动喷洒。2017年起在德累斯顿理工大学农业工程技术学院随托马斯·赫利特齐乌斯教授进修。

Xin Wu, born in 6th of December, 1975, Shanghai. From August to November 2008, he worked as a project engineer in SEMPA SYSTEMS, Germany. From January to September 2009, he was a research scientist in geotechnical research institute of Dresden University of Technology, engaged in Labvie's automatic control programming. At the same time, as a scientific researcher of the Institute of Engineering Machinery and Logistics Transmission Technology, Dresden University of Technology, he was engaged in the research of numerical simulation. From 2009 to 2017, he worked as a doctoral student of professor Gunter Kunze in the Institute of Engineering Machinery and Logistics Transmission Technology of Dresden University of Technology. From 2013 to 2017, he worked as a hydraulic engineer in the European Research and Development Center of Xuzhou Construction Machinery Group Co. , LTD. From 2017 to 2020, he was a postdoctoral fellow at the Institute of Agriculture at the University of Bonn, working on automated pesticide spraying. he has been studying with professor Thomas Herlitzius in Habilitation of the Institute of Agricultural Engineering Technology, Dresden University of Technology since 2017.

Computational Fluid Dynamics Simulations of Environmental Conditions in Agricultural Buildings and Their Validation Against Experimental Data

Pierre-Emmanuel Bournet*

(EPHor, AGROCAMPUS OUEST, SFR QUASAV,
FR IRSTV, 49000, Angers, France)

Abstract: CFD (Computational Fluid Dynamics) techniques considerably developed in the last two decades. This approach is based on numerical tools and makes it possible to assess the distribution of physical variables (velocity, temperature, humidity…) inside a limited domain. Applications are numerous in industry and in agriculture in particular.

From a bibliographic analysis of CFD studies, it can be seen that thousands of papers using this technique were published, with a strong increase in the last few years. CFD was progressively adapted to Controlled Environment Agriculture: greenhouses and livestock buildings with important developments in the last decade.

This paper presents the fundamentals of CFD and the efforts conducted to include complex phenomena such as radiative processes and interactions of crops or animals with local environmental conditions.

Validation of CFD models is also a crucial aspect. As models now include a large range of physical and physiological processes, a very important number of sensors is required for validation. Validation protocols are shortly discussed together with the difficulties encountered to conduct this step of the work and check the quality of the model.

Keywords: greenhouse, livestock buildings, CFD, modelling, sensors, measurements, validation

INTRODUCTION

Computational Fluid Mechanics is a branch of fluid mechanics that uses numerical analysis and data structures to solve and analyze problems that involve thermal or fluid flows. CFD provides a help to the development and design of products. CFD is today applied to a wide range of industrial sectors including aerospace, automotive, biomedical, chemical processing, HVAC, hydraulics, marine, oil and gas, power generation, sports, agriculture… According to (Lee, 2013), the quantitative effects of the introduction of CFD on system design and development in engineering fields are a reduced time of production period and an increase of product credibility by about 25%. Simulations thus make it possible to greatly reduce the cost, time and resources, and thus to achieve the objectives and goals of the researches with efficiency as well as improved credibility of the research results.

As mentioned by Versteeg and Malalasekera (2007) there are several unique advantages of

* E-mail: pierre-emmanuel.bournet@agrocampus-ouest.fr.

CFD over experiment-based approaches to fluid systems design:

- substantial reduction of lead times and costs of new designs.
- ability to study systems where controlled experiments are difficult or impossible to perform (e. g. very large systems).
- ability to study systems under hazardous conditions at and beyond their normal performance limits (e. g. safety studies and accident scenarios),
- practically unlimited level of detail of results.

Applications of CFD include issues related to Controlled Environment Agriculture systems, greenhouses and livestock buildings in particular. They deal for instance with natural and/or fan ventilation, insect screen impact, heating or cooling system dimensioning. Several topics are specific to greenhouses such as humidity control and condensation, solar radiation distribution, crop transpiration, CO_2 distribution, photosynthesis, spore transfer and pesticide distribution. Other are specific to livestock buildings such as ammonia emissions or contaminant dispersion. CFD is used not only to understand physical or biological processes occurring in the buildings, as well as interactions of plants or animals with local environmental conditions, but also to predict the behavior of the production system with the aim to improve its equipment and design.

In this prospect it is imperative to evaluate and verify the credibility of the CFD model in order to warranty the quality of the simulations and their possible use for control, improvement and/or test of the production system. Validation involves a set of sensors which must be chosen carefully and properly installed inside and/or outside the building.

The aim of the present study is first to provide an overview of what CFD is, how it works and for which purposes it can be used. Then, on the basis of a short bibliographic investigation, an analysis of the last trends of the peer reviewed studies devoted to agricultural building modelling with CFD is provided. A particular focus is finally made on the validation procedure: sensor choice and their location, indicators of efficiency of the CFD model and difficulties that may be encountered.

including cost, range of measures, accuracy as well as time response in some cases.

WHAT IS CFD?

CFD is a computer-based technique aiming at characterizing, interpreting, and quantifying flow phenomena by solving conservation equations (or extended conservation equations) explaining the phenomena. Governing equations of fluid dynamics are non-linear partial differential equations which cannot be solved using analytical techniques. With limitations in computer technologies during the early stages, fluid phenomena were explained through interpretation of approximated scalar equations. But thanks to the fast development of computation technology since the 1990s, it is now possible to describe fluid phenomena by solving Navier-Stokes equations in volumes surrounding three dimensional shapes and for unsteady conditions.

Practically speaking, the operator has to define a calculation domain surrounding and including the system to be studied. Then this domain is split in elementary volumes in which transport equations for mass, momentum and energy can be solved. CFD tools generally offer the possibility not only to choose a turbulence model, but also to include specific processes such as radiation and/or sink or source terms. Equations are discretized in the calculation domain and then solved according to an iterative procedure which can be controlled from convergence parameters (Figure 1).

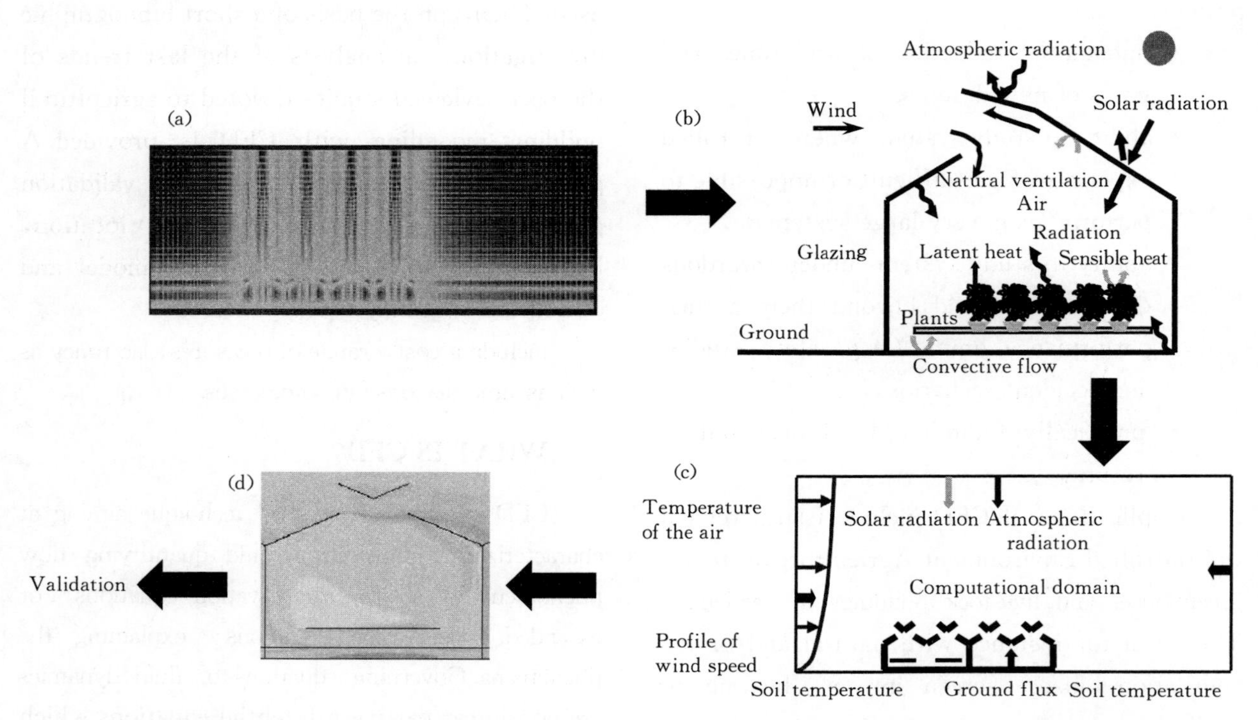

(a) Definition of the mesh for the whole building and its environment; (b) Choice of a physical model, integration of the involved mechanisms; (c) Definition of the boundary conditions; (d) Solving the equations

Figure 1 Stages of the CFD simulations, case of a greenhouse

CURRENT EVOLUTION OF PUBLISHED RESEARCHES

In order to analyse the current evolution of the published papers on CFD, a search was performed on the Scopus™ database. Considering the words "Computational Fluid Dynamics", more than 75 000 papers were found covering the period 1974 to 2018. As can be seen in Figure 2, publications disclose an exponential increase, reaching 75 000 papers in 2018. China and United States rank respectively first and second in CFD paper production. Engineering represents more than 30% of CFD publications, followed by physics and astrophysics, chemical engineering, energy, mathematics, material science, computer sciences and environmental sciences. Then, the following keywords were retained: (i) CFD and greenhouse, and not climate change; (ii) CFD and livestock (broiler or pig house or barn). Only papers for which these words were in the title and/or abstract were retained. A period extending only from 1995 to 2018 was considered as almost no papers using CFD applied to agricultural buildings were published before.

The corresponding histograms are presented in Erreur ! Source du renvoi introuvable. which shows peer reviewed published papers (distinguishing journal articles from proceedings). CFD published studies devoted to agricultural buildings considerably grew during the last decade. 202 SCI (Science Citation Index) papers dealing with greenhouses corresponding to 46% of the total number of publications and 121 SCI papers dealing with livestock buildings corresponding to 64% of the total number of publications were reported (Figure 3). Indeed, proceeding papers remain quite numerous in that field of research, mainly due

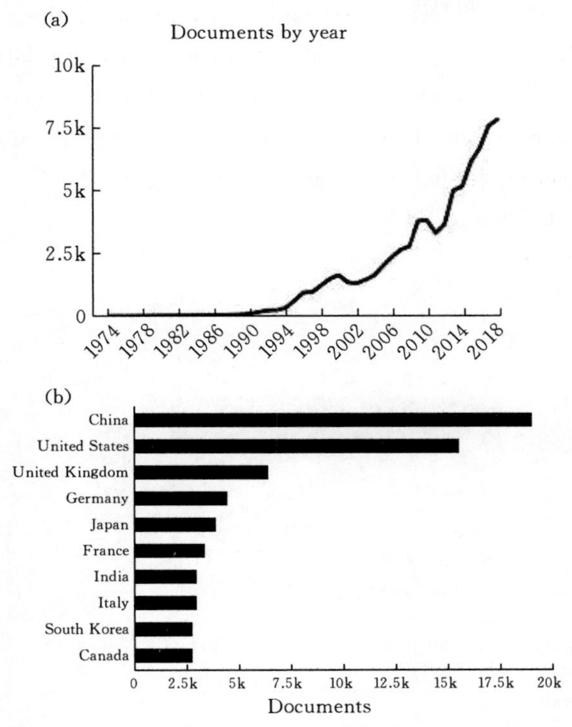

Figure 2 CFD publications per year (a) and number of CFD publications by country (b), period 1974 - 2018

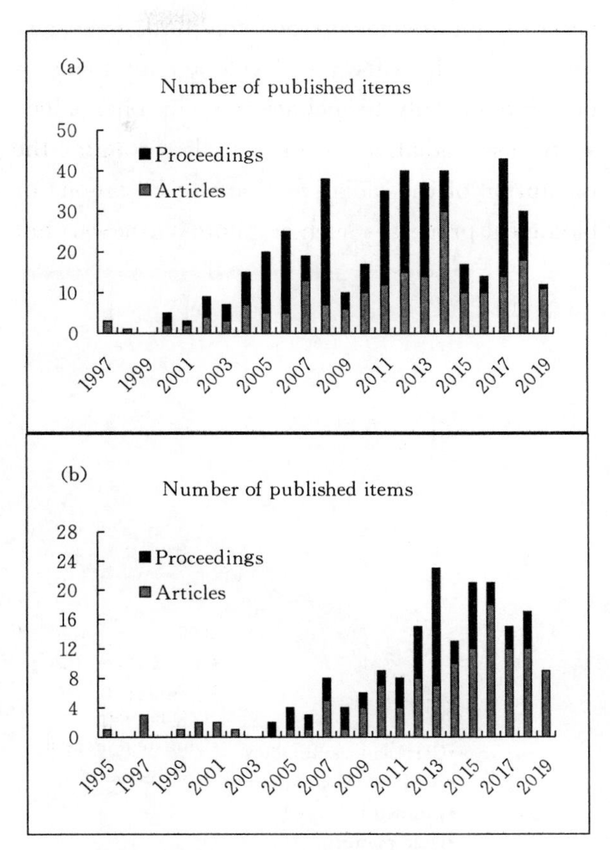

Figure 3 Peer review papers and proceeding publications (a) CFD and greenhouse, (b) CFD and livestock buildings, period 1995 - 2018

to the fact specific congresses with peer reviewed proceedings such as GreenSys for greenhouses exist. In the field of greenhouses and livestock buildings, the main journals publishing CFD studies are Biosystems Engineering and Computers and Electronics in Agriculture. A lot of CFD studies (in Chinese) are also published in Chinese journals.

MILESTONES OF CFD DEVELOPMENTS FOR GREENHOUSE AND LIVESTOCK BUILDING APPLICATIONS

The interest for CFD modelling stems from the fact that CFD tools make it possible to simulate and design instead of building and testing. It is a mean to assess complex phenomena which would be difficult to analyse through experiments at full scales, or under extreme conditions (high winds, high temperatures…).

Nevertheless, the realism of the simulations is strongly linked to the care taken by the scientific community to correctly identify and include the main physical (and potentially physiological) mechanisms involved in the system. Generally speaking the story of CFD simulations started at the end of the 80ies. Concerning agricultural buildings, we may mention the pioneer CFD works of Okushima et al. (1989) who adopted a 2D representation. and who got results consistent with experiments conducted inside a wind tunnel. But the true booming of CFD started in the middle of the 90ies with DOS platforms although meshing capability and calculation performance remained limited by the available computers (Figure 4). Meshing tools improved together with solver at the beginning of the 21st century. First attempt to include a crop submodel in the CFD tool was done by Boulard and Wang (2002). During the last decade, improvement of computer capacity together with software developments made it possible not only to include complex phenomena such as radiative transfers (through the resolution of the radiative Transfer Equation) or biological processes such as photosynthesis, but also to undertake 3D and transient simulations. It become then possible for instance to simulate evolutions at a daily time scale for instance. During the last two decades, several review papers dealing with either greenhouses, livestock buildings or both were published.

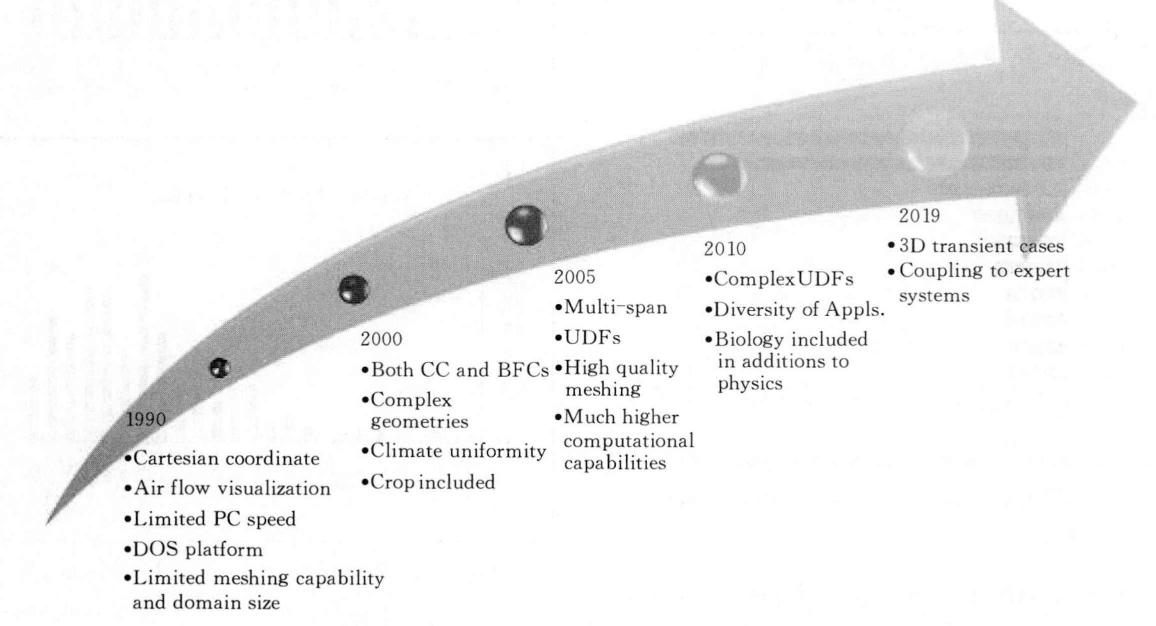

Figure 4 Milestones of CFD advances in CEA applications

CFD greenhouse studies

Several state-of-the art review papers are available concerning greenhouse CFD studies:

- Reichrath and Davies (2002) conducted a comprehensive review of the state-of-the-art in the application of CFD for modelling the interaction between the internal climate of glasshouses with external weather conditions and environmental control settings.
- Norton et al. (2007) analyzed current applications in the design of ventilation systems for agricultural production systems, and the outstanding challenging issues that confront CFD modellers; this paper also covers livestock building applications.
- Bournet and Boulard (2010) provide an extended review of the effect of ventilator configuration on the distributed climate of greenhouses considering both experimental and CFD studies.
- de la Torre-Gea et al. (2011) performed an analysis to show the trends, strengths and weaknesses in the use of this tool. They identified the most important issues that help understand how it has evolved, as well as trends and limitations on its use.
- Bartzanas et al. (2013) provide a state-of-the-art review on various CFD applications to improve crop farming systems including greenhouses. The challenges faced by modelers using CFD in precision crop production are also discussed and possibilities for incorporating the CFD models in decision support tools for Precision Farming are highlighted.

First CFD studies on greenhouses focused on ventilation issues inside the building. The first introduction of the crop inside the model, taking account of both the mechanical interaction (drag force) and heat and water vapor transfer was first proposed by Boulard and Wang (2002). Then radiative processes were included in the modelling approach by solving the Radiative transfer equation (Bournet et al., 2007) and later condensation (Tong et al., 2009; Piscia et al., 2012; Bouhoun Ali et al., 2014) and CO_2 transfers and photosynthesis (Boulard et al., 2017) were introduced in the model. Bouhoun Ali et al. (2017) also developed a submodel to calculate the water balance over the substrate and analyze the impact of different irrigation strategies.

Boulard and Wang (2002) considered lettuces in their modelling approach. Bartzanas et al. (2004), Fatnassi et al. (2003, 2015), Fidaros et al. (2010) and Majdoubi et al. (2009, 2016) applied the crop submodel to tomatoes. Ornamental plants interaction with local environment in greenhouses was also studied by (Fatnassi et al., 2006) for roses, by Bouhoun Ali et al. (2017) and Kichah et al. (2012) for New Guinea Impatiens and by Chen et al. (2015) for Begonia.

Livestock buildings CFD studies

Concerning livestock building CFD studies:

- Sørensen and Nielsen (2003) discussed some of the major sources of errors in indoor environment investigations using CFD.
- Bjerg et al. (2013) identified current capabilities of CFD modelling techniques and how best CFD can be utilized in the future as a comprehensive modelling tool that enables naturally ventilated livestock buildings to be designed to reduce ammonia emissions.
- Rong et al. (2016a) assessed the Mechanisms of natural ventilation in livestock buildings with a specific investigation of CFD studies.
- Rong et al. (2016b) also provide a summary of best guidelines and validation of CFD modeling in livestock buildings to ensure prediction quality.
- Van Leuken et al. (2016) investigated atmospheric dispersion of aerosols from livestock buildings, using CFD in particular.

Many CFD studies dedicated to livestock buildings focus on ventilation issues (Bjerg et al., 2002; Lee et al., 2004; Norton et al., 2010a, 2009; Rong et al., 2015a; Seo et al., 2009; Shen et al., 2012). Other studies aim at developing technologies to control the ammonia emissions (Bjerg et al., 2013; Rong et al., 2015a; Tong et al., 2019a; Wu et al., 2012b; Zong and Zhang, 2014). CFD is also used to investigate contaminant dispersion (Hong et al., 2011; Rojano et al., 2019; Seo et al., 2012, 2014; Tong et al., 2019a).

CFD studies mainly analyze poultry houses (Bustamante et al., 2013; Curi et al., 2017; Fidaros et al., 2018; Küçüktopcu and Cemek, 2019; Li et al., 2016; Rojano et al., 2015, 2016, 2018, 2019; Seo et al., 2009; Tong et al., 2019b), pig houses (Lee et al., 2004; Li et al., 2017, 2016; Rong et al., 2015b; Seo et al., 2012) and cow houses (Gebremedhin et al., 2016; Mondaca et al., 2019; Norton et al., 2010b, 2010c; Rong et al., 2015a; Wang et al., 2018; Wu et al., 2012a).

VALIDATION OF CFD SIMULATIONS

Validation appears as a crucial stage of the modelling approach. Indeed, a model without any comparison against measurements would critically lack of credibility and consequently could not be used as a relevant tool to test the response of the system for a range of conditions. Indeed, by developing validated simulation models, it will be possible to use CFD simulations in order to build virtual agricultural buildings architectures with different virtual devices. From these simulations, it will be also possible to easily explore the optimum design of the building and also devise more suitable management. Validation is thus essential although standards for the validation process seem not exist.

Experiments are often expensive and heavy to implement, which explains why in most studies, validation is often undertaken on the basis of a very limited number of data, even if improvement of sensors (together with a slight decrease of their price), including wireless sensors, combined with improvement of data loggers (in terms of storage capacity in particular) and potential use of IOT systems to collect data online make it today easier to improve the validation process of simulations.

Sensors

Most commonly used sensors both in greenhouses and livestock buildings are velocity sensors (sonic sensors, hot bulb anemometers, cup anemometers), temperature probes or thermocouples, infrared camera, fluxmeters, humidity sensors. In the case of scale models using wind tunnels specifically, PIV (Particule Image Velocimetry) technique was sometimes used to map the velocity field in vertical planes (Lee et al., 2007). To our knowledge, this technique however was not implemented for in situ measurements inside full scale greenhouses or livestock buildings. Especially in greenhouses, literature mentions the use of radiation sensors (pyranometers and/or pyradiometers), or of sensors at pot/plant level such as PAR cells (Photosynthetically Active Radiation) sensors, porometers (to estimate the stomatal resistance), sap flow meters, together with tensiometers and water content sensors inside the soil. Gas analyser (CO_2 or N_2O mainly) are also used to estimate the ventilation rate. Inside and outside livestock buildings, ammonia emission and/or odour emissions are sometimes also recorded to assess their dispersion in the close environment. In the case of livestock buildings, several studies analyse the contaminant dispersion, such as viruses for which data are also sometimes available.

Experimental protocol

Establishing an experimental protocol remains a complex task. Modelers have to cope with the fact that CFD can provide a thorough 3D description of fields of interest, namely velocity field, temperature field, humidity field, ammonia concentration field… while sensors could only be implemented at a few given locations (except a few of them such as the infrared camera which can map temperature inside a plane). Hence the necessity to define an adapted measurement strategy. Operators often have to find a compromise between the number of sensors, their cost and the complexity of their implementation (taking account of crop or animal constraints together with technical support constraints). Location of sensors should be chosen according to the goal to be reached, but it appears that a densification of sensors in the vicinity of the walls (where gradients may occur) and/or in the animal/crop occupied zone is often relevant. The number of variables used for the validation stage often varies from one study to another (Table 1 and Table 2). Velocity is often chosen in the ventilation studies, combined with ventilation rate which is a global (or integrated) quantity representative of the air exchanges between the indoor and outdoor. The main difficulty with velocity is that it can fluctuate quickly and in a large range, following variations in the outside meteorological conditions, sensors with a low start threshold are quite expensive, sensors are intrusive and may modify the flow and locally high velocity gradients may occur. That is the reason why in some cases, particularly in wind tunnels, techniques such as PIV were adopted. But the application of this technique remains limited to small scale domains. Temperature and humidity are also often chosen for the validation stage, but the number of sensors only rarely exceed 30. Most study show that validation is generally based on 1 to 3 variables. There exist however complex studies integrating a lot of physical and physiological processes which involve a larger set of validation variables (Bouhoun Ali et al., 2017; Boulard et al., 2017). An example of sensor distribution inside a greenhouse is provided in Figure 5. In recent years, the development of crop models favored the instrumentation of crops using leaf thermocouples, sap flow meters, photosynthesis analyzers... It must be stated however that local laws generally prevent from the possibility to install sensors on animals. When studying living materials, such as plants, due to the variability in their response at given climate conditions, we recommend the instrumentation of several individuals, at least 3, but 5 would be a better choice to conduct then statistics (average and standard deviation). Statistics are widely used by modelers in the field of biology.

Table 1 Several CFD studies of greenhouse systems and data collected for their validation

Authors	Greenhouse type	Dimension	Validation
Boulard and Wang (2002)	Tunnel with lettuce	3D steady	Transmittance, air velocity temperature, transpiration flux
Fatnassi et al. (2003)	Moroccan type with tomato	3D steady	Ventilation rate
Bartzanas et al. (2004)	Tunnel with tomato	2D/3D steady	Air velocity, ventilation rate, air temperature
Fatnassi et al. (2006)	Multi span with roses		
Majdoubi et al. (2009)	Canary type greenhouse with tomat	3D steady	Air temperature, relative humidity
Tong et al. (2009)	Chinese greenhouse	2D unsteady	Air temperature
Boulard et al, (2010)	Multispan plastic greenhouse with roses	2D unsteady	Air temperature and humidity, spore concentration
Piscia et al. (2012)	4-span plastic greenhouse	3D unsteady	Air temperature, roof temperature, humidity ratio
Tamimi et al. (2013)	Arch type greenhouse with tomato	3D steady	Air velocity, evapotranspiration, stomatal resistance
Majdoubi et al. (2016)	Canarian greenhouse	3D steady	Air temperature, air humidity
Bouhoun Ali et al. (2017)	Venlo greenhouse with new guinea impatiens	2D unsteady	Air temperature, leaf temperature matric potential, stomatal resistance, air humidity, transpiration rate
Boulard et al. (2017)	6-span glasshouse with tomato	3D unsteady	Air temperature, leaf temperature, saturated humidity at leaf temperature, air humidity, shortwave radiation, air speed, crop transpiration, CO_2 concentration

Table 2 Several CFD studies of livestock building systems and data collected for their validation

Authors	Livestock building type	Dimension	Validation
Lee et al. (2004)	Pig house	3D steady	Air velocity
Lee et al. (2007)	Broiler house	3D steady	Air velocity and direction (PIV), turbulent intensity
Seo et al. (2009)	Broiler house	3D steady	Temperature and humidity
Norton et al. (2010a)	Calf building	3D steady	Air velocity
Norton et al. (2010b)	Calf building	3D steady	Pressure coefficients
Norton et al. (2010c)	Calf building	3D steady	Velocity components, temperature, sweat rate, animal heat loss
Hong et al. (2011)	Piglet house	3D steady	Wind speed, wind direction, and odour values
Seo et al. (2012)	Pig house	3D steady	Temperature
Wu et al. (2012)	Dairy cattle house	3D steady	Air velocity, CO_2 concentration, air exchange rate
Bustamante et al. (2013)	Broiler house	3D steady	Air velocity
Seo et al. (2014)	Broiler houses	3D unsteady	Airborne highly pathogenic avian influenza
Rong et al. (2015a)	Dairy cow house	3D steady	Air velocity and temperature
Rojano et al. (2015)	Broiler house	2D unsteady	Air temperature and humidity
Rong et al. (2015b)	Pig house	3D steady	Air velocity and ammonia concentration
Gebremedhin et al. (2016)	Dairy cow house	3D steady	Surface temperatures
Li et al. (2016)	Broiler house	3D steady	Heat transfer coefficient on animals
Rojano et al. (2016)	Broiler house	3D unsteady	Air temperature and humidity
Curi et al. (2017)	Broiler house	3D steady	Air velocity
Bustamante et al. (2017)	Broiler house	3D steady	Air velocities and temperature
Li et al. (2017)	Pig house	3D steady	Air velocity
Rojano et al. (2018)	Broiler house	3D unsteady	Air temperature and humidity
Fidaros et al. (2018)	Broiler house	3D steady	Air velocity and temperature
Wang et al. (2018)	Dairy cow house	3D steady	Air velocity
Zhang et al. (2019)	Broiler house	3D steady	Air velocity
Du et al. (2019)	Broiler house	3D steady	Air velocity, temperature and humidity
Küçüktopcu and Cemek, (2019)	Broiler house	3D steady	Air velocity and temperature
Mondaca et al. (2019)	Dairy cow house	3D steady	Air velocity
Tong et al. (2019b)	Broiler house	3D unsteady	Air velocity, temperature, humidity, ammonia concentration

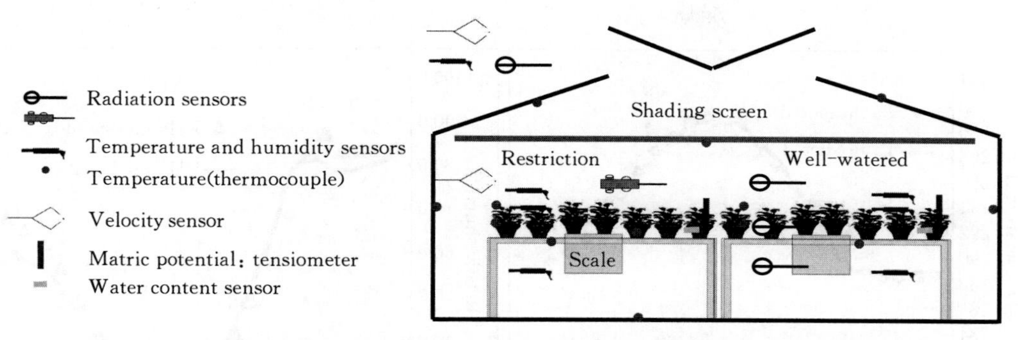

Figure 5 Example of experimental protocole to assess plant interaction with local climate conditions inside a greenhouse (Bouhoun Ali et al., 2017)

Quality of the simulations

The quality of the results is often deduced from the agreement with experimental data. Nevertheless, no standard procedure exists to really assess the accuracy of the simulations, and the type of comparison often differs from one study to the next. Model accuracy is generally assessed by just graphically or visually comparing both numerical and experimental distributions (Figure 6). Nevertheless, the validation procedure is also often based on the calculation of indicators of quality of the ability of the model to predict physical (and sometimes biological) variables. As mentioned by Power (1993), five statistics are often found in the literature: the mean error, the mean percent error, the mean absolute error, the mean absolute percent error and the mean square error. The first two indicators measure predictive bias and should be close to zero while the other three measure predictive accuracy and should be as small as possible. Models with smaller bias and accuracy measures are preferred to those with larger measures. Bias means over estimation or under estimation of the model while accuracy refers to the quality of the fit between observations and prediction. The root mean square error is often preferred to the mean square error, but its interpretation remains the same. Other considerations such as synchronisation, i.e. existence of an offset between predictions and observations, damping, for cases when predictions and observations agree except for extreme values, or scale, i.e. it may happen predictions and observations agree, but at different scales, are sometimes relevant but were not encountered in agricultural building CFD studies. To our knowledge, no criterion was used to quantify the adequacy of models with experiments. Likewise, no threshold was reported to determine whether a model is acceptable or not. A difference between measurements and simulations of less that 10% is often considered as acceptable, but in some cases, larger differences reaching up to 40% or 50% were accepted to consider the model as validated (Figure 7).

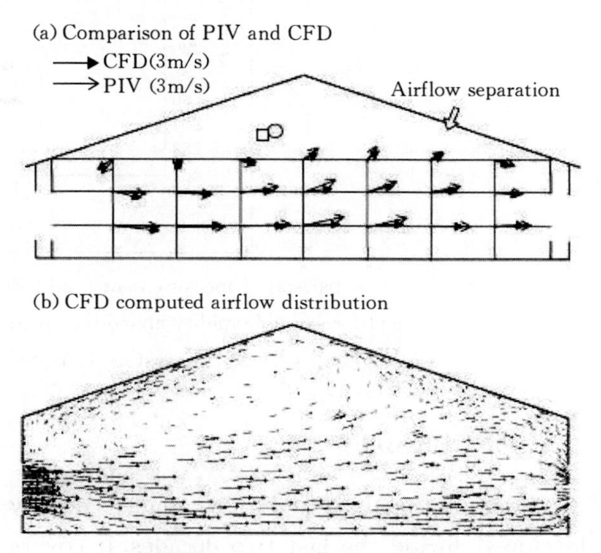

Figure 6 Example of comparison of the PIV and CFD velocity field inside a broiler house (Lee et al., 2007)

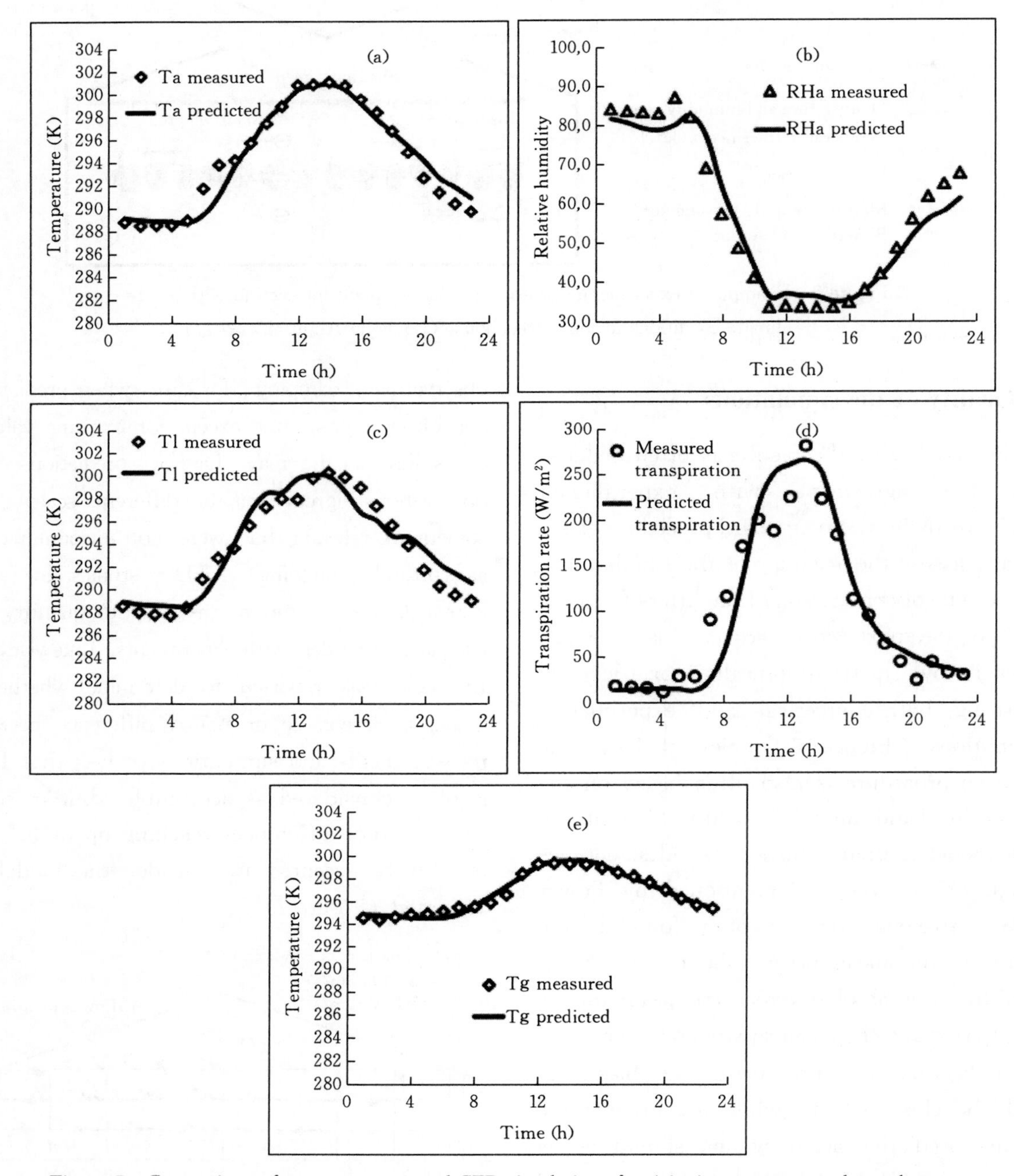

Figure 7 Comparison of measurements and CFD simulations for (a) air temperature above the crop; (b) relative humidity above the crop; (c) leaf temperature; (d) transpiration rate; (e) soil surface temperature (adapted from Bournet et al., 2017)

CONCLUSION

Computational Fluid Dynamics rapidly developed during the last two decades. It covers a wide range of industrial applications including agricultural issues and agricultural buildings in particular. Recent developments in CFD made it possible to considerably improve the realism of simulation of climate distribution inside greenhouses and livestock buildings. During the last fifteen years, a particular attention was paid to the development of specific submodels taking account of the interaction of plants or animals with local climate. CFD offers the advantage of being able to test a wide range of meteorological conditions or greenhouse geometries and, therefore, to compare a number of cases.

Field surveys remain essential not only for determining the boundary conditions of the CFD models but for validating them as well. Indeed, most of the available numerical studies verify or validate their models. High-performance techniques (such as PIV) give access to the climate distribution but often at an insufficient number of points. The differences between numerical and experimental results may stem from the accuracy of the measurement devices as well as from the limits of the models themselves. However, experimental studies are costly and the lack of data remains a problem, especially since increased model complexity requires an increasing number of probes and more refined measurements for validation.

Still several questions arise from the validation process itself: there is a need to define a reliable protocol: which variables to consider? How many? Which criteria to conclude about the quality of the model to predict the climate?

Beyond validation, a challenge in the future will be to connect CFD results to a Decision Making system, feeding the CFD model with data and using CFD results to better manage the agricultural building. Indeed, the use of CFD tool as a device to improve greenhouse design, performance, sustainability and to optimize control (smart greenhouses) remains in the heart of future CFD development strategies.

Literature cited

Bartzanas T, Boulard T, Kittas C, 2004. Effect of vent arrangement on windward ventilation of a tunnel greenhouse. Biosyst. Eng., 88: 479 - 490. https://doi.org/10.1016/j.biosystemseng.2003.10.006.

Bartzanas T, Kacira M, Zhu H, et al., 2013. Computational fluid dynamics applications to improve crop production systems. Comput. Electron. Agric, 93: 151 - 167. https://doi.org/10.1016/j.compag.2012.05.012.

Bjerg, Bjarne, Cascone G, et al., 2013. Modelling of ammonia emissions from naturally ventilated livestock buildings. Part 3: CFD modelling. Biosyst. Eng., 116: 259 - 275. https://doi.org/10.1016/j.biosystemseng.2013.06.012.

Bjerg B, Norton T, Banhazi T, et al., 2013. Modelling of ammonia emissions from naturally ventilated livestock buildings. Part 1: Ammonia release modelling. Biosyst. Eng., 116: 232 - 245. https://doi.org/10.1016/j.biosystemseng.2013.08.001.

Bjerg B, Svidt K, Zhang G, et al., 2002. Modeling of air inlets in CFD prediction of airflow in ventilated animal houses. Comput. Electron. Agric., 34: 223 - 235. https://doi.org/10.1016/S0168-1699 (01) 00189-2.

Bouhoun Ali H, Bournet P E, Danjou V, et al., 2014. CFD simulations of the night-time condensation inside a closed glasshouse: Sensitivity analysis to outside external conditions, heating and glass properties. Biosyst. Eng., 127: 159 - 175. https://doi.org/10.1016/j.biosystemseng.2014.08.017.

Bouhoun Ali H, Bournet P E, Cannavo P, et al., 2017. Development of a CFD crop submodel for simulating microclimate and transpiration of ornamental plants grown in a greenhouse under water restriction. Comput. Electron. Agric.. https://doi.org/10.1016/j.compag.2017.06.021

Boulard T, Roy J C, Fatnassi H, et al., 2010. Computer fluid dynamics prediction of climate and fungal spore transfer in a rose greenhouse. Comput. Electron. Agric., 74: 280 - 292. https://doi.org/10.1016/j.compag.2010.09.003.

Boulard T, Roy J C, Pouillard J B, et al., 2017. Modelling of micrometeorology, canopy transpiration and photosynthesis in a closed greenhouse using computational fluid dynamics. Biosyst. Eng., 158: 110 - 133. https://doi.org/10.1016/j.biosystemseng.2017.04.001.

Boulard T, Wang S, 2002. Experimental and numerical studies on the heterogeneity of crop transpiration in a plastic tunnel., Comput. Electron. Agric., 34: 173 - 190. https://doi.org/10.1016/S0168 - 1699 (01) 00186 - 7.

Bournet P E, Boulard T, 2010. Effect of ventilator configuration on the distributed climate of greenhouses: A review of experimental and CFD studies. Comput. Electron. Agric., 74: 195 - 217. https://doi.org/10.

1016/j. compag. 2010. 08. 007.

Bournet P E, Morille B, Migeon C, 2017. CFD prediction of the daytime climate evolution inside a greenhouse taking account of the crop interaction, sun path and ground conduction. Acta Hortic., 1170: 61-70. https://doi.org/10.17660/ActaHortic.2017.1170.6.

Bournet P E, Ould Khaoua S A, Boulard T, 2007. Numerical prediction of the effect of vent arrangements on the ventilation and energy transfer in a multi-span glasshouse using a bi-band radiation model. Biosyst. Eng., 98: 224-234. https://doi.org/10.1016/j.biosystemseng.2007.06.007.

Bustamante E, Calvet S, Estellés F, et al., 2017. Measurement and numerical simulation of single-sided mechanical ventilation in broiler houses. Biosyst. Eng., 160: 55-68. https://doi.org/10.1016/j.biosystemseng. 2017.05.009.

Bustamante E, García-Diego F J, Calvet S, et al., 2013. Exploring ventilation efficiency in poultry buildings: The validation of computational fluid dynamics (CFD) in a cross-mechanically ventilated broiler farm. Energies, 6: 2605-2623. https://doi. org/10.3390/en6052605.

Chen J, Xu F, Tan D, et al., 2015. A control method for agricultural greenhouses heating based on computational fluid dynamics and energy prediction model. Appl. Energy., 141: 106-118. https://doi.org/10.1016/j.apenergy.2014.12.026.

Curi T M R C, de Moura D J, Massari J M, et al., 2017. Computational fluid dynamics (CFD) application for ventilation studies in broiler houses. Eng. Agric., 37: 1-12. https://doi.org/10.1590/1809-4430-Eng. Agric. v37n1p1-12/2017.

de la Torre-Gea G, Soto-Zarazúa G M, López-Crúz I, et al., 2011. Computational fluid dynamics in greenhouses: A review. Afr. J. Biotechnol., 10: 17651-17662. https://doi.org/10.5897/AJB10.2488.

Du L, Yang C, Dominy R, et al., 2019. Computational fluid dynamics aided investigation and optimization of a tunnel-ventilated poultry house in China. Comput. Electron. Agric., 159: 1-15. https://doi.org/10.1016/j.compag.2019.02.020.

Fatnassi H, Boulard T, Bouirden L, 2003. Simulation of climatic conditions in full-scale greenhouse fitted with insect-proof screens. Agric. For. Meteorol., 118: 97-111. https://doi.org/10.1016/S0168-1923(03)00071-6.

Fatnassi H, Boulard T, Poncet C, et al., 2006. Optimisation of greenhouse insect screening with computational fluid dynamics. Biosyst. Eng., 93: 301-312. https://doi.org/10.1016/j.biosys-temseng.2005.11.014.

Fatnassi H, Poncet C, Bazzano M M, et al., 2015. A numerical simulation of the photovoltaic greenhouse microclimate. Sol. Energy., 120: 575-584. https://doi.org/10.1016/j.solener.2015.07.019.

Fidaros D, Baxevanou C, Bartzanas T, et al., 2018. Numerical study of mechanically ventilated broiler house equipped with evaporative pads. Comput. Electron. Agric., 149: 101-109. https://doi.org/10.1016/j.compag.2017.10.016.

Fidaros D K, Baxevanou C A, Bartzanas T, et al., 2010. Numerical simulation of thermal behavior of a ventilated arc greenhouse during a solar day. Renew. Energy., 35: 1380-1386. https://doi.org/10.1016/j.renene.2009.11.013.

Gebremedhin K G, Wu B, Perano K, 2016. Modeling conductive cooling for thermally stressed dairy cows. J. Therm. Biol., 56: 91-99. https://doi.org/10.1016/j.jtherbio.2016.01.004.

Hong S, Lee I, Hwang H, et al., 2011. CFD modelling of livestock odour dispersion over complex terrain, part II: Dispersion modelling. Biosyst. Eng., 108: 265-279. https://doi.org/10.1016/j.biosystemseng.2010.12.008.

Kichah A, Bournet P E, Migeon C, et al., 2012. Measurement and CFD simulation of microclimate characteristics and transpiration of an impatiens pot plant crop in a greenhouse. Biosyst. Eng., 112: 22-34. https://doi.org/10.1016/j.biosystemseng.2012.01.012.

Küçüktopcu E, Cemek B, 2019. Evaluating the influence of turbulence models used in computational fluid dynamics for the prediction of airflows inside poultry houses. Biosyst. Eng., 183: 1-12. https://doi.org/10.1016/j.biosystemseng.2019.04.009.

Lee I B, 2013. Trends in CFD applications in agriculture. Acta Hortic., 1008: 19-26. https://doi.org/10.17660/ActaHortic.2013.1008.1.

Lee I B, Sase S, Sung S H, 2007. Evaluation of CFD accuracy for the ventilation study of a naturally ventilated broiler house. Jpn. Agric. Res. Q., 41: 53-64. https://doi.org/10.6090/jarq.41.53.

Lee I B, You B K, Kang C H, et al., 2004. Study on forced ventilation system of a piglet house. Jpn. Agric.

Res. Q., 38: 81 - 90. https://doi. org/10.6090/jarq. 38.81.

Li H, Rong L, Zhang G, 2017. Reliability of turbulence models and mesh types for CFD simulations of a mechanically ventilatedpig house containing animals. Biosyst. Eng., 161: 37 - 52. https://doi.org/10.1016/j. biosystemseng. 2017.06.012.

Li H, Rong L, Zong C, et al., 2016. A numerical study on forced convective heat transfer of a chicken (model) in horizontal airflow. Biosyst. Eng., 150: 151 - 159. https://doi.org/10.1016/j. biosystemseng. 2016.08.005.

Majdoubi H, Boulard T, Fatnassi H, et al., 2009. Airflow and microclimate patterns in a one-hectare Canary type greenhouse: An experimental and CFD assisted study. Agric. For. Meteorol., 149: 1050 - 1062. https://doi.org/10.1016/j. agrformet. 2009.01.002.

Majdoubi H, Boulard T, Fatnassi H, et al., 2016. Canary greenhouse CFD nocturnal climate simulation. Open J. Fluid Dyn., 6: 88 - 100. https://doi.org/10.4236/ojfd. 2016.62008.

Mondaca M R, Choi C Y, Cook N B, 2019. Understanding microenvironments within tunnel-ventilated dairy cow freestall facilities: Examination using computational fluid dynamics and experimental validation. Biosyst. Eng., 183: 70 - 84. https://doi.org/10.1016/j. biosystemseng. 2019.04.014.

Norton T, Grant J, Fallon R, et al., 2009. Assessing the ventilation effectiveness of naturally ventilated livestock buildings under wind dominated conditions using computational fluid dynamics. Biosyst. Eng., 103: 78 - 99. https://doi.org/10.1016/j. biosystemseng. 2009.02.007.

Norton T, Grant J, Fallon R, et al., 2010a. Assessing the ventilation performance of a naturally ventilated livestock building with different eave opening conditions. Comput. Electron. Agric., 71: 7 - 21. https://doi.org/10.1016/j. compag. 2009.11.003.

Norton T, Grant J, Fallon R, et al., 2010b. A computational fluid dynamics study of air mixing in a naturally ventilated livestock building with different porous eave opening conditions. Biosyst. Eng., 106: 125 - 137. https://doi.org/10.1016/j. biosystemseng. 2010.02.006.

Norton T, Grant J, Fallon R, et al., 2010c. Improving the representation of thermal boundary conditions of livestock during CFD modelling of the indoor environment. Comput. Electron. Agric., 73: 17 - 36. https://doi.org/10.1016/j. compag. 2010.04.002.

Norton T, Sun D W, Grant J, et al., 2007. Applications of computational fluid dynamics (CFD) in the modelling and design of ventilation systems in the agricultural industry: A review. Bioresour. Technol., 98: 2386 - 2414. https://doi. org/10.1016/j. biortech. 2006.11.025.

Okushima L, Sase S, Nara M, 1989. A support systtm for natural ventilattion design of greenhousses based on computational aerodynamics. Acta Hortic, 248: 129 - 136. https://doi.org/10.17660/ActaHortic. 1989.248.13.

Piscia D, Montero J I, Baeza E, et al., 2012. A CFD greenhouse night - time condensation model. Biosyst. Eng., 111: 141 - 154. https://doi.org/10.1016/j. biosystemseng. 2011.11.006.

Power M, 1993. The predictive validation of ecological and environmental models. Ecol. Model., 68: 33 - 50. https://doi.org/10.1016/0304 - 3800 (93) 90106 - 3.

Reichrath S, Davies T W, 2002. Computational fluid dynamics simulations and validation of the pressure distribution on the roof of a commercial multi-span Venlo-type glasshouse. J. Wind Eng. Ind. Aerodyn., 90: 139 - 149. https://doi.org/10.1016/S0167 - 6105 (01) 00184 - 2.

Rojano F, Bournet P E, Hassouna M, et al., 2015. Modelling heat and mass transfer of a broiler house using computational fluid dynamics. Biosyst. Eng., 136: 25 - 38. https://doi.org/10.1016/j. biosystemseng. 2015.05.004.

Rojano F, Bournet P E, Hassouna M, et al., 2016. Computational modelling of thermal and humidity gradients for a naturally ventilated poultry house. Biosyst. Eng., 151: 273 - 285. https://doi.org/10.1016/j. biosystemseng. 2016.09.012.

Rojano F, Bournet P E, Hassouna M, et al., 2018. Assessment using CFD of the wind direction on the air discharges caused by natural ventilation of a poultry house. Environ. Monit. Assess., 190. https://doi. org/10.1007/s10661 - 018 - 7105 - 5.

Rojano F, Bournet P E, Hassouna M, et al., 2019. Modelling the impact of air discharges caused by natural ventilation in a poultry house. Biosyst. Eng., 180: 168 - 181. https://doi.org/10.1016/j. biosystemseng. 2019.02.001.

Rong L, Bjerg B, Zhang G, 2015a. Assessment of

modeling slatted floor as porous medium for prediction of ammonia emissions - Scaled pig barns. Comput. Electron. Agric., 117: 234 - 244. https://doi.org/10.1016/j.compag.2015.08.007.

Rong L, Liu D, Pedersen E F, Zhang G, 2015b. The effect of wind speed and direction and surrounding maize on hybrid ventilation in a dairy cow building in Denmark. Energy Build., 86: 25 - 34. https://doi.org/10.1016/j.enbuild.2014.10.016.

Rong L, Bjerg B, Batzanas T, et al., 2016a. Mechanisms of natural ventilation in livestock buildings: Perspectives on past achievements and future challenges. Biosyst. Eng., 151: 200 - 217. https://doi.org/10.1016/j.biosystemseng.2016.09.004.

Rong L, Nielsen P V, Bjerg B, et al., 2016b. Summary of best guidelines and validation of CFD modeling in livestock buildings to ensure prediction quality. Comput. Electron. Agric., 121: 180 - 190. https://doi.org/10.1016/j.compag.2015.12.005.

Seo I, Lee I, Moon O, et al., 2012. Modelling of internal environmental conditions in a full-scale commercial pig house containing animals. Biosyst. Eng., 111: 91 - 106. https://doi.org/10.1016/j.biosystemseng.2011.10.012.

Seo I H, Lee I B, Moon O K, et al., 2009. Improvement of the ventilation system of a naturally ventilated broiler house in the cold season using computational simulations. Biosyst. Eng., 104: 106 - 117. https://doi.org/10.1016/j.biosystemseng.2009.05.007.

Seo I H, Lee I B, Moon O K, et al., 2014. Prediction of the spread of highly pathogenic avian influenza using a multifactor network: Part 1 - Development and application of computational fluid dynamics simulations of airborne dispersion. Biosyst. Eng., 121: 160 - 176. https://doi.org/10.1016/j.biosyste-mseng.2014.02.013.

Shen X, Zhang G, Bjerg B, 2012. Comparison of different methods for estimating ventilation rates through wind driven ventilated buildings. Energy Build., 54: 297 - 306. https://doi.org/10.1016/j.enbuild.2012.07.017.

Sørensen D N, Nielsen P V, 2003. Quality control of computational fluid dynamics in indoor environments [WWW Document]. Indoor Air. https://doi.org/10.1111/j.1600-0668.2003.00170.x.

Tamimi E, Kacira M, Choi C Y, et al., 2013. Analysis of microclimate uniformity in a naturally vented greenhouse with a high-pressure fogging system. Trans. ASABE, 56: 1241 - 1254. https://doi.org/10.13031/trans.56.9985.

Tong G, Christopher D M, Li B, 2009. Numerical modelling of temperature variations in a Chinese solar greenhouse.

Tong X, Hong S W, Zhao L, 2019a. CFD modeling of airflow, thermal environment, and ammonia concentration distribution in a commercial manure-belt layer house with mixed ventilation systems. Comput. Electron. Agric., 162: 281 - 299. https://doi.org/10.1016/j.compag.2019.03.031.

Tong X, Hong S W, Zhao L, 2019b. CFD modeling of airflow, thermal environment, and ammonia concentration distribution in a commercial manure-belt layer house with mixed ventilation systems. Comput. Electron. Agric., 162: 281 - 299. https://doi.org/10.1016/j.compag.2019.03.031.

Van Leuken J P G, Swart A N, Havelaar A H, et al., 2016. Atmospheric dispersion modelling of bioaerosols that are pathogenic to humans and livestock - A review to inform risk assessment studies. Microb. Risk Anal., 1: 19 - 39. https://doi.org/10.1016/j.mran.2015.07.002.

Versteeg H K, Malalasekera W, 2007. An introd-uction to computational fluid dynamics: the finite volume method.

Wang X, Zhang G, Choi C Y, 2018. Evaluation of a precision air-supply system in naturally ventilated freestall dairy barns. Biosyst. Eng., 175: 1 - 15. https://doi.org/10.1016/j.biosystemseng.2018.08.005.

Wu W, Zhai J, Zhang G, et al., 2012a. Evaluation of methods for determining air exchange rate in a naturally ventilated dairy cattle building with large openings using computational fluid dynamics (CFD). Atmos. Environ., 63: 179 - 188. https://doi.org/10.1016/j.atmosenv.2012.09.042.

Wu W, Zhang G, Bjerg B, et al., 2012b. An assessment of a partial pit ventilation system to reduce emission under slatted floor - Part 2: Feasibility of CFD prediction using RANS turbulence models. Comput. Electron. Agric., 83: 134 - 142. https://doi.org/10.1016/j.compag.2012.01.011.

Zhang S, Ding A, Zou X, et al., 2019. Simulation analysis of a ventilation system in a smart broiler chamber based on computational fluid dynamics. Atmosphere

10. https: //doi. org/10. 3390/atmos 10060315.
Zong C, Zhang G, 2014. Numerical modelling of airflow and gas dispersion in the pit headspace via slatted floor: Comparison of two modelling approaches. Comput. Electron. Agric., 109: 200 - 211. https: //doi. org/10. 1016/j. compag. 2014. 10. 015.

Pierre-Emmanuel Bournet 在获得液压和流体力学的工程师文凭（在法国图卢兹的 ENSEEIHT）之后，开始在巴黎的水与森林工程学院（ENGREF）和桥梁与道路工程学院（ENPC）的实验室（CEREVE）从事环境科学方面的博士论文研究，之后在布鲁塞尔的 IFREMER（法国国家海洋研究所）行政研究中任职。随后前往布鲁塞尔的 Numeca Int SA 工作，从事 CFD 软件的环境应用。在 2001 年成为巴黎法国国家农艺学院（INA - PG）流体力学助理教授之前，还曾在 INRIA（法国国家计算机科学与控制研究所）从事流体-结构耦合研究。2011 年，他成为转移物理学教授，自 2012 年以来，他一直担任 EPHor（环境物理和园艺）研究部门的负责人。

Pierre-Emmanuel Bournet, After an engineer diploma in hydraulics and fluid mechanics (at ENSEEIHT, Toulouse, France), started a PhD thesis in environmental sciences in a laboratory (CEREVE) belonging to the Water and Forest Engineering School (ENGREF) and to the Bridges and Roads Engineering School (ENPC) in Paris. Then he got a position in administrative research for IFREMER (French National Institute for Marine Research) in Brussels. Afterwards he got a job at Numeca Int SA, Brussels, working on environmental applications of a CFD software. He also worked for INRIA (French National Institute for Research in Computer Science and Control) on fluid-structure coupling before becoming assistant professor in Fluid Mechanics at the French National Agronomic Institute (INA - PG) in Paris in 2001. In 2011, He became professor in Physics of Transfers, and since 2012, He have been the head of the EPHor (Environmental Physics and Horticulture) research unit.

基于低空无人机影像光谱和纹理特征的棉花氮素营养诊断研究①

陈鹏飞[1,2]，梁　飞[3]

([1] 中国科学院地理科学与资源研究所/资源与环境信息系统国家重点实验室，北京 100101；[2] 江苏省地理信息资源开发与利用协同创新中心，江苏南京 210023；[3] 新疆农垦科学院农田水利与土壤肥料研究所，新疆石河子 832000)

摘要：【目的】基于无人机高空间分辨率影像，探讨剔除土壤背景信息及增加纹理信息对棉花植株氮浓度反 演的影响，为棉花氮素营养精准探测提供新技术手段。**【方法】**开展棉花水、氮耦合试验，分别在棉花的不同生育期获取无人机多光谱影像和植株氮浓度信息。基于以上数据，首先探讨了土壤背景对棉花冠层光谱的影响；其次，分析了影像纹理特征与植株氮浓度间的相关性；最后，将获得的数据分为建模样本和检验样本，设置剔除土壤背景前、剔除土壤背景后、增加纹理特征等不同情景，采用光谱指数与主成分分析耦合建模的方法，来建立各种情景下植株氮浓度的反演模型，并对模型反演效果进行比较。**【结果】**土壤背景对棉花冠层光谱有影响，且不同生育期趋势不同；影像纹理特征参数与植株氮浓度间有显著相关关系；剔除土壤背景前植株氮浓度反演模型的建模决定系数为 0.33，标准误差为 0.21%，验证决定系数为 0.19，标准误差为 0.23%；剔除土壤背景后模型的建模决定系数为 0.38，标准误差为 0.20%，验证决定系数为 0.30，标准误差为 0.21%；增加纹理信息后模型的建模决定系数为 0.57，标准误差为 0.17%，验证决定系数为 0.42，标准误差为 0.19%。**【结论】**基于低空无人机高空间分辨率影像，剔除土壤背景和增加纹理特征均可提高棉花植株氮浓度的反演精度；影像纹理可以作为一种重要信息来支撑无人机遥感技术反演作物氮素营养状况。

关键词：无人机，多光谱，图像纹理特征，氮素营养诊断，棉花

Cotton Nitrogen Nutrition Diagnosis Based on Spectrum and Texture Feature of Images from Low Altitude Unmanned Aerial Vehicle

Chen Pengfei [1,2]，Liang Fei[3]

([1]Institute of Geographical Science and Natural Resources Research，Chinese Academy of Sciences/State Key Laboratory of Resources and Environmental Information System，Beijing 100101；[2]Jiangsu Center for

① 原文发表在《中国农业科学》，2019，52（13）：2220－2229.

Collaborative Innovation in Geographical Information Resource Development and Application，Nanjing 210023，Jiangsu；[3]Institute of Farmland Water Conservancy and Soil Fertilizer，Xinjiang Academy of Agricultural and Reclamation Science，Shihezi 832000，Xinjiang)

Abstract：【**Objective**】Based on the high spatial resolution images of unmanned aerial vehicle (UAV), the effects of removing soil background information and increasing image texture information on the inversion of cotton plant nitrogen concentration were investigated, in order to provide new technology for accurate estimation of cotton nitrogen nutrition status. 【**Method**】Cotton water and nitrogen coupling experiment was conducted, and UAV images and plant nitrogen concentration data were measured during different cotton growth stages. Based on the above data, the effect of soil background on cotton canopy spectrum was firstly investigated. Secondly, the correlations between image texture parameters and plant nitrogen concentration were analyzed. Finally, the obtained data was divided into calibration dataset and validation dataset. Different scenarios, including before and after removing the soil background, and adding texture features, were set. The inversion models of plant nitrogen concentration under various scenarios were designed by using the coupled method of spectral indexes and principal component regression, and the performances of the models were compared. 【**Result**】The soil background had an effect on the cotton canopy spectrum, and the trends were not the same at different growth stages. There existed significant correlations between image texture parameters and plant nitrogen concentration. For the scenarios before removal soil background, the plant nitrogen concentration prediction model had determination coefficient (R^2) value of 0.33 and root mean square error (*RMSE*) value of 0.21% during model calibration, and R^2 value of 0.19 and *RMSE* value of 0.23% during validation. For the scenarios after removing soil background, the plant nitrogen concentration prediction model had R^2 value of 0.38 and *RMSE* value of 0.20% during model calibration, and R^2 value of 0.30 and *RMSE* value of 0.21% during validation. For the scenarios adding image texture information, the plant nitrogen concentration prediction model had R^2 value of 0.57 and *RMSE* value of 0.17% during model calibration, and R^2 value of 0.42 and *RMSE* value of 0.19% during validation. 【**Conclusion**】Based on high spatial resolution images of low-altitude UAVs, both removing soil background and adding image texture information could improve the inversion accuracy of cotton plant nitrogen concentration. Image texture could be considered as important information to support prediction of crop nitrogen nutrition status using UAV images.

Keywords：unmanned aerial vehicle (UAV), multi-spectra, image texture feature, nitrogen nutrition diagnosis, cotton

0 引言

【研究意义】氮素是作物生长、发育所必需的重要营养元素，它在提高作物光合能力，增加同化产物等方面起着重要作用[1]。对大多数土壤来说，其当季有效氮含量不能满足作物生长需要，需要添加外来氮源，因此氮肥管理是实现高产优质为目标的作物生产中最为重要的环节之一[2]。棉花是世界上最重要的天然纺织纤维作物，占世界纤维总量的35%左右[3]。此外，它还是重要的油料作物和战略物资。在我国，棉花种植面积居各经济作物之首[4]，在国民经济中具有举足轻重的作用。因此，及时掌握棉花的氮素营养状况，根据其需求进行氮肥管理，对节约成本，减少环境污染具有重要意义。【前人研究进展】与正常植株相比，作物氮素营养缺乏时，其自身生理、生化参数发生一系列改变，研究表明这些参数可用于准确指示作物氮素营养状况[5]。常见的用于指示作物氮素营养状况的指标可分为群体指标和个体指标。群体指标包括氮素/叶绿素累积量（单位土地面积含氮、叶绿素总量）、生物量、叶面积指数等；个体指标包括氮素/叶绿素浓度（单位干物质含氮、叶绿素量），它们反映了个体的平均状况[6]。相对于群体指标，个体指标在指示作物氮素营养状况时，不易受群体密度的干扰，但也更难从遥感信息中提取。前人们基于遥感技术对以上参数开展了大量的估测研究，取得一定的研究成果[7-11]。但这些研究多基于卫星、地面基站和载人飞机的遥感探测技术。它们存在各自的优、缺点，往往难以满足成本与数据可获得性相兼容，给实际应用带来困难。无人机具有机动灵活、操作简单便于普及的特点，它可根据天气状况随时起降，能搭载多种类型的传感器且换装容易，能在一定程度实现低成本与高数据可获得性兼顾，其必将成为未来作物遥感信息获取的重要手段之一。基于无人机遥感技术，已有学者开展相关氮素营养诊断研究，推动了无人机技术在这方面的应用。田明璐等[12]利用无人机获取棉花冠层高光谱影像，基于偏最小二乘法构建了棉花叶片相对叶绿素含量SPAD的估测模型；秦占飞等[13]基于八旋翼无人机获得高光谱影像数据，通过构建诊断氮素的光谱指数反演了水稻叶片氮浓度信息；LIU 等[14]基于无人机获取小麦冠层高光谱影像，利用神经网络法建立了反演叶片氮浓度的模型，很好估测了小麦拔节期、挑旗期、开花期的叶片氮浓度信息；NÄSI 等[15]基于无人机搭载 FPI 高光谱传感器和 RGB 相机获得光谱信息，利用随机森林法反演了大麦植株氮素累积量。【本研究切入点】一方面多集中于小麦等粮食作物，在棉花方面的研究还比较缺乏；另一方面，已有研究直接将前人依托卫星、有人机、地基平台等获得的氮素营养诊断方法不加改进的移植到低空无人机数据的处理上，利用感兴趣区所有像元的平均光谱信息来与对应区域农学参数建立定量关系模型，并没有发挥无人机影像高空间分辨率的优势。低空无人机遥感具有超高空间分辨率的特点，其分辨率能达到厘米乃至毫米级，可有效去除土壤等背景信息。已有研究表明，剔除无人机热红外影像中土壤背景是提高作物水分诊断精度的有效途径[16]，但在作物氮素营养诊断方面还缺乏探讨。此外，高分辨率的低空无人机影像不但具有光谱信息，还有丰富的纹理特征。这些纹理特征能否用于作物氮素营养诊断，提高其估测精度还未有相关研究报道。【拟解决的关键问题】植株氮浓度是棉花重要的氮素营养诊断指标。以棉花为例，本文主要研究基于低空无人机影像去除土壤背景信息对植株氮浓度反演的影响，以及无人机影像中纹理信息是否可用于提高植株氮浓度的反演精度。

1 材料与方法

1.1 田间试验

本研究数据来自 2018 年新疆石河子市开展的棉花水、氮耦合试验。试验地位于石河子市郊区（北纬 44°18′52.81″，东经 85°58′48.27″）。试验选取新陆早 60 号作为试验材料，采用水肥一体化膜下滴灌，膜宽 2.05 m，1 膜 6 行，宽行距 0.66 m，窄行距 0.10 m，宽窄行相间排列，播种密度约为 260 000 株/hm²。土壤类型灌耕灰漠土，有机质含量 8.35 mg/kg，速效氮含量 43.4 mg/kg，速效磷含量 25.15 mg/kg，速效钾含量 134.3 mg/kg。根据当地土壤养分条件、常规大田灌溉量，本研究设置 4 个氮肥梯度和4 个灌溉梯度，共 16 个处理小区，小区面积为 100 m²（145 m×6.9 m）。其中，4 个氮肥处理分别为 337.5、300.0、262.5、225.0 kg/hm²；4 个水分处理为 5 250、4 500、3 750、3 000 m³/hm²。施用的氮肥为尿素，磷肥为磷酸一铵，钾肥为氯化钾，全部肥料压差式施肥罐溶解后，随水滴灌施入小区。除水、氮外，各处理小区磷、钾肥及其他管理措施相同。灌溉与施肥日期及施用比例如表 1 所示。

表1 水肥一体化灌溉时间及每次灌溉各成分施用量占总量的比例

Table 1 Irrigation time of integrated irrigation of water and fertilizer and the proportion of each component applied to the total amount at each irrigation time

项目 Item	施肥日期（月-日）Fertilization date (M-D)							
	6-23	7-4	7-12	7-22	8-2	8-11	8-27	9-5
氮肥施用比例 Nitrogen fertilizer ratio	10%	15%	20%	20%	15%	10%	10%	0
磷、钾肥施用比例 Phosphorus and potassium fertilizer ratio	5%	10%	10%	15%	20%	20%	15%	5%
灌水比例 Water ratio	10%	15%	15%	15%	15%	15%	10%	5%

1.2 数据获取

在棉花的盛蕾期、初花期、盛花期等关键生育期，获取其无人机影像和植株氮浓度等地面农学参数信息。

1.2.1 农学参数 在每个小区，分别在膜的边行和中行选择代表性样点，连续拔取3株棉花，剪去根后，茎、叶分离后放入烘箱烘干至恒重。称取各部分干重，并将烘干茎、叶分别粉碎，利用元素分析仪（Elementar，哈瑞，德国），采用Dumas燃烧法测定其含氮量；然后根据各部分干重，换算为植株氮浓度信息（%）。每个小区2个样点的平均值用来代表各小区的植株氮浓度值。

1.2.2 无人机影像 无人机影像基于3DR Solo四旋翼无人机（3DR，加利福尼亚，美国），搭载RedEdge M多光谱传感器（MicaSense，华盛顿，美国）获得。RedEdge M包含有蓝光波段（475 nm）、绿光波段（560 nm）、红光波段（668 nm）、红边波段（717 nm）和近红外波段（840 nm）等5个波段信息。无人机影像在当地12:00～14:00，天空晴朗无云时获取。飞行高度为40 m，对应地面分辨率约为2.82 cm。飞行时，航向和旁向重叠率设为75%。相机先采用触发拍摄模式，在飞行前拍摄白板，然后再设定为自动拍摄模式，用于在无人机飞行过程中进行拍摄。Pix4D ag（Pix4D，洛桑，瑞士）软件用来进行无人机影像拼接。在此过程中，白板信息被用来将影像DN值转换为反射率。本研究所使用无人机及获取的1景无人机影像如图1所示。

图1 所用无人机及一景获取的影像

Figure 1 Used UAV in this study and one captured image

1.3 数据分析方法

首先，采用人工目视解译的方法从3个时期无人机影像中识别各小区棉花信息，以用于后期剔除土壤等背景；其次，设置剔除土壤背景、不剔除土壤背景等不同情景，分析剔除土壤背景对棉花冠层反射率的影响；然后，基于剔除土壤背景后的影像，提取其纹理特征，采用相关性分析方法探讨纹理特征与植株氮浓度之间的相关性；最后，设置不剔除土壤背景、剔除土壤背

景、剔除土壤背景+增加纹理特征等不同情景，根据 RedEdge M 波段设置情况，选择常用光谱指数，计算相应光谱指数值，以其为输入变量，采用主成分回归法分别建立各情景下的植株氮浓度反演模型，并比较模型优劣。需要说明的是：①参考已有关于作物氮素营养诊断方面的报道[17-18]，本研究使用的光谱指数包括比值光谱指数、土壤调整植被指数、改进土壤调整植被指数、三角植被指数、增强植被指数、修改三角植被指数、绿波段比值光谱指数、红边模型等常用光谱指数和以归一化差值植被指数为基础任意组合各波段信息构成的光谱指数，计算公式如表 2 所示。②主成分回归法是常用的遥感反演植被参数时的建模方法[28]。在建模时，获得的棉花 3 个时期共 48 个样本被随机分为 2 组。1 组包含 36 个样本作为建模样本；另一组包含 12 个样本作为检验样本。各情境下的建模，依赖于相同的建模样本和检验样本。在构建主成分反演植株氮浓度模型时，选择恰能代表原输入变量 99.5%以上信息的前 n 个主成分变量来建立模型，预测决定系数（coefficient of determination，R^2）、预测标准误差（root mean square error，*RMSE*）和相对预测标准误差（*RMSE*/平均值×100%）被用来评价模型的优劣。③本研究使用的图像纹理特征主要依赖于灰度共生矩阵计算的各种参数，包括各波段的对比度、能量值、同质性、平均值和标准差等，利用 Matlab 软件编程实现相关计算。

表 2 本研究使用的光谱指数

Table 2 Used spectral indices in this study

光谱指数 Spectral index	公式 Formula	发明者 Developed by
以归一化植被指数为构型的各光谱指数 Normalized Difference Vegetation Index Like Indices，NDVIs	$(R_i - R_j) / (R_i + R_j)$	ROUSE 等[19]
比值植被指数 Ratio Vegetation Index，RVI	R_{nir}/R_{red}	PEARSON 等[20]
增强植被指数 Enhanced Vegetation Index，EVI	$2.5\times(R_{nir}-R_{red})/(R_{nir}+6\times R_{red}-7.5\times R_{blue}+1)$	HUETE 等[21]
三角植被指数 Triangular Vegetation Index，TVI	$0.5\times(120\times(R_{nir}-R_{green})-200\times(R_{red}-R_{green}))$	BROGE 等[22]
改进土壤调整植被指数 Modified Soil-Adjusted Vegetation Index，MSAVI	$(2\times R_{nir}+1-\mathrm{sqrt}((2\times R_{nir}+1)^2-8\times(R_{nir}-R_{red})))/2$	QI 等[23]
土壤调整植被指数 Optimization of Soil-Adjusted Vegetation Index，OSAVI	$1.16\times(R_{nir}-R_{red})/(R_{nir}+R_{red}+0.16)$	RONDEAUX 等[24]
修改三角植被指数 Modified Triangular Vegetation Index 2，MTVI2	$1.5\times(1.2\times(R_{nir}-R_{green})-2.5\times(R_{red}-R_{geen}))/\mathrm{sqrt}((2\times R_{nir}+1)^2-(6\times R_{nir}-5\times\mathrm{sqrt}(R_{red}))-0.5)$	HABOUDANCE 等[25]
红边模型 Red Model，R-M	$R_{nir}/R_{red\text{-}edge}-1$	GITELSON 等[26]
绿波段比值植被指数 Green Ratio Vegetation Index，RVI_{green}	R_{nir}/R_{green}	XUE 等[27]

i，*j* 为 RedEdge M 五波段反射率的任意两两组合

i，*j* represents any combination of two bands from five bands of RedEdge M

2 结果

2.1 剔除土壤背景信息对棉花冠层光谱反射率的影响

不同棉花生育期，同一地块影像中土壤像元所占的比例随着棉花冠层的生长而变化。新疆种植棉花需要覆盖薄膜以保温、保水。覆盖薄膜的土壤反射率与无覆盖土壤的反射率不同。图 2-a、2-c、2-e 分别是棉花孕蕾期、初花期、盛花期的真彩色合成影像，图 2-b、2-d、2-f 是对应时期剔除土壤背景前后，棉花冠层反射率的变化情况（以施肥量 300 kg/hm^2，灌溉量 4 500 m^3/hm^{2}为例，图中红色边框小区）。可以看

出孕蕾期，在蓝光、绿光、红光、红边等波段，剔除土壤背景的棉花冠层反射率要低于不剔除土壤背景的棉花冠层反射率，而在近红外波段，情况恰恰相反（图 2 - b）。这是因为在棉花生长的早期，行与行间的空地存在大量的裸露地表，由于棉花冠层小，投射的阴影有限，这些区域绝大部分被光照射且仅有少部分处于阴影区（图 2 - a），使得不剔除土壤背景的棉花冠层光谱主要受光照土壤的影响，而光照土壤的反射率恰恰在蓝光、绿光、红光、红边波段比纯棉花冠层光谱反射率大，在近红外波段比纯棉花冠层光谱反射率小（图 2 - b）。在初花期、盛花期，剔除土壤背

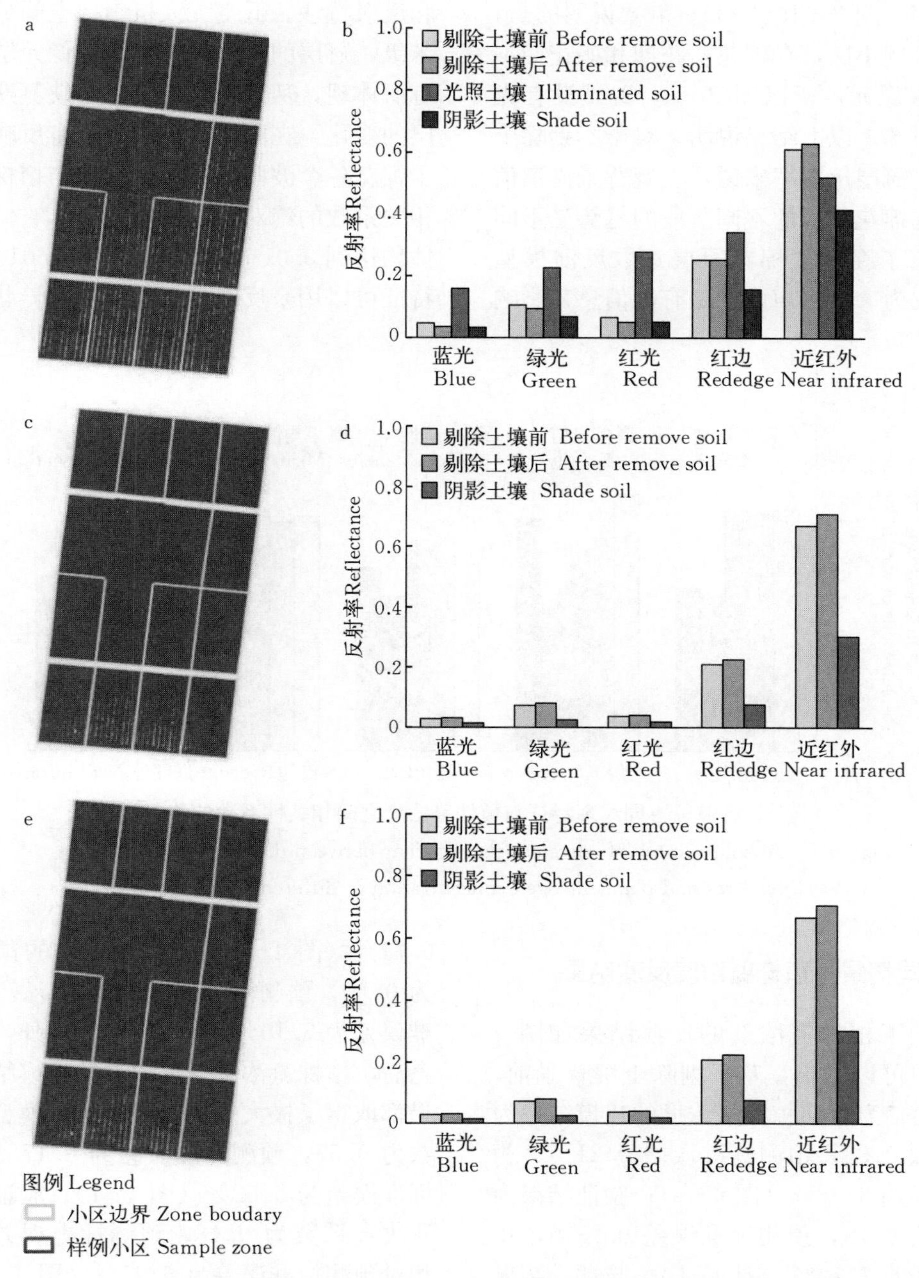

a，b：孕蕾期；c，d：初花期；e，f：盛花期　a，b：Bud；c，d：Early bloom；e，f：Peak bloom

图 2　棉花不同生育期的真彩色合成影像与对应时期剔除土壤背景前后反射率的变化

Figure. 2　True color synthetic images of cotton during different growth stages and changes in reflectance before and after soil background removal in corresponding periods

景的棉花冠层反射率要在各个波段高于不剔除土壤背景的棉花冠层反射率（图 2－d，2－f）。这是因为随着棉花冠层变大，棉花行与行之间的空隙，一部分被棉花冠层填充，另一部分成为棉花冠层的阴影区（图 2－c，2－e），使得不剔除土壤背景的棉花冠层光谱主要受阴影土壤的影响，而阴影土壤的反射率在各个波段均低于纯棉花冠层光谱反射率（图 2－d，2－f）。需要说明的是，由于选择的样例小区，在棉花初花期和盛花期不存在光照土壤像元，所以图 2－d、2－f 没有光照像元的反射率。以上结果说明，对于不剔除土壤背景的棉花冠层反射率来说，土壤背景光谱信息对其影响在棉花生长的不同阶段的趋势是不同的，这就决定了在建立棉花冠层参数反演模型时，其必将成为一种噪声而不是有用信息来影响反演结果。

2.2 图像纹理特征与植株氮浓度的相关性

作物缺氮其同化产物和叶绿素合成受阻，叶片大小和叶色会发生变化。由于氮素的可转移性，使得老叶首先受害，冠层不同层叶片（上、中、下）体现出差异，从而影响它们对光的吸收和反射特性。低空无人机影像空间分辨率达到厘米级，冠层的各个部分都会在像元层级或多或少有所体现，从而使得以上由于缺氮造成的作物冠层的变化，在图像纹理特征上有反映。图 3 显示了棉花各个波段不同纹理特征与植株氮浓度之间相关系数的绝对值。可以看出，它们之间的相关性均达到 0.01 显著水平（$P<0.01$），说明纹理特征可以用来反映棉花的氮素营养状况。

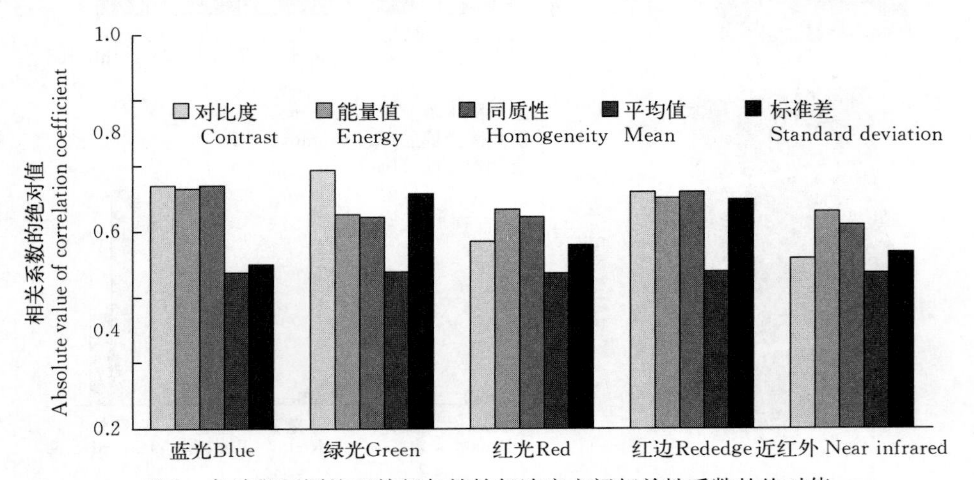

图 3　各波段不同纹理特征与植株氮浓度之间相关性系数的绝对值

Figure 3　Absolute value of correlation coefficient between different texture features and plant nitrogen concentration in different bands

2.3 不同情景下植株氮浓度反演结果

不同情景下植株氮浓度的反演结果如图 4 所示。从图中可以看出，基于剔除土壤背景前，棉花冠层光谱信息反演植株氮浓度的建模结果为预测决定系数 0.33，预测标准误差 0.21%，相对预测标准误差 6.98%（图 4－a）；验证结果为预测决定系数 0.19，预测标准误差 0.23%，相对预测标准误差 7.72%（图 4－b）。与这一结果相比，基于剔除土壤背景后，棉花冠层光谱信息反演植株氮浓度的模型取得了更好的结果。其中，构建模型时的预测决定系数为 0.38，预测标准误差为 0.20%，相对预测标准误差为 6.71%（图 4－c）；验证模型时的预测决定系数为 0.30，预测标准误差为 0.21%，相对预测标准误差为 7.10%（图 4－d）。另外，增加纹理信息后，植株氮浓度反演模型的建模结果和验证结果都取得了极大提高。建模时，模型预测决定系数为 0.57，预测标准误差为 0.17%，相对预测标准误差为 5.62%（图 4－e）；验证时，模型预测决定系数为 0.42，预测标准误差为 0.19%，相对预测标准误差为 6.35%（图 4－f）。以上结果说明，剔除土壤背景信息有利于增加棉花植株氮浓度的估测精度，同时图像纹理作为反映棉花氮素营养状况的一种信息，增加它有利于进一步提高植株氮浓度的估测精度。

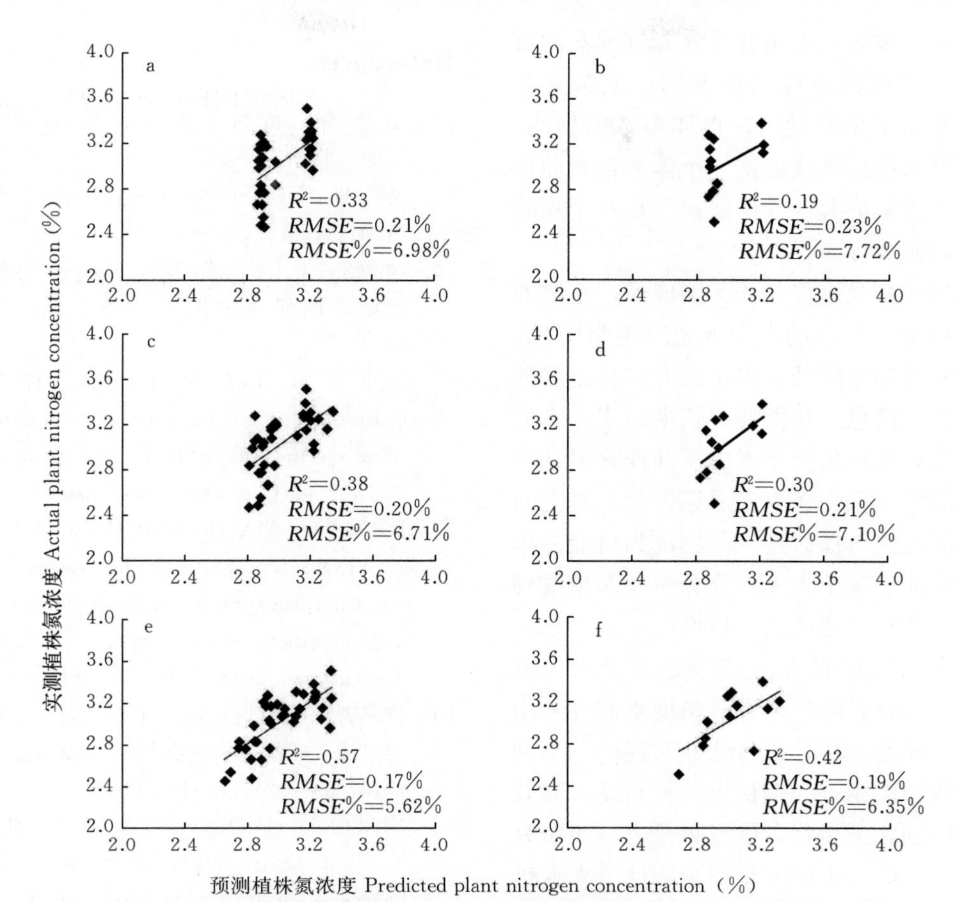

a：剔除土壤背景信息前的建模结果；b：剔除土壤背景信息前的验证结果；c：剔除土壤背景信息后的建模结果；d：剔除土壤背景信息后的验证结果；e：剔除土壤背景信息＋增加纹理信息的建模结果；f：剔除土壤背景信息＋增加纹理信息的验证结果

a：Calibration results before removing soil background；b：Validation results before removing soil background；c：Calibration results after removing soil background；d：Validation results after removing soil background；e：Calibration results after removing soil background and adding texture information；f：Validation results after removing soil background and adding texture information

图 4　不同情景下棉花植株氮浓度反演结果

Figure 4　Prediction results of cotton plant nitrogen concentration under different scenarios

3　讨论

基于无人机搭载 S185 高光谱相机获取影像数据，秦占飞等[13]构建反演水稻叶片氮浓度模型的 R^2 为 0.67，*RMSE* 为 0.329%；LIU 等[14]利用无人机高光谱影像数据，基于人工神经网络法、多元线性回归法建立的反演小麦叶片氮浓度模型的 R^2 在 0.57～0.97，*RMSE* 在 0.152%～0.279%；同样基于无人机搭载 RedEdge 多光谱相机，LI 等[29]获得高粱叶片氮浓度与各光谱指数间的最优相关关系系数（*r*）为 0.61。相对于高光谱传感器，本研究使用的多光谱传感器所能提供的光谱信息量要少，在反演植株氮浓度时，不加纹理特征的反演模型的估测效果远不如前面所述报道。增加纹理信息后，反演模型的估测性能得到了提升，其估测植株氮浓度的效果与这些研究的估测结果较为接近。另外，与上述他人基于同款多光谱相机获得的结果相比，本研究获得了更好的氮浓度估测效果。

关于剔除土壤背景信息对作物氮素营养诊断的影响，张东彦[30]基于地面成像光谱仪在反演玉米、大豆叶绿素累积量时表明，土壤背景信息会影响玉米、大豆的冠层反射光谱从而影响叶绿素累积量的提取精度，剔除土壤背景的叶绿素累积量反演模型的性能比剔除土壤背景前有小幅提高。本研究同样表明，土壤背景会影响棉花的冠层反射光谱，进而给植株氮浓度的反演带来影响。相对于叶绿素累积量这一群体参数的估测，剔除土壤背景对植株氮浓度这一个体氮素营养诊断指标的反演影响更大，其反演模型相对于剔除土壤背景前有显著提高。

由于常用地基光谱仪往往不能成像，获取的光谱信息是植被、土壤的混合光谱；卫星遥感、有人机遥感的分辨率较低，单个像元往往是多种地物的混合光谱信息，从而使得长期以来，人们较少从影像纹理特征角度来考虑反演作物氮素营养状况的可能性。低空无人机遥感影像超高空间分辨率的特征，使得探讨这一问题成为可能。本研究提出并验证了基于无人机高分辨率影像纹理特征反演棉花植株氮浓度的可行性。

当然，本研究也存在一些不足之处。一方面，在剔除土壤背景时，为保证精度本研究采用了人工目视解译的方法，该方法非常耗时，不利于在生产实践中应用，后期提出一种自动、高效的分类方法以剔除土壤背景信息将是进一步研究的方向；另一方面，本研究虽然证明低空无人机高空间分辨率影像的纹理信息可用于棉花氮素营养诊断，但针对不同作物究竟影像的分辨率为多少时，图像的纹理信息才对氮素营养诊断有用的问题并没有做探讨，这将是未来研究的方向。

4 结论

依赖低空无人机超高空间分辨率影像，本研究分析了土壤背景对棉花冠层反射光谱的影响，以及剔除土壤背景后，影像纹理特征与棉花植株氮浓度之间的相关性，并通过设计不同的情景，利用光谱指数与主成分回归相结合的方式建立了植株氮浓度的反演模型，结果表明土壤背景影响棉花冠层反射光谱，剔除土壤背景会提高建模估测植株氮浓度的精度；影像纹理特征与棉花植株氮浓度之间具有显著相关关系，增加影像纹理特征，采用图像光谱和纹理信息结合的方式建模，会显著提高植株氮浓度的估测精度。

致谢： 感谢王国栋、刘金然在田间试验过程中给予的支持和帮助！

References

[1] 武维华．植物生理学．北京：科学出版社，2004：91.
WU W H. *Plant Physiology*. Beijing：Science Press，2004：91.（in Chinese）

[2] 薛利红，罗卫红，曹卫星，田永超．作物水分和氮素光谱诊断研究进展．遥感学报，2003，7（1）：73－80.
XUE L H，LUO W H，CAO W X，TIAN Y C. Research progress on the water and nitrogen detection using spectral reflectance. *Journal of Remote Sensing*，2003，7（1）：73－80.（in Chinese）

[3] JUNG J H，MAEDA M，CHANG A J，LANDIVAR J，YEOM J，MCGINTY J. Unmanned aerial system assisted framework for the selection of high yielding cotton genotypes. *Computers and Electronics in Agriculture*，2018，152：74－81.

[4] 肖晶晶，霍治国，姚益平，张蕾，李娜，柏秦凤，温泉沛．棉花节水灌溉气象等级指标．生态学报，2013，33（22）：7288－7299.
XIAO J J，HUO Z G，YAO Y P，ZHANG L，LI N，BAI Q F，WEN Q P. Meteorological grading indexs of water-saving irrigation for cotton. *Acta Ecologica Sinica*，2013，33（22）：7288－7299.（in Chinese）

[5] TREMBLAY N. Determining nitrogen requirements from crops characteristics. Benefits and challenges//PANDALAI S G. *Recent Research Developments in Agronomy and Horticulture*：*vol* 1. Kerala：India Research Signpost Press，2004：157－182.

[6] 陈鹏飞，孙九林，王纪华，赵春江．基于遥感的作物氮素营养诊断技术：现状与趋势．中国科学（信息科学），2010，40（增刊）：21－37.
CHEN P F，SUN J L，WANG J H，ZHAO C J. Using remote sensing technology for crop nitrogen diagnosis：Status and trends. *Scientia Sinica*（*Informationis*），2010，40（S1）：21－37.（in Chinese）

[7] HANSEN P M，SCHJOERRING J K. Reflectance measurement of canopy biomass and nitrogen status in wheat crops using normalized difference vegetation indices and partial least squares regression. *Remote Sensing of Environment*，2003，86（4）：542－553.

[8] EITEL J U H，LONG D S，GESSLER P E，SMITH A M S. Using in-situ measurements to evaluate the new RapidEyeTM satellite series for

prediction of wheat nitrogen status. *International Journal of Remote Sensing*, 2007, 28 (18): 4183-4190.

[9] CHEN P F, DRISS H, TREMBLAY N, WANG J H, VIGNEAULT P, LI B G. New index for estimating crop nitrogen concentration using hyperspectral data. *Remote Sensing of Environment*, 2010, 114 (9): 1987-1997.

[10] HUANG S Y, MIAO Y X, YUAN F, GNYP M L, YAO Y K, CAO Q, WANG H Y, LENZ-WIEDEMANN V I S, BARETH G. Potential of rapidEye and worldView-2 satellite data for improving rice nitrogen status monitoring at different growth stages. *Remote Sensing*, 2017, 9 (3): 227.

[11] LIANG L, DI L P, HUANG T, WANG J H, LIN L, WANG L J, YANG M H. Estimation of leaf nitrogen content in wheat using new hyperspectral indices and a random forest regression algorithm. *Remote Sensing*, 2018, 10 (12): 1940.

[12] 田明璐，班松涛，常庆瑞，由明明，罗丹，王力，王烁．基于低空无人机成像光谱仪影像估算棉花叶面积指数．农业工程学报，2016，32 (21): 102-108.
TIAN M L, BAN S T, CHANG Q R, YOU M M, LUO D, WANG L, WANG S. Use of hyperspectral images from UAV-based imaging spectroradiometer to estimate cotton leaf area index. *Transactions of the Chinese Society of Agricultural Engineering*, 2016, 32 (21): 102-108. (in Chinese)

[13] 秦占飞，常庆瑞，谢宝妮，申健．基于无人机高光谱影像的引黄灌区水稻叶片全氮含量估测．农业工程学报，2016，32 (23): 77-85.
QIN Z F, CHANG Q R, XIE B N, SHEN J. Rice leaf nitrogen content estimation based on hysperspectral imagery of UAV in Yellow River diversion irrigation district. *Transactions of the Chinese Society of Agricultural Engineering*, 2016, 32 (23): 77-85. (in Chinese)

[14] LIU H Y, ZHU H C, WANG P. Quantitative modelling for leaf nitrogen content of winter wheat using UAV-based hyper-spectral data. *International Journal of Remote Sensing*, 2017, 38 (8/10): 2117-2134.

[15] NÄSI R, VILJANEN N, KAIVOSOJA J, ALHONOJA K, HAKALA T, MARKELIN L, HONKAVAARA E. Estimating biomass and nitrogen amount of barley and grass using UAV and aircraft based spectral and photogrammetric 3D features. *Remote Sensing*, 2018, 10 (7): 1082.

[16] 张智韬，边江，韩文霆，付秋萍，陈硕博，崔婷．剔除土壤背景的棉花水分胁迫无人机热红外遥感诊断．农业机械学报，2018，49 (10): 250-260.
ZHANG Z T, BIAN J, HAN W T, FU Q P, CHEN S B, CUI T. Diagnosis of cotton water stress using unmanned aerial vehicle thermal infrared remote sensing after removing soil background. *Transactions of the Chinese Society for Agricultural Machinery*, 2018, 49 (10): 250-260. (in Chinese)

[17] ZHU Y, YAO X, TIAN Y C, LIU X J, CAO W X. Analysis of common canopy vegetation indices for indicating leaf nitrogen accumulations in wheat and rice. *International Journal of Applied Earth Observation and Geoinformation*, 2008, 10 (1): 1-10.

[18] CHEN P F. A comparison of two approaches for estimating the wheat nitrogen nutrition index using remote sensing. *Remote Sensing*, 2015, 7 (4): 4527-4548.

[19] ROUSE J W, HAAS R W, SCHELL J A, DEERING D W, HARLAN J C. Monitoring the vernal advancement and retrogradation (green wave effect) of natural vegetation. *NASA/GSFCT Type III Final Report*, USA: NASA, 1974.

[20] PEARSON R L, MILLER L D. Remote mapping of standing crop biomass for estimation of the productivity of the Shortgrass Prairie, Pawnee National Grasslands, Colorado//*Proceedings of the Eighth International Symposium on Remote Sensing of Environment*. Ann Arbor, Michigan, USA, 1972: 1357-1381.

[21] HUETE A, JUSTICE C, LIU H. Development of vegetation and soil indices for MODIS-EOS. *Remote Sensing of Environment*, 1994, 49 (3): 224-234.

[22] BROGE N H, LEBLANC E. Comparing prediction power and stability of broadband and hyperspectral vegetation indices for estimation of green leaf area index and canopy chlorophyll density. *Remote Sensing of Environment*, 2001, 76 (2): 156-172.

[23] QI J, CHEHBOUNI A, HUETE A R, KERR Y H, SOROOSHIAN S. A modified soil adjusted vegetation index. *Remote Sensing of Environment*, 1994, 48 (2): 119-126.

[24] RONDEAUX G, STEVEN M, BARET F.

Optimization of soil-adjusted vegetation indices. *Remote Sensing of Environment*，1996，55（2）：95－107.

[25] HABOUDANE D，MILLER J R，PATTEY E，ZARCO-TEJADA P J，STRACHAN I B. Hyperspectral vegetation indices and novel algorithms for predicting green LAI of crop canopies：Modeling and validation in the context of precision agriculture. *Remote Sensing of Environment*，2004，90（3）：337－352.

[26] GITELSON A A，VIÑA A，CIGANDA V，RUNDQUIST D C，ARKEBAUER T J. Remote estimation of canopy chlorophyll content in crops. *Geophysical Research Letters*，2005，32（8）：93－114.

[27] XUE L H，CAO W X，LUO W H，DAI T B，ZHU Y. Monitoring leaf nitrogen status in rice with canopy spectral reflectance. *Agronomy Journal*，2004，96（1）：135－142.

[28] YANG F，SUN J L，FANG H L，YAO Z F，ZHANG J H，ZHU Y Q，SONG K S，WANG Z M，HU M G. Comparison of different methods for corn LAI estimation over northeastern China. *International Journal of Applied Earth Observation and Geoinformation*，2012，18：462－471.

[29] LI J T，SHI Y Y，VEERANAMPALAYAM-SIVAKUMAR A N，SCHACHTMAN D P. Elucidating sorghum biomass，nitrogen and chlorophyll contents with spectral and morphological traits derived from unmanned aircraft system. *Frontiers in Plant Science*，2018，9：1406.

[30] 张东彦．基于高光谱成像技术的作物叶绿素信息诊断机理及方法研究．杭州：浙江大学，2012.
ZHANG D Y. Diagnosis mechanism and methods of crop chlorophyll information based on hyperspectral imaging technology. Hangzhou：Zhejiang University，2012.（in Chinese）

（责任编辑　杨鑫浩）

陈鹏飞　男，1982年生，河南许昌人，博士，中国科学院地理科学与资源研究所，副研究员。2009年7月至2015年11月，中国科学院地理科学与资源研究所，助理研究员，主要研究领域为遥感与地理信息系统应用、农作物遥感、资源环境遥感。2015年12月至今，中国科学院地理科学与资源研究所，副研究员，近期主要科研工作：基于遥感的作物氮素营养诊断方法与技术；农作物遥感长势监测及估产；资源环境变化调查。

Pengfei Chen，male，born in 1982，Henan Xuchang，PhD，associate researcher in Institute of Geographical Sciences and Natural Resources Research，Chinese Academy of Sciences. He was an assistant researcher from July 2009 to November December 2015. His main research areas are remote sensing and geographic information system applications，remote sensing of crops and remote sensing of resources and environment. He has been an associate researcher in Institute of Geographic Sciences and Natural Resources Research，Chinese Academy of Sciences since December 2015；His research work are mainly focus on remote sensing-based crop nitrogen nutrition diagnosis methods and technology，crop remote sensing growth monitoring and yield estimation，and resource and environment change survey recently.

Image-based Phenotyping-from Images to Parameters to Information

Andreas Honecker[1], Henrik Schumann[1], Diana Becirevic[2], Lasse Klingbeil[2], Kai Volland[3], Steffi Forberig[3], Hinrich Paulsen[3], Heiner Kuhlmann[2] and Jens Léon[1]*

([1]INRES-Plant Breeding, University of Bonn, Katzenburgweg 5, 53115 Bonn, Germany (honecker, h. schumann, j. leon) @uni-bonn. de;[2]IGG-Geodesy, University of Bonn, Nussallee 17, 53115 Bonn, Germany (becirevic, klingbeil, kuhlmann) @igg. uni-bonn. de;[3]terrestris GmbH & Co. KG, Kölnstraβe 99, 53111 Bonn, Germany (volland, forberig, paulsen) @terrestris. de)

Abstract: Addressing the challenges of climate change and global food security, image-assisted phenotyping plays a major role in future plant breeding. Here, we introduce the field phenotyping facilities at the chair of plant breeding at University of Bonn. Based on images of 12 winter wheat varieties and captured with standard RGB cameras under field conditions, different phenotypic parameters were developed. An automated image processing pipeline using image analysis methods and machine learning approaches has been set up to compute seedling counts, plant ground cover and plant tissue vitality. Measuring large areas within plots, we improve phenotyping precision and representativity and accelerate phenotyping throughput. The ability to import, store and visualize data and corresponding images within our new crop information system enables breeders to directly benefit from image-based phenotyping.

Keywords: phenotyping, wheat, image processing, machine learning, information system

Introduction

Since the global population is expected to double in comparison to the beginning of the current century, agriculture faces the frequently postulated challenge of how to feed the world. Furthermore, growing demands for increased food security and yield stability require adapted and high yielding crops. Therefore, plants have to be adapted to the influences of abiotic stresses caused by climate change and to resist biotic stresses caused by pests and pathogens.

In plant sciences, plant breeding is considered a key technology to address these challenges. Plant breeding refers to the accumulation of favourable alleles within genotypes in order to produce broadly adapted, high-yielding plants. Great progress has been made in genomics to identify these characteristics. However, the quality of genomic methods depends on reliable phenotypic information, describing the interaction between genotypes and their environment. Therefore, phenotyping is considered a bottleneck technology within plant breeding.

The phenotyping bottleneck is being addressed by the introduction of sensor technologies ranging from multi-tohyperspectral cameras and thermal to geometric measuring instruments. In many approaches, individual sensors do not meet the needs of users. Therefore, different sensors are combined to obtain the largest possible amount of different data. Data of these sensors and sensor arrays is analysed with state-of-the-art image analysis technologies and modern computer- vision approaches. This provides excellent opportunities for improved and accelerated screening for valuable traits and superior genotypes.

Great progress has been made in the phenotyping of plants under controlled conditions. Small to very large scale facilities have been proposed to transfer the new methodology to the industrial sector. Nevertheless, precise and reliable in-field phenotyping remains a challenging task.

The variable environmental and lighting conditions and the 3-dimensional canopy structure of wheat complicate the phenotyping process.

In addition to the need for proper data collection and easy-to-use data processing procedures, the large amount of data generated by sensors and sensor arrays creates a second bottleneck of data management.

Within plant breeding and crop production in general, it is also necessary to include environmental and agronomic information in order to correctly interpret the obtained results. Therefore, there is an urgent need for user-friendly and customizable data management systems. These systems must be capable to store and organize data and cover the entire plant production cycle.

We address this need with our newly developed data management and crop information system "CropWatch" . In addition, we present the field phenotyping facilities at the Chair of Plant Breeding at the University of Bonn. Exemplary pipelines for the generation of phenotypic parameters from images are presented. The resulting data is then transferred to the crop information system. It can serve as a decision support system for selection in plant breeding as phenotypic, environmental and agricultural management data can be combined.

Field Trials and Phenotyping Platforms

To perform image-based phenotyping, appropriate phenotyping facilities had to be installed. Therefore we established aerial and ground-based phenotyping platforms to carry one or multiple sensors.

Based on field bike (Figure 1a) carrying multiple sensors, we developed the tractor-mounted "PhenoBox" (Figure 1b). The PhenoBox is attached to the tractor via a vertical lift. This allows to adjust the boxe according to the crop canopy. With a current maximum height of up to 2.5 m, the PhenoBox can be used for image capture in most agricultural crops within Europe. It is designed to cover breeding plots of wheat in the field and therefore has a width of 1.5 m and a length of 1.2 m. According to our aim of an easily adjustable canopy distance of 2.0 m, the PhenoBox has a height of 2.0 m and is constructed from aluminium profiles.

Figure 1 Visualization of a) the initial phenotyping platform field bike, b) the PhenoBox, c) the sensor array used in this trial

The profiles are robust and can therefore be loaded with many kinds of sensors available on the market. In addition, to the ground to avoid direct light in the lower parts of the canopy. By the use of the fabric, we achieve a homogenization of the scene.

To be able to homogenize the scene further, a colour reference chart1 visible in each image, is mounted on the canopy level. By using further processing steps, all images can be homogenized based on the reference chart allowing comparison of images over dates and time series.

As mentioned before, the aluminium profiles are capable of carrying heavy weights, opening the opportunity to install various kinds of sensors and combining different sensors in the PhenoBox. In this experiment, a sensor array with 3 different cameras is used (Figure 1c). The cameras were a regular Canon EOS 1 200D with spectral sensitivity in the visible spectrum, a modified Canon EOS 1 200D with spectral sensitivity in the near-infrared spectrum and the MicaSense RedEdge M2 multispectral camera.

These specifications help us to take images of up to 1m^2 with the canopy, without being exposed to any edge effects within the scene.

As the second carrier platform, different unmanned aerial vehicles (UAV) of the company DJI3 are used (Table 1). UAVs range from simple consumer UAVs with fixed cameras and limited adaption potential (Phantom 4 Pro) to development platforms for light sensors up to 1.1 kg (Matrice 100) and heavy sensors up to 4.5 kg (Matrice 600). The flight times of the UAVs are between 12 and 30 minutes depend heavily on the takeoff weight and the wind conditions.

As with the PhenoBox, our aerial platforms were equipped with classic RGB-or multispectral cameras (Table 1). With our UAVs, we can take images from 10 m to 100 m height. For our experiment, we used a flight height of 20m above ground and were able to cover a 2 500 m^2 trial within 15 minutes.

Table 1 Comparison of specifications of unmanned aerial vehicles used in the CropWatch trial in 2017/2018

Model	DJI Matrice 100	DJI Phantom 4 Pro	DJI Matrice600
Flight time (min)	15～20	25～30	12～18
Min takeoff weight (g)	2 431	1 388	9 600
Max takeoff weight (g)	3 400	1 388	15 100
Sensors	DJI Zenmuse X5 (RGB) MicaSense RedEdge	DJI Phantom4 Integrated (RGB)	Sony Alpha 7 II MicaSense RedEdge

As a result of image capture with our PhenoBox, we get three images of each camera per plot, each covering 1 m^2. According to the cameras, we get an RGB image from our EOS 1 200D, a false-colour NIR image from the modifiedthe box is covered with a translucent fabric, allowing light.

1. X-Rite, Inc. Grand Rapids, Michigan, United States

2. MicaSense, Inc. Seattle WA, United States

3. DJI Technology Co., Ltd. Shenzhen, Guangdong, China

EOS 1 200D and five greyscale images from the RedEdge M, which require processing steps for image alignment.

While capturing images on a plot basis with our PhenoBox, UAVs produce grids of images, taken with previously set overlap between images in order to produce point clouds using structure-from-motion algorithms. Derived products such as digital elevation models and georeferenced orthomosaics can then be used for parameter generation and feature extraction.

Both platforms were tested in 2017 and 2018

in a multifactorial trial in Germany. Twelve german elite winter wheat varieties were cultivated in two management systems with higher and lower plant density and fertilizer treatment at two locations. The locations differed in their annual precipitation and soil properties, resulting in significantly different yielding potentials.

Within the following, we focus on the parameter development from images of the PhenoBox.

Image processing and Parameter development

To extract parameters from images, we have developed an image-processing pipeline (IpP) in Python 3.6. The IpP directly accesses a folder structure where images and their geographic coordinates are stored. Depending on the task, IpP follows a standardized protocol from the rescaling of the image to the export of the resulting parameter value.

Seedling Count

Since winter wheat is highly dependent on a proper establishment of the canopy, choosing the right sowing density is a crucial step in crop management. When plant emergence after sowing is very heterogeneous or too low, the canopy might partly compensate the poor density with additional tillers and more ears per plant, but is likely not quite consistent with the potential yield. In terms of phenotyping for canopy structure, inhomogeneous seedling distribution and low counts can lead to wrong conclusions. Therefore, knowledge about the number of plant per square meter after emergence is crucial to plant breeders in order to correctly characterize the phenotypes in the field.

Manual counting of plants is possible but time-consuming and comes with high experimental errors due to the limited area covered. Supporting breeders with image-based approaches to estimating the number of seedlings in the field helps them to have a clear idea of the crop stand after sowing.

As data source for the parameter, we used images from the modified EOS1200D from our PhenoBox. To identify seedlings, the false-colour NIRimages had first to be divided into plant and non-plant pixels. This was achieved by a global threshold based on the method of Otsu. After further removal of noise such as misclassified pixels during the threshold, only plants remain.

Since plants do overlap in the images, it is not possible to count them directly. Instead, we first count clusters of single to multiple overlapping plants. In our examples, we manually counted up to 25 plants per cluster. Therefore, features must be created to identify individual plants in each cluster. This was achieved by calculating neighbourhood statistics of pixels and defined crossing points where single plants overlap. Each crossing point must be connected to two endpoints of each plant with a previously defined minimum length. This allowed us to characterize the number of plants within one cluster and by the number of clusters the number of plants per image.

We recorded 48 images of 12 winter wheat varieties in the crop management systems intensive (high N and plant density) and extensive (low N and plant density) and two sites to capture a representative sample of images. The 48 images were put into our IpP and manually counted to compare the results.

We find an RMSE of 15.9 plants in average count between automated image analysis and manual counting (Table 2). With an average number of plants per image of 220 plants, this results in a total error of approximately 7%. While in the intensive cropping system with higher plant density, the RMSE slightly increases up 16, we only find an RMSE of 13.5 in the system with lower sowing density.

Table 2 Residual mean squared error (RMSE) of manual vs. automated plant counting for a total of 48 images and for the extensive and intensive management system respectively

Source	RMSE
Total	15.877
Intensive	15.9530
Extensive	13.5153

Correlating both counting methods, we get an R^2 of 0.8795 (Figure 2) indicating the validity of the method.

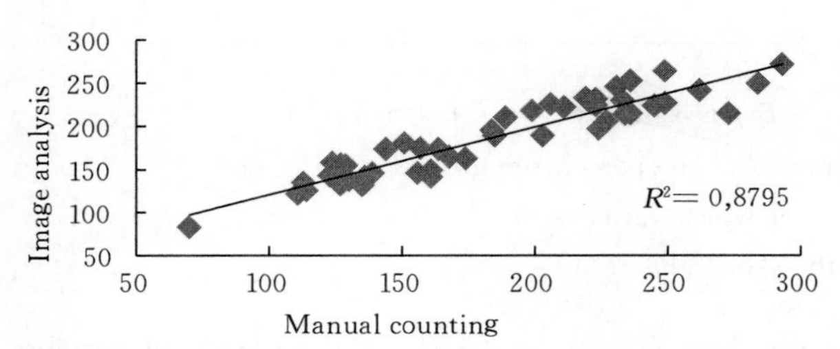

Figure 2 Correlation between plant count by automated image analysis and manual counting

Besides the validity of the procedure, the area covered in one image equals the amount of approximately 10 experimental rows counted. While image capturing and processing in the IpP of around 100 plots can be performed within 1 hour, manual counting of similar areas in the field, as it still is industrial standard to many plant breeders, would take at least 10-fold the time as with the new method.

While plant breeders only count small areas due to time constraints, the experimental error decreases with every increase in area covered. Image analysis proposed in this method therefore significantly increases phenotyping precision and phenotyping throughput.

The method works reliably and allows the observation of large areas within experimental plots with less workforce needed compared to classical phenotyping.

Ground Cover

Several processing steps are required to extract valuable features or parameters from images. Most of them are based on a separation of plant and non-plant pixels. When plants are separated from the background, it is not only possible to count plants as we previously described, but also use the information of the ground area covered by plants as a phenotypic parameter. The percentage ground cover (GC) can be used by plant breeders as an estimator of winter killing or crop establishment in order to rate the plants' potential to rapidly cover soil to avoid water-losses due to evaporation.

For this parameter, we again use NIR false-colour images captured in our PhenoBox. The separation of plants and background was carried out by a global threshold method and further noise reduction. Here we used the yen-threshold, as it led to better results separating plant and non-plant in later developmental stages of winter wheat. The images were then screened within the IpP for the percentage of area covered by the plant, resulting in the phenotypic parameter of GC.

By capturing plants in different phases of vegetation, time series can be compiled and conclusions can be drawn about the different growth behaviour between the varieties (Figure 3).

We can see the two German elite varieties Dichter and Reform clearly differing in their GC in the intensive cropping system around shooting. The variety Dichter additionally keeps its advantage of higher GC until flowering stage. Similar tendencies can be observed for the respective variants in the extensive system where Dichter again shows higher GC compared to Reform. Furthermore, the average GC is higher in the intensive system compared to the extensive variant.

Plant Vitality

While the 2 previously described parameters rely on NIR false-colour images, we derived a parameter describing the plant tissue vitality by

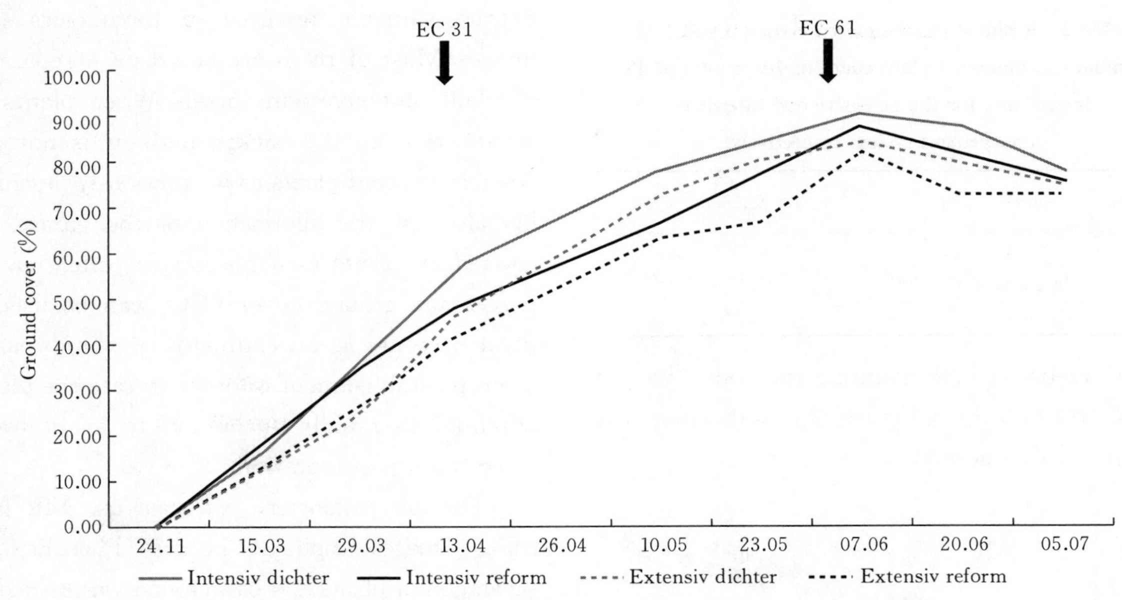

Figure 3 Comparison of the development of the percentage ground cover of 2 german elite winter wheat varieties in 2 cropping systems within the year 2017

analysing RGB images capturing the visible spectrum of light.

As a general assumption, we stated that plants' reaction to stress often comes along with alterations in the surface of the plant tissue. Due to the application of plant protection, we aimed to minimize biotic stresses and therefore relate changes in plant tissue colour to abiotic stress factors such as heat or drought.

As RGB based images contain the information to screen for such alterations in tissue colour, we aimed to find abiotic stresses before flowering, where we do not expect senescence to start. Furthermore, we tracked the speed of senescence after flowering in order to find differences between the varieties. We used our IpP to generate relative amounts of vital to necrotic tissue area for all varieties.

The most computationally intensive and obviously crucial step of processing was the reliable identification of plant pixels.

The classification of plant and ground was achieved using a support vector machine (SVM). Within SVMs, the existing data is transformed into a multidimensional space. Ideally, the transformed data is forming clusters that can be separated with the help of hyperplanes defined by support vectors. Support vectors identify the relative maximum distance between two classes and thereby define the classifier.

In this approach, images were transformed into a 27-dimensional feature matrix, including pixel-wise neighbourhood statistics and colour features, with resulting 9 dimensions of significant impact on the classifier. We performed tests comparing classifiers within the SVM and finally selected a random forest classifier with 100 decision trees providing the best classification result. As confusion matrix shows, we achieved a total classification accuracy of about 99% (Table 3).

Table 3 Confusion Matrix for the classification result of plant and non-plant pixels by SVM

	Plant	Non-Plant	Accuracy (%)
Plant	13 480 162	32 002	99.7%
Non-Plant	93 605	7 206 731	98.8%

While this accuracy is achieved on our testing set, a 99% accuracy could not be maintained over all images and dates within both locations and years. In this approach, we trained a single SVM to classify the pixels within all images.

After separation of plant and non-plant pixels, colour clusters were built to classify each pixel as "vital", "chlorotic" or "necrotic". According to an earlier approach with individual wheat leaves captured by a document scanner without environmental influences, we clustered the plant pixels using the Hue channel from the HSV colour space. While we have implemented an error margin to exclude artificial or sensor errors in the images, we defined the clusters "Dead" for red-brown-yellow pixels, "Chlorotic" for yellow to greenish-yellow pixels and "Vital" for yellowish-green, green and bluish-green pixels according to the hue channel.

At beginning of flowering, we measured significant variation in plant pixel area with 5%～9% for "Dead", 17%～25% for "Chlorotic" and 65%～78% for "Vital" pixel area for the 12 wheat varieties (Figure 4).

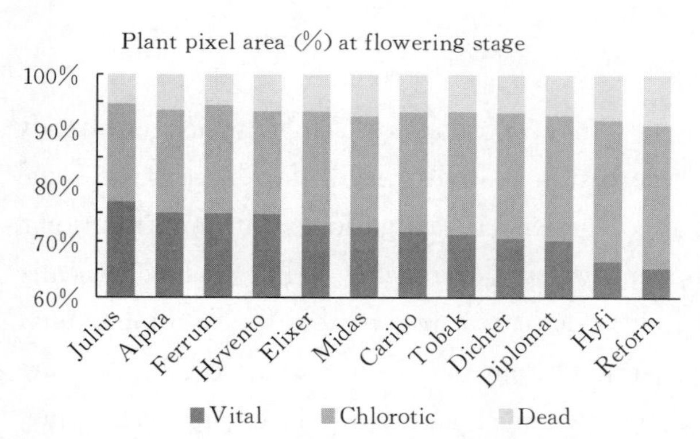

Figure 4 Relation of vital, chlorotic and necrotic plant tissue derived from 3 images per plot with 8 repetitions in the field trials 2018

As we capture 3 images per plot, resulting in nearly 3 m^2 covered area (up to 25%～50% of a normal breeding plot), precision, representativity and therefore reliability of such measurements highly increases in relation to point measurements with handheld devices or traditional scoring.

This shows that with our method the selection of vital or stress-tolerant wheat varieties will be.

Data management and information system

The previously introduced parameters can give us a valuable impression of single traits or the plant status at certain developmental stages. However, the collected data must be stored and organized in order to make it accessible and combinable with other sources of data.

In order to meet the challenge of data management, we developed the data management and information system "CropWatch". Within this system, we can import, store and visualize all kinds of raw and processed images, as well as the extracted plant colour parameters. The system is accessible via a web-based graphical user interface with an integrated geographical information system. Stored data either be displayed as customized data tables and figures or visualized on maps due to georeferencing of data. Additionally, it is possible to check conspicuous data in the corresponding original image. Implemented routines to perform descriptive statistic routines have been integrated to provide the opportunity to get a first impression of the data. The customized data tables and results from descriptive statistics can afterwards be exported for further statistical analysis.

In addition to the previously mentioned phenotypic data from image-based phenotyping, further classical phenotypic, physiological, environmental and crop management data can be imported. Due to the temporal and spatial assignment, all types of numeric and non-numeric data are accessible and combinable in the user-interface.

To demonstrate the transformation of data into information we uploaded the extracted vitality scores from a post-flowering stage to the information system. When comparing the data using descriptive statistics, we do not find obvious irregularities. Due to the combination of the phenotypic data with geographical data, irregularities in the top left corner of the trial are revealed (Figure 5a) . Within a set of 18 plots, higher amounts of vital pixels compared to all other plots can be found. Additionally, the same effect occurs when combining yield data with the geo-data (Figure 5b) .

We investigated the cause of this phenomenon and identified an irrigation event conducted by a farmer from an adjacent field.

Based on this use case, we can see how information systems like CropWatch can help in revealing data irregularities generate more information from data. By combining data from all sources of agricultural production, it provides the tools to control the plants and to analyse their development during and after vegetation.

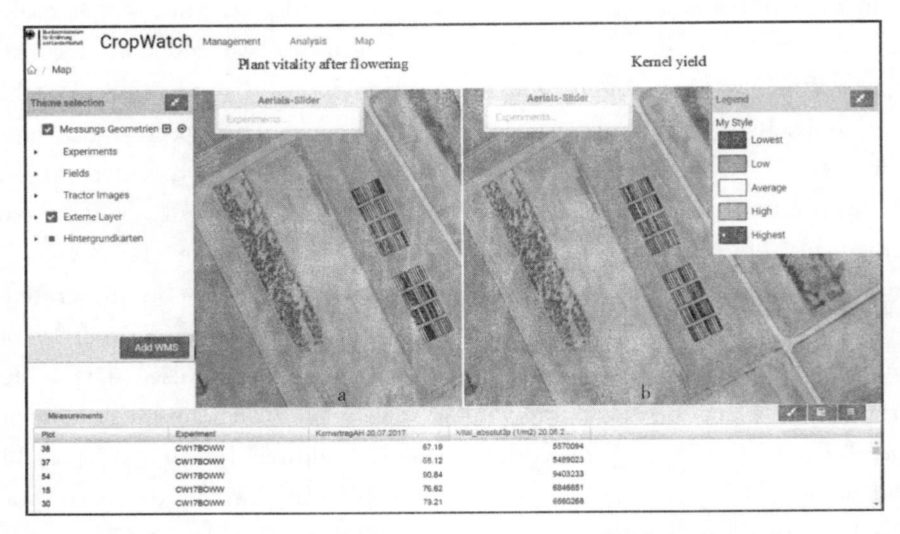

Figure 5 Graphical user interface of the CropWatch information system. with classified illustration of a) the total amount of vital pixels after flowering and b) resulting kernel yield

Conclusion

Climate change effects lead to intensive efforts in plant breeding to select more vital and stress-tolerant genotypes for adaptation to stronger variation in weather. With our phenotyping facilities, we present a cost-effective phenotyping system that can capture high resolution and high quality images of breeding plots. With the current configuration, more than one hundred large plots can be covered in one hour, having the processed data available the next day.

The proposed IpP is an easy-to-use tool for image analysis, accelerating phenotyping throughput compared to traditional phenotyping. Thus, time and manual workload can be saved during the labour-intensive field season in plant breeding.

The area of about 1 m^2, which is already recorded in a single image, far exceeds the usual area under investigation within traditional phenotyping approaches. While we classically count one or two row meters for seedling count, covering about 0.1 to 0.2 m^2, seedling density estimation by image analysis in our trials gives us information about approximately 3 m^2 per plot.

Furthermore, regular image acquisition routines during vegetation offer the generation of time series thus allowing to characterize and quantify the development of plants and their specific traits instead of only measuring traits on single time points.

As an example, the percentage ground cover development is a suitable parameter to rate how efficiently the plants can cover the soil in order to take up incoming sunlight and how long they need to reach certain thresholds.

In terms of plant vitality, it is possible to characterize a variety regarding stress response before flowering or the stay-green potential during maturation.

RGB-image based methods can offer objective, precise and reliable measurements of plant surface vitality of wheat and replace subjective scorings.

The possibility to store the images and resulting colour parameters in a data management system as proposed, together with relevant agronomic data from the soil, weather, fertilization and yield generates valuable information for breeders selection decisions and can help in accelerating breeding progress. Due to georeferencing of data, identification and addressing of stress hot-spots is possible and can enable site-specific fertilization and plant protection and improve precision farming techniques.

Acknowledgements

German federal ministry of agriculture for funding (FKZ 2.815.702.315.00) and teams from University Campus Klein-Altendorf and Poppelsdorf for their help in field trials.

References

Al-Khayri J M, Jain S M, Johnson D V, 2016. Advances in plant breeding strategies: Agronomic, abiotic and biotic stress traits, ISBN 9783319225180.

Araus J L, Cairns J E, 2014. Field high-throughput phenotyping: The new crop breeding frontier. Trends Plant Sci., 19: 52-61.

Araus J L, Kefauver S C, Zaman-Allah M, et al., 2018. Translating high-throughput phenotyping into genetic gain. Trends Plant Sci., 23: 451-466.

Araus J L, Slafer G A, Royo C, 2008. Breeding for yield potential and stress adaptation in cereals. CRC. Crit. Rev. Plant Sci., 27: 377-412.

Chapman S C, 2008. Use of crop models to understand genotype by environment interactions for drought in real-world and simulated plant breeding trials. Euphytica, 161: 195-208.

Cooper M, Woodruff D R, Phillips I G, et al., 2001. Genotype-by-management interactions for grain yield and grain protein concentration of wheat. F. Crop Res., 69: 47-67.

Czedik-Eysenberg A, Seitner S, Güldener U, et al., 2018. The 'PhenoBox', a flexible, automated, open-source plant phenotyping solution. New Phytol., 219: 808-823.

Deutsch C A, Tewksbury J J, Tigchelaar M, et al., 2018. Increase in crop losses to insect pests in a warming climate. Science, 361: 916-919.

Food and Agriculture Organization of the United Nations (FAO), 2009. How to feed the world in 2050// Insights from an Expert Meet, 2050: 1-35.

Furbank R, 2009. Plant phenomics: from gene to form and function. Funct. Plant Biol., 36: 1006-1015.

Furbank R T, Tester M, 2011. Phenomics-technologies to relieve the phenotyping bottleneck. Trends Plant Sci., 16: 635-644.

Gonzalez-Dugo V, Hernandez P, Solis I, et al., 2015. Using high-resolution hyperspectral and thermal airborne imagery to assess physiological condition in the context of wheat phenotyping. Remote Sens., 7: 13586-13605.

Granier C, Aguirrezabal L, Chenu K, et al., 2006. PHENOPSIS, an automated platform for reproducible phenotyping of plant responses to soil water deficit in Arabidopsis thaliana permitted the identification of an accession with low sensitivity to soil water deficit. New Phytol., 169: 623-635.

Li L, Zhang Q, Huang D, 2014. A review of imaging techniques for plant phenotyping. Sensors (Switzerland), 14: 20078-20111.

Minervini M, Scharr H, Tsaftaris S, 2016. Image analysis: The new bottleneck in plant phenotyping. Am. J. Physiol. Gastrointest Liver Physiol., 311: G533-G547.

Morrell P L, Buckler E S, Ross-Ibarra J, 2012. Crop genomics: Advances and applications. Nat. Rev. Genet., 13: 85-96.

Myers S S, Smith M R, Guth S, et al., 2017. Climate change and global food systems: Potential impacts on food security and undernutrition. Annu. Rev. Public Health, 38: 259-277.

Paulus S, Schumann H, Kuhlmann H, et al., 2014. High-precision laser scanning system for capturing 3D plant architecture and analysing growth ofcereal plants. Biosyst. Eng., 121: 1 - 11.

Ray D K, Gerber J S, Macdonald G K, et al., 2015, Climate variation explains a third of global crop yield variability. Nat. Commun., 6: 1 - 9.

Reynolds M, Foulkes J, Furbank R, et al., 2012. Achieving yield gains in wheat. Plant, Cell Environ., 35: 1799 - 1823.

Rosegrant M W, Cline S A, 2003. Global food security: challenges and policies. Science, 302: 1917 - 1919.

Vala H J, Baxi A A, 1982. Review on Otsu image segmentation algorithm. Kardiol. Pol., 25: 403 - 408.

Wollenberg E, Vermeulen S J, Girvetz E, et al., 2016. Reducing risks to food security from climate change. Glob. Food Sec., 11: 34 - 43.

Yen J C, Chang F J, Chang S A, 1995. new criterion for automatic multilevel thresholding. IEEE Trans. Image Process., 4: 370 - 378.

Jens Léon Jens Léon 教授现任德国波恩大学农学院院长，主要从事盐碱地小麦种质资源利用、品种选育等研究工作。在 Heredity、BMC Genetics、Molecular Breeding、Theoretical and Applied Genetics 等国际农业领域知名期刊发表多篇研究论文。

Professor Jens Léon is currently the Dean of the Agricultural College of the University of Bonn, Germany. He is mainly engaged in research on the utilization of wheat germplasm resources and breeding of varieties in saline-alkali soil. He has published several research papers in well-known international agricultural journals such as Heredity, BMC Genetics, Molecular Breeding, Theoretical and Applied Genetics.

水稻表型组学研究概况和展望

段凌凤，杨万能*

（华中农业大学国家农作物分子技术育种中心，作物遗传改良国家重点实验室，湖北武汉）

摘要：水稻功能基因组学和水稻育种研究都已进入大规模、高通量时代。表型信息获取与分析是水稻功能基因组学和现代作物育种研究的基础。目前，表型检测主要停留在传统人工获取的阶段，劳动量大，效率低，对大批量水稻样本的生长测量几乎不可行，表型数据的质量受人工主观因素影响也较大。某些表型参数的获取还需破坏性测量，无法实现连续测量。近年来，表型组学的兴起给解决这一问题带来了新的契机。现以水稻为主，对表型组学的国内外研究现状展开综述，并对表型组学的未来进行分析与展望。

关键词：水稻，植物表型组学，高通量表型测量，功能基因组学，作物育种

Research Advances and Future Scenarios of Rice Phenomics

Duan Lingfeng，Yang Wanneng

（National Key Laboratory of Crop Genetic Improvement，National Center of Plant Gene Research，Huazhong Agricultural University，Wuhan 430070，Hubei，China）

Abstract：Functional genomics and crop breeding have reached the large-scale and high-throughput stage. Extraction and analysis of plant phenotypic information is essential for functional genomics and crop breeding. In the past，extraction of plant phenotypic information has mainly relied on traditional manual measurement，which is labor intensive，inefficient and error-prone，making growth investigation of large-scale plant population almost impossible. Especially，manual measurement of some phenotypic information involves in destructive sampling，thus it is unable for repeated inspection on the same plant. Plant phenomics has brought about new opportunities to address these issues. In this review，we summarize recent studies and the challenges in plant phenomics.

Keywords：rice，plant phenomics，high-throughput phenotyping，functional genomics，crop breeding

水稻是世界最主要的粮食作物之一，全世界近一半人口以稻米为主食。水稻的生产和分配问题关系到世界半数以上人口的粮食安全问题。中国是世界上最大的稻米生产国和消费国，水稻产

* 原文发表在《生命科学》，2016，28（10）：1129－1137。

量占国内粮食总产量的1/3以上，水稻的生产问题对中国的意义尤为重大。伴随着我国人口不断增长、耕地质量的退化、环境恶化及农村劳动力不足等压力，粮食产量增速明显放缓，严重威胁着我国的粮食安全，培育优良水稻品种、提高水稻单产一直是我国重要战略目标之一。

水稻的基因组较小，且其基因组与小麦、玉米等主要禾本科作物的基因组上存在共线性，因此水稻作为理想的模式作物，其重要农艺性状的功能基因组研究是植物生物学研究的热点。张启发等提出“RICE2020”计划，呼吁国内外研究者通力合作，在2020年基本确定水稻基因组中所有基因的功能，并将其应用到水稻作物遗传改良[1]。通过对基因功能的解析，在育种过程中可有针对性地设计、改良品种，提高育种效率。开展水稻全基因组选择育种技术，对推动我国从传统育种向以基因组信息为依据的现代化科学育种转型，进而提高我国水稻育种创新能力及种业竞争能力具有重要作用[2]。

在基因组学研究中，往往需要大批量的表型检测，从而筛选突变植株并识别相应的遗传基因[3]。传统的表型测量主要依靠人工，劳动量大，效率低，对大批量样本的生长发育测量几乎不可行，表型数据的质量受人工主观因素影响也较大。近年来，我国劳动力成本一直呈现较快的持续性上涨，农业劳动力工资也在快速上涨，其中玉米、大豆、小麦、稻谷的生产雇工工资年均涨幅达9%以上[4]。全国普遍存在着农业“用工难”的问题，有些地区甚至出现“雇不到、雇不起”的现象。劳动力成本的上升，将大大增加表型测量的成本。如图1所示，以水稻考种为例，近5年内考种成本增加了将近1倍。与之相对的，测序费用大幅度下降而效率则大大增加[5]。另外，人工测量某些表型参数如生物量、绿叶面积等只能在特定时间或生长阶段对植株进行破坏性测量，无法对同一株植株进行连续测量。而植物的生长是一个复杂的动态过程，受复杂的基因网络及环境因子的动态调控。不同基因调控植株生长的方式可能不同。有些基因在植株生长的各个阶段都起作用，而有些基因则只在某个特定时间点对植株的生长起调控作用。比如，随着植株的生长，其生物量会不断改变。两个不同的基因型可能在某个特定的生长阶段具有完全相同的生物量，但其遗传控制的时间变化模式（temporal pattern）却差异很大。仅分析单一时间点的表型来定位相关基因，将导致很多对生长起调控作用的位点都无法检测到。Yan等[6]分析了水稻在不同生长阶段的株高，发现一些位点（quantitative trait locus，QTL）在各个生长阶段都能检测到，而有些位点则只在某一个或某几个特定时间点才能检测到。Busemeyer等[7]的研究也表明，黑小麦的生物量形成中也有类似的与生长阶段有关的位点。这就要求对植物的各个生长阶段的表型进行分析，以解开这些表型性状形成的遗传控制的时间变化模式。由于缺乏相应的表型观测工具，研究学者们对复杂性状的基因动态调控机理仍处于所知较少的阶段。综上所述，急需发展无损、高通量、客观准确的表型测量技术。

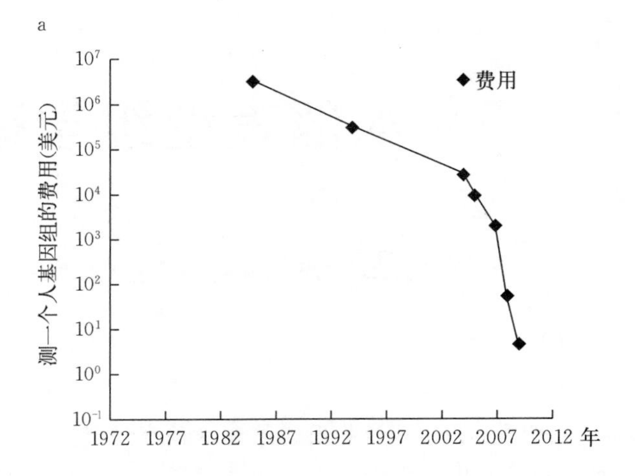

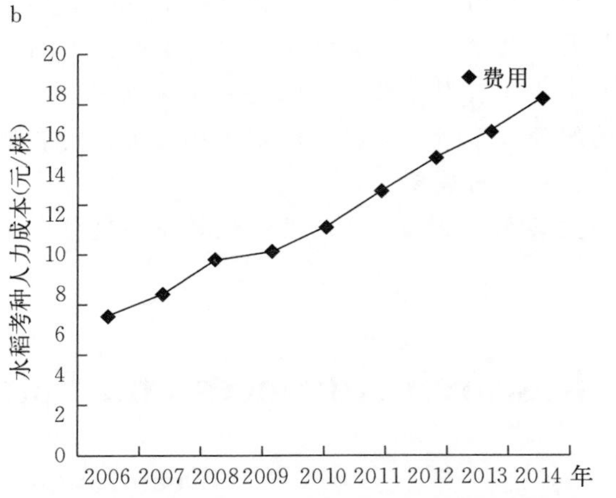

图1 水稻考种成本及测序费用与效率的发展变化[5]

1 植物表型组学

表型组学（phenomics）是一门在基因组水

平上系统研究某一生物或细胞在各种不同环境条件下所有表型的学科[8]。综合自动化控制、光学成像、图像分析及计算机技术等多种现代科学技术，表型组学研究可追踪分析基因型、环境与表型的关系。植物表型组学研究主要包括实验设计、数据采集及数据管理与分析等三个方面。实验设计即精心设计和控制实验方案，包括基因操作与组合、植物繁种与栽培、环境设置等；数据采集则为记录定量化及定性化植株表型性状及环境信息的过程，是生态学、农学和生态生理学等研究中挖掘植株功能多样性、比较物种/品种性能及植株对环境的应答等的基础[9]；数据管理与分析是对海量的表型及环境数据进行管理及系统分析，以获取表型性状之间的关联、基因和环境与表型之间的关系等。作物表型性状分析和多品种作物表型数据库的建立，对培育抗旱、抗倒伏、抗毒、抗虫、耐盐碱、营养利用率高等具有显著优良表型的作物品种有重要的参考价值。

基于光学成像和图像分析技术，可自动化测量作物的表型。最为重要的一个优势在于无损，可对同一株植株进行连续测量，获取植株生长相关的表型性状。如在植株胁迫研究中，通过对植株在一段时间内的连续生长测量，可明晰植株对胁迫的响应模式及其对胁迫的抗性。另外，基于光学成像的表型测量，可快速高效地完成表型的提取，从而使得对大批量样本的生长测量成为可能。通过结合基因学分析如全基因组关联分析（GWAS）、QTL 分析等，可定位到引起植株胁迫响应差异的基因位点。基于图像信息的表型平台的一个重要优势就是能在稳定一致的环境条件下，以定量化的方式，客观、准确、快速、无损地获取植物的表型[10]，且不仅可以获取传统人工能测量的表型性状如株高、生物量等，还能提取到人工无法测量的新性状如植株密度、谷粒投影面积等[11]。

2 国内外高通量表型测量平台

21 世纪以来，随着传统表型观测手段这一瓶颈日益突显以及对自动化智能化农业装备的一贯重视，国际上尤其是欧美发达国家植物表型组研究发展十分迅猛。比利时 CropDesign 公司是世界上最早开始从事商业化大型表型测量平台研制的公司，其开发的 TraitMill 平台集全自动生长设施和自动植物成株图像采集及处理技术为一体，以水稻为模式作物，能分析水稻全生育期表型参数包括地上部分生物量、开花时间、收获指数、绿色指数等，并成功应用于水稻增产、抗逆基因筛选等[12]。德国 LemnaTec 公司开发的“全自动高通量植物 3D 成像系统”（Scanalyzer 3D），通过拍摄一幅顶视图像和两幅互成 90°的侧视图像，获取植株的 3－D 信息，能够提供全自动的表型分析，且成功应用于玉米和拟南芥成像和分析，并已推广至拜耳、孟山都、先锋等大型跨国种业集团及德国、荷兰、法国、英国、意大利、美国、澳大利亚、加拿大、印度、日本等国的科研单位。2008 年成立的澳大利亚植物表型组学实验室（Australian Plant Phenomics Facility），总投资超过 5000 万美金，包括两个表型研究平台（植物高精度观测平台和高通量植物加速平台），已经成功应用于谷物盐胁迫研究[13]、植物抗旱性研究[14]、抗（硼）毒性研究[15]、高通量谷物生物量精准建模和预测[16]、盐胁迫和根系发育研究[17]等。2011 年 1 月德国 LemnaTec 公司和荷兰著名 KeyGene 公司联合宣布其共同研发的植物表型工厂 PhenoFab 正式运行，标志着该表型研究平台正式应用于商业化作物育种。其他国际上有代表性的高通量表型平台包括 PHENOPSIS[18]、GROWSCREEN[19]、GROWSCREENFLUORO[20]、GROWSCREEN-Rhizo[21]、Phenodyn[22]、Glyph[23]、Phenoscope[24]等。

国内表型组研究虽然起步较晚，但部分研究所和农业院校近几年开始重视表型组平台和团队建设，取得了一定的阶段性进展。华中农业大学作物遗传改良国家重点实验室和华中科技大学武汉光电国家实验室联合研发团队经过 8 年的努力，成功研制了一种全生育期高通量水稻表型测量平台，主要包括作物高通量植株表型测量平台和数字化水稻考种机两部分，如图 2 所示[11]。其中，作物高通量植株表型测量平台可以自动提取水稻株高、叶面积、分蘖数、穗数[11,25]等表型数据，按一个工作日 24 小时计算，每天可测量 1 920 株水稻。数字化水稻考种机可测量总粒数、实粒数、结实率、单株产量、粒长、粒宽、粒面积等，效率为 1

分钟/株。将获取的表型数据与全基因组关联分析相结合，不仅可以鉴定传统表型观测手段已鉴定的遗传位点，还能鉴定到新的遗传位点。由该团队开发的水稻叶片性状分析仪（leaf scorer），可定量化测量水稻叶片的信息[26]；穗长测量平台，可自动快速测量水稻穗长[27]；基于高光谱成像仪，可准确地估测水稻生物量，还可提取海量光谱表型性状[28]。

(a) 作物高通量植株表型测量平台；(b) 数字化水稻考种机；(c) 高通量穗长测量系统；(d) 高通量叶片性状测量系统；(e) 高通量高光谱成像系统

图 2　全生育期高通量水稻表型测量平台[11]

2014 年，中国农业科学院生物技术研究所通过引进德国 LemnaTec 公司开发的 Scanalyzer 3D，建成全自动高通量 3D 成像植物表型组学研究平台。整套系统由可见光 3D 成像系统、近红外 3D 成像系统、自动传送系统以及自动灌溉与称重系统组成，可以获得植物、根系和土壤的水分含量信息等 50 多个表型参数，包括了植物的结构、宽度、密度、对称性、叶长、叶宽、叶面积、叶角度、叶颜色、叶病斑、植株含水量等信息，综合评价植株状况。并且可以估算植株的鲜重，计算植物的每日生长率，获得植物的生长曲线。另外，可以精确地控制植株的灌溉量，结合称重，获得盆栽植物的土壤蒸散和植株蒸腾，获知植株生活史不同阶段对水分的利用情况，进行植物水分利用效率研究。该平台测量一株植物约用时 40 秒，以每天运转工作 12 小时计算，则一天可进行 1 000 株植物的表型成像。可以预见，随着国内作物功能基因组和作物育种技术的飞速发展，传统表型技术的瓶颈会更加突显，更多的科研院所和高等院校会越来越重视植物表型组平台和团队建设。

随着表型组学的兴起，国内外越来越多的研究者们意识到了其重要性，为了加强全世界表型组学研究人员的交流与合作，2009 年在澳大利亚植物表型组研究中心、2011 年在德国尤利希植物表型研究中心、2014 年在印度金奈分别成功举行了第一、二、三届植物表型组学国际会议，会议均明确指出，高通量植物表型测量技术的发展将在今后的作物育种中具有极其重要的意义，将为现代育种研究提供更好的研究方法和途径。鉴于此，2014 年底，由德国尤利希植物表型研究中心发起号召，来自全球 11 个不同国家的 17 所大学或研究所共同成立国际植物表型组国际组织（International Plant Phenotyping Network，IPPN），如图 3 所示。该组织旨在通过加强国际间合作，更好地促进植物表型组技术和植物表型组学科发展，使其更好的服务于作物改良和育种。国际植物表型组学会组织和部分代表性研究机构网址见表 1。

3. 作物地上部分表型自动化测量技术

结合各种现代光学成像技术及图像处理与分析技术，可连续、无损、自动地测量水稻的表型性状。对于水稻等单子叶作物，由于各器官间相互遮挡，一般拍摄多个角度下的植株图像，并开发对应的图像处理与分析算法，进而提取出各个表型性状。如通过不同角度的植株投影面积，可估测叶面积或生物量，对于处于早期生长阶段、仅含有轻微遮挡程度的植株其预测效果较好[29-30]。然而，当植株长大后尤其是分蘖后，遮挡较严重；不同品种间的遮挡情况也不一致，而不同器官间其密度也存在差异。简单的投影面积无法准确的估测叶面积或生物量。需结合生长天数、形态学参数、纹理参数等能反映植株生长情况的特征参数构建估测模型，以提高生物量估测模型的性能。通过分析植株的颜色信息，还可定量化研究由于胁迫或病变等引起的植株衰老程度。植株的三维结构可反映植株对环境的响应，且包含有生长相关的信息，也是非常重要的表型性状，而传统的人工方法很难获取。通过 3D 重建算法，从多幅二维图像中重建出三维植株，不需要昂贵的设备，是一个常用的方法。其缺点在于需要大量的预处理及后处理。另一种方法则是通过 3D 激光扫描获取植株三维图像，可提取生物量[31]、生长相关表型[32]等。基于光学成像技术，还可实现生理生化表型性状的自动提取，如植物冠层温度可通过红外成像技术测量。同时，由于叶片温度主要取决于蒸腾作用，红外成像还可作为筛选植株气孔导度差异、定量化诊断植株对旱胁迫的响应等的一个可行的技术手段[33]。植株的水分含量则可通过近红外成像技术进行无损估测[34]。荧光成像能在生长速率下降前检测出因胁迫造成的光合功能的差异，因此，很适合用于进行植株光合作用的相关研究[35]。

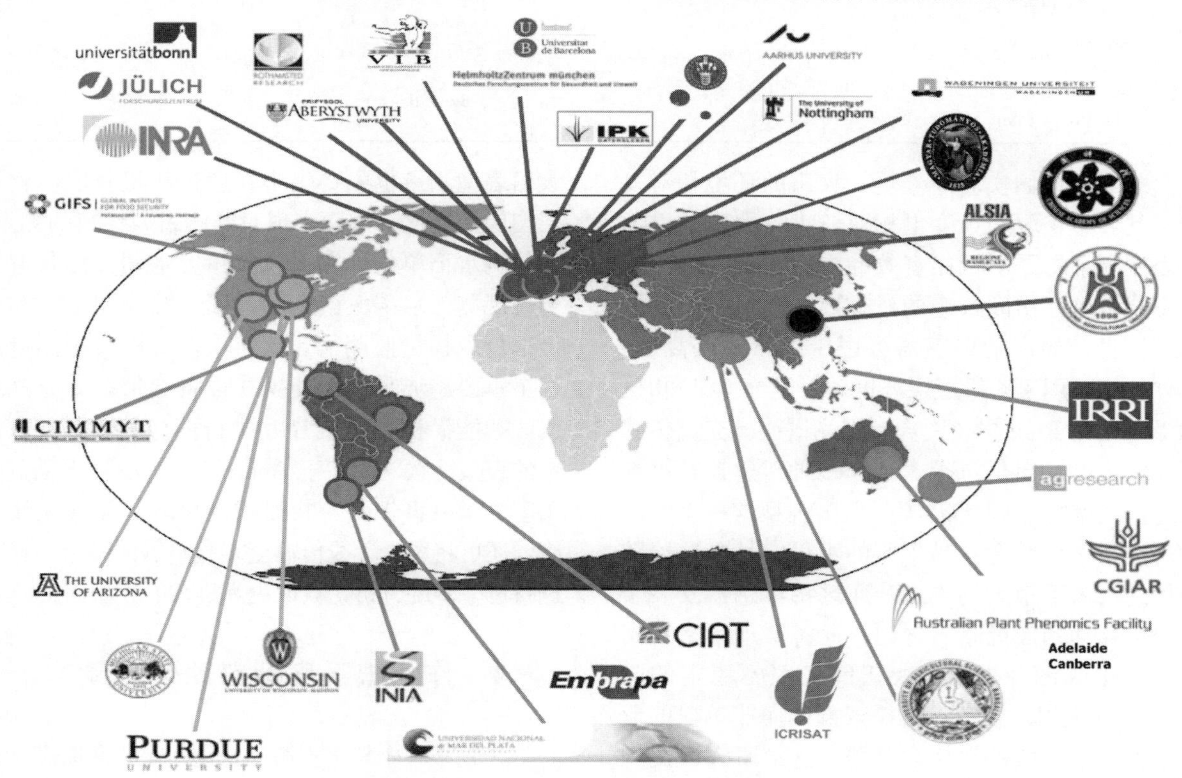

图 3　国际植物表型组学会成员全球分布图

表 1　国际植物表型组学会组织和部分代表性研究机构

植物表型组研究组织和相关机构（英文全称）	网址
国际植物表型学会 International Plant Phenotyping Network，IPPN	http：//www. plant-phenotyping. org/
欧洲植物表型组学会 European Plant Phenotyping Network，EPPN	http：//www. plant-phenotyping-network. eu/
德国植物表型组学会 German Plant Phenotyping Network，GPPN	http：//www. dppn. de/dppn/EN/Home/home _ node. html
德国尤利希植物表型研究中心 Jülich Plant Phenotyping Centre，JPPC	http：//www. fz-juelich. de/portal/EN/Home/home _ node. html
德国莱布尼茨植物研究中心 Leibniz Institute of Plant Genetics and Crop Plant Research，IPK	http：//www. ipk-gatersleben. de/en/
澳大利亚植物表型组研究中心 Australian Plant Phenomics Facility，APPF	http：//www. plantphenomics. org. au/
英国阿伯里斯特威斯国家植物表型组研究中心 National Plant Phenomics Centre	http：//www. plant-phenomics. ac. uk/en/
英国诺丁汉大学植物表整合植物生物学研究中心 The Centre for Plant Integrative Biology，CPIB	https：//www. cpib. ac. uk/
丹麦奥胡斯大学 Aarhus University	http：//www. au. dk/en/
美国普渡大学植物表型研究组 Purdue University	https：//ag. purdue. edu/plantsciences/Pages/ Phenotyping. aspx
美国威斯康星大学 University of Wisconsin	http：//www. wisc. edu/
美国丹佛植物科学研究中心 Donald Danforth Plant Science Center	http：//www. danforthcenter. org/

相对于室内实验室环境，大田的环境相对复杂，其表型获取的难度也相对较大。大田地上部分表型测量的一个行之有效的方法是将多种传感器安装于可在田间行走的机械装置上，从而获取多种信息，如声呐传感器可用于测量冠层高度，红外传感可用于测量冠层温度，可见光 CCD 相机拍摄可见光 RGB 彩色图像，多光谱或高光谱传感器获取光谱反射信息等。结合多种传感器，可准确地估测生物量等性状[36]。大田表型的一个突出的难点在于环境尤其是光照的不稳定性。这给图像处理带来了很大的难度。通过将传感器安装于一个可移动的成像暗室之内，通过移动暗室在田间行走采集图像，可解决田间光照不稳定的问题[37]。在大田环境下，植株以群体而非单株的形式生长，不同植株间相互遮挡，这给研究大田群体条件下单株植株的表型带来了很大困难。目前大田表型测量也主要集中在通过相机获取作物冠层图像及光谱，继而实现对群体表型参数的测量，如估测水稻单位平方面积产量、水稻关键发育期自动观测、水稻氮素营养诊断、叶面积指数和地上部分生物量监测等。近年来，大田表型测量的一个重要趋势是使用便携式设备如带有高分辨相机的智能手机拍摄图片并进行图像处理，获取简单的表型性状，如基于 Android 手机测量水稻剑叶角度、病虫害识别、叶面积测量等。配备无线网络，还可将图片无线传输至实验室内的图像工作站进行进一步的分析，获取更为复杂的表型信息。

4　作物根系表型自动化测量

作物根系生长于土壤中，这使得要获取高对比度的根系图像进而分析根部表型的难度非常大。传统人工对根部表型的观测主要采用直接将根部从土壤中挖出、清洗后测量，需要耗费大量的时间，且容易产生操作失误而增加测量误差，无法保证测量结果的可靠性。无损原位根系测量方法不破坏植物根系的原始分布，可连续观测与研究植物根系的形态及结构特征，如根长、根长密度、生物量密度、周转率等。微根管技术通过在土壤中插入透明的观察管，利用观察镜或相机等观察装置观察管外壁根系的生长动态，并通过手工绘制或图像等进行记录，是一种常用的无损根系测量方法。其不足在于仅能获取根系的局部信息，另外观察装置的材料及其安装方式、光线泄露、温度湿度变化等都可能会在不同程度上影响到根系的生长[38]。根箱法[21]及在此基础上发展的容器法将作物根系的生长限制在较小的范围内，并通过透明观察面获取图像。根箱法易于控制根系生长条件，可以方便地研究单个或多个环境因素对根系的影响。但是这种方法中根系倾向于在容器壁处密集生长。将作物栽培在透明的非土壤介质如营养液、凝胶等中，能方便地进行根系观察与测量，其缺点在于这些非土壤介质的理化性质与土壤差别较大，无法真实地展现根系在土壤中的形态及结构的动态发展情况。X 射线断层成像技术（CT）能获取物体内部的结构信息，是土壤环境根系研究中一个很有潜力的技术手段。通过高分辨 CT 系统（μCT，高达 24μm）及高鲁棒的软件 RooTrak，可恢复整个根系的结构[39]。然而，对于水稻等根系较细的作物，其根系对 X 射线的吸收较少，CT 成像后的图像信噪较低，图像处理的难度较大。

5　种子表型自动化测量

基因组学及作物育种学的最终目的是提高作物的产量及品质。通过简便便宜的数码相机或扫描仪采集种子或穗的图像，并开发相应图像处理软件，可方便地测量种子及穗的表型性状，如种子尺寸、形状、颜色等信息[40-41]、穗部结构和种子相关表型性状等[42]。有国内研究团队研发水稻产量相关性状提取装置，集自动脱粒、自动测量、自动包装功能为一体，可提取的参数包括总粒数、实粒数、千粒重、粒长、粒宽等，平均相对误差在 5%以下，按一天 24 小时工作计算，每天可测量 1 440 株水稻[43]。此外，通过集成多种光学成像传感器，比如近红外成像装置，还可测量稻米蛋白质含量及水分含量等品质参数[44]。

6　表型数据管理及分析

高通量自动化表型测量平台每天可产生大量图像，在特定生长周期或全生育期对作物的监测则将产生海量数据，如何对这些海量数据进行管理和分析是表型组学研究中的重要内容。通过开发图像分析算法，可从一张图像中提取成百上千的图像特征（E-Traits），而这些 E-traits 并不都具有生物学意义，因此，必须从这些原始的 E-traits 中筛选出有意义的特征并阐明其生物学意义，以便于不具有图像分析先验知识的人员理解其含义。另外，表型受到基因型及环境的交互控制。基因组控制了转录组、蛋白质组和代谢组，从而直接决定了表型组。而环境如种植期和植株密度，生长过程中的生物胁迫及光照、水分、温度、营养等因素也会在很大程度上影响植物的生长发育，从而影响到其表型。因此，在记录表型信息的同时，必须记录植物生长过程相对应的环境信息。

在表型数据管理及分析方面，也有一些相关研究。PHENOPSIS DB 用于管理与分析 PHENOPSIS 平台收集的图像及数据，可方便地研究分析拟南芥基因×环境的交互作用[45]。HTPheno 系统则可自动处理与分析高通量表型平台中获取的图像[46]。而另一些管理软件，如 IAP 等，则具有数据综合管理与分析功能，可处理与分析多种作物如玉米、大麦、拟南芥等的图像，且允许用户通过插件的形式向 IAP 系统添加其他处理函数，以扩展其功能[47]。将表型组学信息、基因组学信息及其他组学如代谢组学、蛋白质组学及转录组学的信息综合起来进行数据重析和深入挖掘，已得到了越来越多学者们的关注。要联合分析相互独立的表型实验数据，或将表型数据与现有的生物学数据库及资源进行数据分析及挖掘，首先需要按照规定的标准对表型数据进行存储，因此，需定义描述数据的数据——元数据及本体（Ontology）模型。在信息学中，本体被定义为相关概念及其关系的规范化表述。具体地，在表型组学中，本体则被用来表述对种内或种间的表型、基因型及环境因素之间系统关系的规范化说明[48]。Li 等[49]开发的本体驱动表型组学数据管理系统（PODD），能够以可重复利用的方式，储存及分发由 APPF 平台产生的大量图像、光谱数据及多种生理数据。一个典型的数据管理系统包括中央数据存储器、文件服务器及特定的数据库方案。这样一个系统可方便地实现不同来源的数据之间的交互[50]。

开发准确、鲁棒、自动的图像分析方法，从图像中提取有意义的表型性状，是自动化表型测量的关键。植物是一个复杂的动态系统，随着植株的生长，植株的外观表现如形状、大小、颜色、姿态、纹理等都会不断改变。同一时间不同品种的植株，其外观表现差异也很大，这增加了自动化植物图像分析的难度。随着现代光学成像技术及自动化技术的进步，表型测量硬件装置不再是主要瓶颈，而对多种光学图像的分析与处理则成为表型测量的新的瓶颈[51]。

7 问题与挑战

无论是水稻还是其他农作物，表型组技术的匮乏和落后已成为功能基因组学及作物育种研究的瓶颈之一，笔者分析未来 5～10 年植物表型组主要面临的挑战如下。①高通量在体表型检测：水稻在无损表型测量过程中表型性状也会随着水稻的生长发生改变，为了保证测量数据的有效性和筛选的准确性，要求能用最短时间完成大批量表型性状测量任务。目前大多数表型测量技术和仪器只针对单株或小批次水稻测量，无法实现真正意义上的高通量测量。②多个表型参数的并行测量：大部分现有表型测量技术和仪器都只针对少数几个表型性状甚至是单一表型性状，而在水稻研究如水稻抗性特征筛选中，往往需要同时提供多种表型信息，以便于更准确全面地进行分析。③数字化图像特征 E-traits 的挖掘和生物学理解：自动化表型获取技术主要基于数字图像提取相应的图像特征，这些 E-traits 中有些无法和传统的农艺表型性状直接对应，如何正确解读 E-traits，挖掘出真正对功能基因组有价值的量化性状，是植物表型组发展关键所在。④高通量表型技术如何从室内走向大田，以及两者的相互联系。⑤怎样实现盆栽和大田土壤中水稻根系高通量无损观测，哪些根系表型性状具有更高的遗传力。⑥如何在同等测量效率和准确性的前提下降低表型平台成本，比如田间便携式表型设备研发。

在过去十年，人们很好地解决了为什么要进行水稻测序以及怎样测序这个难题，现在我们应当有信心去迎接新的挑战：表型组学[52]。可以预见，结合高通量表型分析平台和基因组分析技术，必将成为植物基础研究学者快速解码大量未知基因功能的重要科学工具，对发现并揭示作物重要基因功能，加强和提升我国在作物功能基因组及作物遗传改良领域的地位有非常重要的意义。

参考文献

[1] Zhang Q，Li J，Xue Y，et al. Rice 2020：a call for an international coordinated effort in rice functional genomics. Mol Plant，2008，1：715－719.

[2] 肖景华，吴昌银，袁猛，等．中国水稻功能基因组研究进展与展望．科学通报，2015，60：1711－1722.

[3] Dhondt S，Wuyts N，Inzé D. Cell to whole-plant phenotyping：the best is yet to come. Trends Plant Sci，2013，18：428－439.

[4] 金三林，朱贤强．我国劳动力成本上升的成因及趋势．经济纵横，2013，2：37－42.

[5] 周晓光，任鲁风，李运涛，等．下一代测序技术：技术回顾与展望．中国科学：生命科学，2010，4：23－37.

[6] Yan J，Zhu J，He C，et al. Molecular dissection of developmental behaviour of plant height in rice（*Oryza sativa* L.）. Genetics，1998，150：1257－1265.

[7] Busemeyer L，Ruckelshausen A，Mller K，et al. Precision phenotyping of biomass accumulation in triticale reveals temporal genetic patterns of regulation. Sci Rep，2013，3：2442.

[8] 玉光惠，方宣钧．表型组学的概念及植物表型组学的发展．分子植物育种，2009，7：639－45.

[9] Bolger M，Weisshaar B，Scholz U，et al. Plant genome sequencing -applications for crop improvement. Plant Biotechnol J，2014，8：31－37.

[10] Parent B，Shahinnia F，Maphosa L，et al. Combining field performance with controlled environment plant imaging to identify the genetic control of growth and transpiration underlying yield response to water-deficit stress in wheat. J Exp Bot，2015，66：5481－5492.

[11] Yang W，Guo Z，Huang C，et al. Combining high-throughput phenotyping and genome-wide association studies to reveal natural genetic variation in rice. Nat Commun，2014，5：5087.

[12] Reuzeau C，Frankard V，Hatzfeld Y，et al. Traitmill™：a functional genomics platform for the phenotypic analysis of cereals. Plant Genet Resources，

2006, 4: 20.
[13] Rajendran K, Tester M, Roy S. J. Quantifying the three main components of salinity tolerance in cereals. Plant Cell Environ, 2009, 32: 237 - 249.
[14] Berger B, Parent B, Tester M. High-throughput shoot imaging to study drought responses. J Exp Bot, 2010, 61: 3519 - 3528.
[15] Schnurbusch T, Hayes J, Sutton T. Boron toxicity tolerance in wheat and barley: Australian perspectives. Breeding Sci, 2010, 60: 297 - 304.
[16] Golzarian M R, Frick R A, Rajendran K, et al. Accurate inference of shoot biomass from high-throughput images of cereal plants. Plant Methods, 2011, 7: 1 - 11.
[17] Rahnama A, Munns R, Poustini K, et al. A screening method to identify genetic variation in root growth response to a salinity gradient. J Exp Bot, 2011, 62: 69 - 77.
[18] Granier C, Aguirrezabal L, Chenu K, et al. PHENOPSIS, an automated platform for reproducible phenotyping of plant responses to soil water defcit in Arabidopsis thaliana permitted the identification of an accession with low sensitivity to soil water deficit. New Phytol, 2006, 169: 623 - 635.
[19] Walter A, Scharr H, Gilmer F, et al. Dynamics of seedling growth acclimation towards altered light conditions can be quantified via GROWSCREEN: a setup and procedure designed for rapid optical phenotyping of different plant species. New Phytol, 2007, 174: 447 - 455.
[20] Jansen M, Gilmer F, Biskup B, et al. Simultaneous phenotyping of leaf growth and chlorophyll fluorescence via GROWSCREEN FLUORO allows detection of stress tolerance in Arabidopsis thaliana and other rosette plants. Funct Plant Biol, 2009, 36: 902 - 914.
[21] Nagel K A, Putz A, Gilmer F, et al. GROWSCREEN-Rhizo is a novel phenotyping robot enabling simultaneous measurements of root and shoot growth for plants grown in soil-filled rhizotrons. Funct Plant Biol, 2012, 39: 891 - 904.
[22] Sadok W, Naudin P, Boussuge B, et al. Leaf growth rate per unit thermal time follows QTL-dependent daily patterns in hundreds of maize lines under naturally fluctuating conditions. Plant Cell Environ, 2007, 30: 135 - 146.
[23] Pereyra-Irujo G A, Gasco E D, Peirone L S, et al. GlyPh: a low-cost platform for phenotyping plant growth and water use. Funct Plant Biol, 2012, 39: 905 - 913.
[24] Tisné S, Serrand Y, Bach L, et al. Phenoscope: an automated large-scale phenotyping platform offering high spatial homogeneity. Plant J, 2013, 74: 534 - 544.
[25] Duan L, Huang C, Chen G, et al. Determination of rice panicle numbers during heading by multi-angle imaging. Crop J, 2015, 178: 211 - 219.
[26] Yang W, Guo Z, Huang C, et al. Genome-wide association study of rice (*Oryza sativa* L.) leaf traits with a high-throughput leaf scorer. J Exp Bot, 2015, 66: 5605 - 5615.
[27] Huang C, Yang W, Duan L, et al. Rice panicle length measuring system based on dual-camera imaging. Comput Electron Agr, 2013, 98: 158 - 165.
[28] Feng H, Jiang N, Huang C, et al. A hyperspectral imaging system for an accurate prediction of the above-ground biomass of individual rice plants. Rev Sci Instrum, 2013, 84: 095107.
[29] Honsdorf N, March T J, Berger B, et al. High-throughput phenotyping to detect drought tolerance QTL in wild barley introgression lines. PLoS One, 2014, 9: e97047.
[30] Hairmansis A, Berger B, Tester M, et al. Image-based phenotyping for non-destructive screening of different salinity tolerance traits in rice. Rice, 2014, 7: 16.
[31] Keightley K, Bawden G. 3D volumetric modeling of grapevine biomass using Tripod LiDAR. Comput Electron Agr, 2010, 74: 305 - 12.
[32] Paulus S, Dupuis J, Riedel S, et al. Automated analysis of barley organs using 3D laser scanning: an approach for high throughput phenotyping. Sensors, 2014, 14: 12670 - 12686.
[33] Jones H G, Serraj R, Loveys B R, et al. Thermal infrared imaging of crop canopies for the remote diagnosis and quantification of plant responses to water stress in the Beld. Funct Plant Biol, 2009, 36: 978 - 989.
[34] Kobori H, Tsuchikawa S. Prediction of water content in *Ligustrum japonicum* leaf using near infrared chemometric imaging. J Near Infrared Spec, 2009, 17: 151 - 157.
[35] Lazár D. The polyphasic chlorophyll a fluorescence rise measured under high intensity of exciting light. Funct Plant Biol, 2006, 33: 9 - 30.
[36] Sanchez P A, Gore M A, Heun J T, et al. Development and evaluation of a field-based high-

throughput phenotyping platform. Funct Plant Biol, 2014, 41: 68 - 79.

[37] Busemeyer L, Mentrup D, Möller K, et al. BreedVision-a multi-sensor platform for non-destructive field-based phenotyping in plant breeding. Sensors, 2013, 13: 2830 - 2847.

[38] 周本智，张守攻，傅懋毅. 植物根系研究新技术Minirhizotron的起源、发展和应用. 生态学杂志，2007，26：253 - 260.

[39] Mairhofer S, Zappala S, Tracy S R, et al. RooTrak: automated recovery of three-dimensional plant root architecture in soil from X-ray micro-computed tomography images using visual tracking. Plant Physiol, 2012, 158: 561 - 569.

[40] Tanabata T, Shibaya T, Hori K, et al. SmartGrain: high-throughput phenotyping software for measuring seed shape through image analysis. Plant Physiol, 2012, 160: 1871 - 1880.

[41] SWhan A P, Smith A B, Cavanagh C R, et al. GrainScan: a low cost, fast method for grain size and colour measurements. Plant Methods, 2014, 10: 23.

[42] AL-Tam F, Adam H, Anjos A, et al. P-TRAP: a panicle trait phenotyping tool. BMC Plant Biol, 2013, 13: 122.

[43] Duan L, Yang W, Huang C, et al. A novel machine-vision-based facility for the automatic evaluation of yield-related traits in rice. Plant Methods, 2011, 7: 44.

[44] Kawamura S, Natsuga M, Takekura K, et al. Development of an automatic rice-quality inspection system. Comput Electron Agr, 2003, 40: 115 - 126.

[45] Fabre J, Dauzat M, Nègre V, et al. PHENOPSIS DB: an information system for Arabidopsis thaliana phenotypic data in an environmental context. BMC Plant Biol, 2011, 11: 7.

[46] Hartmann A, Czauderna T, Hoffmann R, et al. HTPheno: an image analysis pipeline for high-throughput plant phenotyping. BMC Bioinformatics, 2011, 12: 148.

[47] Klukas C, Chen D, Pape J M. Integrated analysis platform: an open-source information system for high-throughput plant phenotyping. Plant Physiol, 2014, 165: 506 - 518.

[48] Mungall C J, Gkoutos G V, Smith C L, et al. Integrating phenotype ontologies across multiple species. Genome Biol, 2010, 11: R2.

[49] Li Y F, Kennedy G, Ngoran F, et al. An ontology-centric architecture for extensible scientific data management systems. Future Gener Comp Sy, 2013, 29: 641 - 653.

[50] Billiau K, Sprenger H, Schudoma C, et al. Data management pipeline for plant phenotyping in a multisite project. Funct Plant Biol, 2012, 39: 948 - 957.

[51] Minervini M, Scharr H, Tsaftaris S. Image analysis: the new bottleneck in plant phenotyping. IEEE Signal Proc Mag, 2015, 32: 126 - 131.

[52] Houle D, Govindaraju D R, Omholt S. Phenomics: the next challenge. Nat Rev Genet, 2010, 11: 855 - 866.

杨万能 博士，副教授，华中农业大学工学院硕士生导师，华中农业大学“作物遗传改良国家重点实验室”水稻植物表型组学团队负责人。主要从事植物表型组学研究。先后主持国家高技术研究发展计划“863”子课题、国家自然科学基金青年基金、武汉市科技晨光计划等项目。在 *Nat Commun* 等国内外重要杂志上发表论文 25 篇，其中水稻表型平台研发相关工作被 *Nat Rev Genet* 点评为亮点研究工作。

Wanneng Yang, who is PhD, associated professor, is the master tutor in Engineering School of Huazhong Agricultural University, and the leader of “State Key Laboratory of Crop Genetic Improvement” of rice plant phenotypic omics team in Huazhong Agricultural University. He mainly engaged in plant phenotypic research. He has successively presided over the “863” sub-projects of the National High-Tech Research and Development Plan, the National Natural Science Foundation of China Youth Fund, and the Wuhan Science and Technology Chenguang Plan. He has published 25 papers in both renowned journals both inside and outside of China. Among them, the research carried out of the topic rice phenotype platform was commented as the highlight research work by *Nat Rev Genet*.

后　记

中国是人口大国、粮食消费大国和农业大国，粮食安全关系国计民生、关乎社会稳定发展。改革开放40年来，中国农业取得了举世瞩目的巨大成就，我国农村的现代农业建设被提到日程。20世纪70年代以来，国外先进农业装备与技术已经开始融合现代的微电子技术、自动控制技术和信息技术，向数字化、信息化、自动化和智能化方向快速发展。我国农业机械化在向现代化发展过程中，一个很重要的方向也是在这些方面得到加强和发展。

2020年的中央1号文件明确提出，要加快突破农业关键核心技术，培育一批农业战略科技创新力量，推动生物种业、重型农机、智慧农业等领域的自主创新。伴随着物联网技术、大数据、人工智能等新一代信息技术的发展，智慧农业在我们国家必将进入新的快速发展阶段。

中国工程院作为我们国家工程科技界最高的荣誉性和咨询性学术机构，肩负着引领工程科技发展，推动工程科技创新，促进经济社会发展的重要使命，同时也是国家高端智库的一支重要力量。农业学部在引领农业科技发展，推进农业科技创新，提高农业装备水平和农业生产效率，促进农业机械化、信息化，实现农业产业创新和高质量绿色发展方面肩负着重要的责任。此次高端论坛围绕精准农业、农业机器人、智慧农业、农业物联网和农业信息服务等前沿性、战略性工程科技问题，邀请国内外相关领域的产学研用各界代表开展学术探讨，进行技术交流具有重要的意义。

相信，通过这次论坛的举办能够为精准农业作业装备技术的学科发展、技术进步、政策完善和产业发展贡献智慧与力量。

图书在版编目（CIP）数据

精准作业装备技术文集：国际工程科技战略高端论坛/赵春江，杜小鸿主编．—北京：中国农业出版社，2021.10

ISBN 978-7-109-27626-0

Ⅰ.①精… Ⅱ.①赵… ②杜… Ⅲ.①农业工程—工程设备—文集 Ⅳ.①S2-53

中国版本图书馆 CIP 数据核字（2020）第 250841 号

精准作业装备技术文集

JINGZHUN ZUOYE ZHUANGBEI JISHU WENJI

中国农业出版社出版

地址：北京市朝阳区麦子店街 18 号楼

邮编：100125

责任编辑：郭银巧　　文字编辑：石红良

版式设计：王　晨　　责任校对：刘丽香

印刷：中农印务有限公司

版次：2021 年 10 月第 1 版

印次：2021 年 10 月北京第 1 次印刷

发行：新华书店北京发行所

开本：889mm×1194mm　1/16

印张：14.25

字数：600 千字

定价：120.00 元
